N&K

*Alice Vincent*

# Vom Wachsen und Aufblühen

## Geschichten gärtnernder Frauen

*Aus dem Englischen von*
*Mayela Gerhardt*

NAGEL UND KIMCHE

Die Originalausgabe erschien 2023 unter dem Titel
*Why Women Grow* by *Canongate Books Ltd*, Edinburgh.

1. Auflage 2025
Deutsche Erstausgabe

Valentinskamp 24 · 20354 Hamburg
info@harpercollins.de

Published by arrangement with Rachel Mills Literary Ltd.
Gesetzt aus der Centennial
von GGP Media GmbH, Pößneck
Druck und Bindung von CPI books GmbH, Leck
Printed in Germany
978-3-312-01367-8
www.nagel-kimche.ch

*Für Anna und Heather*

*»In einem Garten geht es an erster Stelle um Menschen und an zweiter um Pflanzen.«*

Katherine Swift, *The Morville Hours*

# *Einleitung*

Anfang Dezember, bevor alles andere passierte, ließ ich mir die Tarotkarten legen. Ich war auf einer Party, wo es eine Kartenleserin gab. Nach ein paar Drinks saß ich in einer schummrigen Sitzecke des Nachtklubs, wählte Karten aus, drehte sie um und hörte zu, während sie meine Frage beantwortete: »Was wird mir das nächste Jahr bringen?«

Wer nicht viel Ahnung von Tarot hat, erhofft sich davon eine Voraussage über die Zukunft oder die Wahrheit zu erfahren. Wer sich besser damit auskennt, versteht, dass es einem meist nur das bestätigt, was man bereits weiß, womit man sich aber möglicherweise nicht auseinandersetzen will. Mit langen Fingernägeln drehte die Frau die Karten um: die Welt, der Gehängte, der Eremit, die Herrscherin. Sie ging sie mit mir durch, sprach von einem Potenzial für große Veränderungen und Chancen, aber auch von einer schleichenden Bedrohung des Stillstands. Ich solle mir Zeit für mich nehmen und mich den Frauen in meinem Leben zuwenden, riet sie mir, um Kraft, Weisheit und Orientierung zu erlangen, wenn ich das erreichen wollte, was ich mir erhoffte.

Monate später dachte ich an die Herrscherin zurück. Im Tarot kommt sie einer Erdmutter am nächsten – sie steht für Fruchtbarkeit und Fülle, für Liebe, die dem Erdreich entspringt. Und sie verkörpert Weiblichkeit. Ich dachte an die Herrscherin, und ich dachte an die wichtigsten Frauen in meinem Leben – meine Schwester, meine Mutter, meine beiden besten Freundinnen –, an die Frauen, die ich bewundere, mit denen ich lache und Pläne schmiede, mit denen ich mich nur noch per Sprachnachrichten über WhatsApp austauschen konnte und von denen ich die meisten seit dem Winter nicht mehr berührt hatte. Die Pandemie hatte uns auseinandergerissen und auf seltsame Weise unser Zeitgefühl verdreht. Ich versuchte die unerwarteten Ereignisse zu begreifen, die mein Leben verändern würden – unsere Hochzeit, ein neues, gemeinsames Zuhause –, während ich mich gleichzeitig nach der Freiheit und Verwirrung meiner Zwanziger sehnte, die weiter entfernt schienen als je zuvor.

Ich hatte das Gefühl, dass der Lockdown in meinem Freundeskreis den allmählichen Übergang von der Mädchenzeit zum Frausein mit einem leisen Ruck beschleunigt hatte. Ich hatte erwartet, dass wir die letzten Ausläufer des Lebens feiern würden, dem wir entwachsen waren, dass es noch ein wenig andauern würde, bevor es sich verwandelte. Stattdessen hörte es schlagartig auf; ein Lichtschalter anstelle eines Dimmers. Die Ausgangssperren und Abwesenheiten hatten uns die Übergangszeit geraubt. Als ich meine Freundinnen wieder treffen konnte, waren sie in der achtunddreißigsten Woche schwanger und steckten mitten im Umzug in ein neues Haus, was über Kurznachrichten zu umständlich zu erklären gewesen war. Auf einen Schlag waren wir alle isoliert voneinander erwachsen geworden.

Ein Gefühl der Einsamkeit stieg in mir auf, das sich wandelte, sich mal als Wut, mal als Melancholie und mal als

Unbehagen äußerte. Mein Gehirn war über die Wochen, Monate hinweg trübselig und träge geworden, hatte auf die Beengtheit meines Zuhauses mit glatter Ablehnung reagiert. Mir fehlte Inspiration, und mich peinigte die Untätigkeit. Ich sehnte mich verzweifelt nach einer Verbindung, von der ich nicht gewusst hatte, dass ich sie brauchte, weil ich zuvor immer das Glück gehabt hatte, sie zu besitzen. Also begann ich mich außerhalb meines engen Freundeskreises umzusehen, in dem ich mich bis zur Unkenntlichkeit zu etwas Unbekanntem veränderte. Ich suchte nach einem Leitfaden für das Frausein – bei Frauen, die ich noch nie getroffen hatte.

Mitten in diesem festgefahrenen Jahr schlug ich ein grünes Notizheft auf und erstellte eine Liste mit Namen. Darauf kamen die Frauen – größtenteils Fremde –, mit denen ich über ihren Garten und ihr Leben sprechen wollte; Frauen, deren Arbeit mir interessant erschien. Denn Frauen haben schon immer gegärtnert, aber unsere Geschichten sind mit unserer Arbeit verschüttet worden. Seit Jahrhunderten haben wir die Geheimnisse des Erdbodens erlernt. Wir haben Kräuter aus der Erde hervorgelockt und zu Heilzwecken getrocknet; wir haben Samen in unsere Haare geflochten, um unser Erbe zu bewahren, selbst wenn die Zukunft grausam und ungewiss schien; wir haben die Welt im Stillen verschönert, zu oft ohne Anerkennung. Ich wollte versuchen, das zu ändern. Ich wollte die Gärten sehen, die von Frauen angelegt worden waren. Ich wollte wissen, was sie ermutigt hatte, hinauszugehen, den Boden zu bewirtschaften, Samen auszubringen und die Sprösslinge zu hegen, auch wenn so viele andere Pflichten auf ihren Schultern lasteten. Ich wollte wissen, wie ihr

Leben sie zu diesem Ort geführt hatte und was er ihnen nun, da sie dort waren, gab.

Sechs Jahre lang hatte ich mit stillem Drang auf Balkonen Pflanzen zum Wachsen gebracht; der erste war kleiner und heller gewesen als der zweite. Ich hatte gegärtnert, während ich Freude oder Einsamkeit, Verbundenheit oder Verlustschmerz empfunden hatte. Ich hatte gegärtnert, um zu feiern und um mich zu beruhigen. Mein inneres Gleichgewicht war an die Pflanzen geknüpft, daran, sie zu betrachten und sie zu pflegen. Nachdem ich fast drei Jahre lang einen schattigen schmalen Streifen von einem Balkon in eine einladende grüne Oase verwandelt hatte, stand ich vor der leeren Weite eines Gartens hinter unserem Haus.

Schon immer habe ich anhand ihrer Geschichten etwas über Pflanzen gelernt: wie sie hierhergekommen sind, wofür sie stehen, welche stillen Kräfte ihnen innewohnen und wem sie etwas bedeuten. Ich bin schon von Berufs wegen Geschichtenerzählerin: Als Journalistin habe ich das über ein Jahrzehnt lang jeden Tag getan. Jetzt wollte ich die Geschichten dieser Frauen hören – und vielleicht auch erzählen. Ich wollte mehr darüber erfahren, was sie zur Gartenarbeit veranlasste, möglicherweise um mein eigenes Bedürfnis danach besser zu verstehen oder um mir darüber klar zu werden, was es bedeutet, eine Frau zu sein.

Zunächst wandte ich mich an die Frauen, die ich in den sozialen Netzwerken gefunden oder auf die ich bei der Internetrecherche gestoßen war, und fragte sie, ob sie bereit seien, sich mit mir in einer Grünanlage ihrer Wahl zu treffen – sofern die Einschränkungen der Pandemie es zuließen, denn zu jener Zeit fand unser Leben zwischen Lockdowns statt. Aber nach und nach wurde mir bewusst, dass es viele Frauen und Geschichten gab, die außerhalb meiner Reichweite waren, und so erstellte ich ein schlichtes Onlineformular. Neben ein paar grundlegenden Fragen – Altersgruppe, Wohnort – stellte ich die für mich wichtigste und spannendste Frage: »Was hat dich zum Gärtnern gebracht?« Ich veröffentlichte den Link im Internet, und am nächsten Morgen waren bereits über fünfhundert Antworten eingegangen.

Begierig las ich sie durch, diese Nachrichten fremder Frauen, die mich so großzügig an ihrem Leben teilhaben ließen. In kurzen, prägnanten Sätzen wurden hier alle Bereiche des Lebens angesprochen: postnatale Depression, Verlust, Trauer, Migration, Genesung, Identität, Mutterschaft. Diese Frauen gärtnerten, um sich innerhalb der Umstände, in die das Leben sie geworfen hatte, einen Raum zu schaffen. Ich konnte Muster erkennen: Der Lockdown war ein wiederkehrender Beweggrund, ein weiterer – vermutlich wenig überraschend – der Umzug in ein Haus mit Garten. Einige Frauen, oft ältere, hatten die Gartenarbeit einfach zusammen mit anderen häuslichen Pflichten übernommen, die ihre männlichen Partner stillschweigend übersahen. Am häufigsten wurde das Wort »Mama« oder »Mutter« genannt. In manchen Fällen hatten Botanikergroßväter oder landwirtschaftlich tätige Väter ihnen den Anstoß gegeben, sich mit der Erde zu beschäftigen, aber hauptsächlich las ich hier von anderen Frauen.

Die Geschichten kamen aus dem Süden Londons und der Schweiz, aus New York und Newcastle upon Tyne. Die Lektüre war fesselnd und bittersüß: Ich konnte unmöglich mit allen siebenhundert Frauen sprechen, die mir letztlich insgesamt antworteten; im besten Fall könnte ich zehn Prozent von ihnen befragen. Doch einige faszinierten mich mehr als andere, und so sandte ich eine Flut von E-Mails aus.

Jedes Mal, wenn ich meinen Posteingang öffnete, fand ich darin Antworten mit Terminvorschlägen und Adressen vor. Ich zwackte mir freie Tage ab und durchquerte für ein Gespräch von ein paar Stunden das Land oder sogar den Kontinent. Manchmal kehrte ich enttäuscht nach Hause zurück. Zwar waren die Treffen immer herzlich und angenehm, aber in einigen Fällen fand ich einfach keine Antworten auf Fragen, die ich selbst noch nicht klar formulieren konnte. Trotzdem hielt ich an meinem Vorhaben fest, mit den Frauen über ihre Beziehung zur Erde zu reden, herauszufinden, was sie ein ums andere Mal zum Gärtnern antrieb.

Deutlich öfter allerdings kehrte ich beflügelt nach Hause zurück, beglückt über die gewonnenen Erkenntnisse und mit Gesprächsfetzen im Hinterkopf, die Wochen oder Monate später in meinem eigenen Garten oder beim Schlendern über die Straße wieder in mein Bewusstsein drangen: kleine Lebensweisheiten, die meine Weltsicht veränderten. Wie bei vielen Dingen, die wachsen, erforderte der Prozess Zeit, Hingabe und Glück. Oft war ich überrascht, wie Teile eines dieser Gespräche in meinem Kopf widerhallten, während ich etwas tat, was gar nichts damit zu tun hatte.

Am Anfang meiner Recherche dachte ich über mögliche Gründe nach. Über Trauer und Rückzug. Über Mutterschaft und Kreativität. Und ich dachte über die Erde als Ort des politischen Wandels nach, über die politische Bedeutung, die damit einhergeht, eine Frau zu sein, in einem

Körper zu stecken, der seit Jahrtausenden ausgegrenzt, abgelehnt oder zum Fetisch erhoben wird. Ich dachte an die Frauen, die die Erde als Möglichkeit für Fortschritt und Protest ansehen.

Und so entwickelte ich bei der Auswahl meiner Interviewpartnerinnen eine Art Gespür dafür, in welche Richtung unsere Unterhaltung wahrscheinlich gehen würde. Manchmal lag es an den Gründen, die sie in meinem Fragebogen angegeben hatten, manchmal an ihren Beiträgen in den sozialen Medien oder an den Geschichten, die sie bereits über ihre Beziehung zum Erdboden erzählt hatten; manchmal aber war es lediglich eine Vermutung. Ich merkte recht schnell, dass sich meine Annahme oftmals von dem unterschied, was tatsächlich bei den Gesprächen herauskam. Dachte ich, dass eine Geschichte davon handele, eine Tradition fortzuführen, ging es um Erlösung; nahm ich an, eine Geschichte handele vom Rückzug, ging es letztlich um Grenzen. Oft traf ich eine Frau in der Erwartung, über ein unkompliziertes Thema zu plaudern, und verließ sie schwer bepackt mit ihren Momenten des Glücks, ihren Verlusten, ihren traumatischen Erlebnissen und Einsichten. Solche Gespräche empfand ich als so massiv wie einen Felsbrocken.

Vor jedem Treffen war ich nervös. Aber vor allem war ich überwältigt von der Großzügigkeit dieser Frauen, einer Fremden Einblick in ihr Leben zu gewähren und ihr ihre Geschichten anzuvertrauen. Oft gab ich auch etwas von mir selbst preis, sprach mit ihnen so offen über meine Gedanken und meine Angst davor, zu heiraten und Kinder zu bekommen, wie mit niemandem sonst. Manchmal saßen wir noch zusammen, ohne dass das Diktiergerät lief, und führten ein ausgeglicheneres Gespräch, in dem mir behutsam Ratschläge und Weisheiten zuteilwurden, denn ich verlangte nach den Erfahrungen von Frauen, die das, was mir noch bevorstand, bereits erlebt hatten. Die Frauen und die Unterhaltungen mit ihnen halfen mir nicht nur, mein Leben anders zu betrachten, sondern auch, meinen Garten mit anderen Augen zu sehen.

Keine der Frauen, mit denen ich sprach, hatte nur einen einzigen Grund, um zu gärtnern; das Leben ist selten so klar strukturiert. Immer hatte sie eine Vielzahl von Faktoren in die Natur und zu den Pflanzen geführt. Je länger ich mit Frauen über ihre Gärten sprach, desto mehr Verbindungen erkannte ich zwischen ihnen. Und auf diese Weise stelle ich sie hier vor – diese Frauen, ihre Geschichten und die Orte, zu denen sie sich hingezogen fühlen. Während sich die Wochen zu Jahreszeiten ausdehnten, fügte sich das Gehörte zu einem Gesamtbild zusammen. Ich verstand, warum sich Frauen dem Erdboden zuwandten, um selbst aufzublühen.

# I

# *Brixton*

Ich stand an der Balkontür und beobachtete die Lightshow, die sich mir bot. Die späte Nachmittagssonne verfing sich im Wind und in den Zweigen der Bäume und kämpfte darum, auf die Wände zu treffen. Ein Verlängerungskabel schlängelte sich an der Fußleiste entlang; ein Lampenschirm aus Korbgeflecht, den ich bei den Müllcontainern gefunden hatte, hing von der Decke; mein grimmiger Stolz und die langen Nächte, die ich in dieser Wohnung verbracht hatte, schwebten schwach in der Luft. Bald würde ich diese Wohnung verlassen. Aber erst noch ein weiterer Schattentanz über die Dielen.

Dieser Ort – eine ursprünglich schmuddelige, leicht feuchte ehemalige Sozialwohnung – war für mich ein Neuanfang gewesen. Drei Jahre zuvor hatte mir der bisherige Bewohner den einzelnen Messingschlüssel ausgehändigt: ein kleines Stück Stabilität, nachdem ich fünfzehn Monate lang durch die Stadt gezogen war. Gleich nach meiner Ankunft schälte ich Tapeten und Styroporplatten ab; ich nistete mich ein in dem fieberhaften Verlangen nach einem Raum, der nur mir gehörte. Einer meiner Freunde nannte die Wohnung »Baumhaus«, und während ich den Wechsel der Jahreszeiten an den Bäumen draußen beobachtete, blieb dieser Name haften. Er untermauerte das Gefühl hart erkämpfter, überlebenswichtiger Einsamkeit: dass dieser Ort nur für mich bestimmt war.

In jenen ersten Wochen sagte ich mir, der Balkon müsse warten, weil es drinnen zu viel zu tun gebe. Aber einen Monat später, an einem kalten, sonnigen Samstag Ende Oktober, konnte ich nicht länger widerstehen. Wenn ich im Frühling etwas Farbe sehen wollte, musste ich im Herbst Blumenzwiebeln setzen. Bei meinem Supermarkteinkauf drängten sich Schachteln mit weißen Zwergnarzissen zwischen Nudeln und Klopapier; im Internet bestellte ich noch ein paar andere, die auf meinem Büroschreibtisch landeten. Vor über einem Jahr hatte ich den Boden unter den Füßen verloren, aber jetzt konnte ich einen Garten anlegen.

Dieser Balkon war größer als mein vorheriger, der mir Halt gegeben hatte, als alles andere in sich zusammengebrochen war, und lag fast vollständig im Schatten. Ein neuer Lebensraum, der sowohl von mir als auch von Eichhörnchen und Tauben beansprucht wurde. Der Balkon war leer zurückgeblieben, aber ich bestückte ihn mit einer eigenwilligen Mischung aus tropischen Gewächsen (Bambus, *Phlebodium*, Zierspargel) und Pflanzen eines englischen Country-Gartens (Fingerhut, *Erigeron*, Waldmeister, winterharte Geranien), um eine weltentrückte Oase zu schaffen. Ich rollte einen Kunststoffteppich aus, quetschte Bugholzstühle durch die Tür, klappte die Melamintischplatte je nach Jahreszeit hoch oder runter. Nicht einmal fünf Quadratmeter und doch groß genug, um ganze Wochenenden dort zu verbringen. Auf dem Sofa wurde ich träge, aber auf dem Balkon widmete ich mich stundenlang den Blumentöpfen und Pflanzen, goss und düngte, zupfte vorsichtig welke Blätter ab. Der Tisch quoll von Anzuchttöpfen über, die Stühle wurden von Pflanzgefäßen in Beschlag genommen. Manchmal blickte ich zufrieden auf das Ergebnis meiner Arbeit, aber meist ging ich einfach in der Tätigkeit an sich auf. In dem Balanceakt zwischen Intuition und Herausforderung, der sich vollzog, wenn ich mit dem Vorsatz nach draußen ging, nur eine Sache zu erledigen, und eine Stunde später wieder hereinkam, die Finger schwarz vor Erde. Oft überraschte mich der Balkon – mit einer zartblauen *Iris reticulata*, die sich beim frostigen Tagesanbruch öffnete, oder der üppig wuchernden Kapuzinerkresse. Noch ahnte ich nicht, dass ich einen Ort schuf, der schließlich zwei Menschen beherbergen würde.

Einen ganzen Frühling und Sommer lang arbeiteten und aßen Matt und ich an demselben kleinen Tisch, unsere Füße und Laptopkabel stießen auf dem Boden gegeneinander. Wir schliefen, bis uns bei Tagesanbruch der morgendliche Vogelchor weckte. An einem Abend im Mai, auf dem Balkon, beschlossen wir zu heiraten. Nachdem ich Ja gesagt hatte, veränderte sich unser Zustand unerwartet, als hätten wir uns als Paar irgendwie neu erschaffen. Eine vorfreudige Nervosität wie beim ersten Date. Vielleicht lag es an der Absurdität des Ganzen: dass etwas so Einfaches, wie eine Frage zu stellen und eine Antwort zu geben, den Rest unseres Lebens formen konnte. Es fühlte sich wunderbar und zugleich grotesk an, als wäre die Welt kurzzeitig zu Wackelpudding geworden. Wir behielten es ein paar Tage für uns, bevor wir bei seiner Familie die Runde machten – in gebührendem Abstand, wie es seinerzeit vorgeschrieben war – und auf unseren täglichen Spaziergängen Freunde treffen konnten; meiner Familie erzählten wir es über Zoom und sahen die Überraschung auf ihren kleinen, pixeligen Gesichtern. Wie bedeutsam, wie kostbar, wie federleicht es sich anfühlte.

Den Großteil meines frühen Erwachsenenlebens war ich davon ausgegangen, dass ich nicht heiraten würde. Als kleines Mädchen hatte ich mir nie eine große Hochzeit in Weiß ausgemalt und auch in späteren Jahren kein Verlangen danach verspürt. Ich mochte die Hochzeiten anderer Leute, aber mir entgingen auch nicht die seltsamen Fallen, in die so viele meiner Freundinnen dabei tappten. Ich war auf zahlreichen Hochzeiten, bei denen die Braut still dasaß, während die Männer um sie herum in höchsten Tönen ihr Organisationstalent lobten – was die Feier bewies, die wir alle genossen und die sie fast im Alleingang auf die Beine gestellt hatte –, und ich fragte mich, wohin die Frauen, die leidenschaftlichen und lustigen Mädchen, die ich gekannt hatte, in ihren weißen Kleidern entschwunden waren. Wir waren alle zu mehr imstande, als Tafelaufsätze zu bestellen. Aber da war ich nun, mit einem Ring am Finger, und führte merkwürdig abstrakte Gespräche darüber, wie unsere Hochzeit aussehen könnte. Ich liebte Matt und wollte ihn heiraten, aber mir war auch klar, dass eine lebenslange Bindung an einen Mann für mich mit Kompromissen einhergehen würde, die er seinerseits nicht einzugehen brauchte. Eine Hochzeit verkompliziert und verzaubert zugleich. Sie verändert das Leben der Frauen, die – aus welchen Gründen auch immer – beschließen, eine Ehe einzugehen.

*

Auf Mary Delany stieß ich in einem schmalen wissenschaftlichen Buch, das ich im Internet entdeckt hatte. Und was ich dort las, ließ auf eine Frau schließen, mit der ich mich gern auf einer Party unterhalten hätte. Aristokratisch, ja, aber pfiffig. Eine bemerkenswerte Universalgelehrte mit schöpferischer Kraft. Eine Frau, die schrieb, malte, Gärten anlegte und ihren Freundinnen Grotten widmete. Delany war in ihren Siebzigern, als sie begann, Papiercollagen von Blättern und Blumen auf schwarzem Hintergrund zu erstellen. Sie wurde im Jahr 1700 geboren, also geschah das im späten 18. Jahrhundert. Zu einer Zeit, in der die botanische Kunst die Beutestücke des Kolonialismus nur sehr vorsichtig darstellte – und ohne das mit ihrer Aneignung einhergegangene Blutvergießen –, präsentierte Delany deren Bestandteile im Detail: Kelch- und Staubblätter, Stempel und Blütenblätter. Vierzig Jahre zuvor war sie bei Hofe in einem schwarzen Kleid mit einer Rockweite von einem Meter achtzig erschienen, bestickt mit botanisch akkurat dargestellten Blumen. Sie hatte das gesamte Werk selbst entworfen – alle anderen Frauen trugen Pastellfarben. Nach ihrem Tod widmete Erasmus Darwin ihr Gedichte.

Delany widersetzte sich den gängigen Anforderungen an eine Frau, und wenn sie es nicht konnte, schuf sie Alternativen. Sie kritisierte die Ehe scharf und wurde dennoch zur Heirat gezwungen – als das Familienvermögen schwand, musste sie im Alter von siebzehn Jahren einen gichtgeplagten Alkoholiker ehelichen, der achtunddreißig Jahre älter war als sie. »Ich wurde geopfert«, schrieb sie über diese Verbindung. Sie war vierundzwanzig, als sie ihn »ziemlich schwarz im Gesicht« vorfand. Ihr Mann hatte es versäumt, sein Testament zu ändern, sodass das Erbe, das der Grund für Delanys Vermählung mit ihm gewesen war, nicht ihr zufiel, sondern einem Neffen. Die nächsten zwei Jahrzehnte verbrachte sie damit, Heiratsanträge abzulehnen und ihrer Schwester in Briefen von den enttäuschten Freiern zu berichten. Mit dreiundvierzig heiratete sie wieder, gegen den Willen ihrer Familie, einen Mann namens Patrick. Er versprach ihr, sie »beim Verfolgen ihres künstlerischen Schaffens zu unterstützen« – und einen Garten.

Auf Patrick Delanys Grundstück legte Mary ihren eigenen Garten an. Sie schuf verborgene Winkel und wilde Flecken; unter einem Hügel gestaltete sie eine »Bettlerhütte«, deren ovaler Eingang von einer Krause aus schamhaarähnlichem Gestrüpp umgeben war. Der Garten beflügelte Delanys Kreativität, so wie es auch ihre Ehe tat, selbst wenn Patrick und sie eher Gefährten als Geliebte waren. Nachdem sie die Ehe jahrelang als Gefängnis angesehen hatte, fand sie schließlich einen Weg, sie zu ihren Bedingungen funktionieren zu lassen.

Ich bin nicht wie Delany: weder adelig noch im Jahr 1700 geboren und nicht auf einen Mann angewiesen, um Sicherheit oder Status zu erlangen, auch wenn ich nach wie vor in einer patriarchalischen Gesellschaft lebe. Aber nachdem ich die Ehe lange abgelehnt hatte, verlobte ich mich schließlich und erhielt nur dank des Mannes, den ich heiratete, Zugang zu einem Garten.

Einige Jahre zuvor, als unsere Beziehung noch zaghaft und frisch war, schlenderte ich einmal mit Matt meine Lieblingsstraße in London entlang. Es ist eine lange, gerade Straße, die auf einen Hügel in Camberwell hinaufführt und zu beiden Seiten von geneigten Häusern im georgianischen Stil gesäumt wird. Die Fensterscheiben sind so alt, dass sie das Licht beugen. Dort kann man einen guten Blick in die Vorgärten werfen. Matt sagte, eines Tages werde er mir einen Garten schenken. Es war genau die Art von schlichtem, absurdem Ehrgeiz, zu dem er neigt – gewagt und gewaltig, ohne jeden Realitätsbezug. Ich lachte. Und finde immer noch, dass es das Romantischste ist, was er je zu mir gesagt hat.

*

Ich zog die Autoschlüssel aus meiner Tasche und barg sie in meiner Hand. Zeit zu gehen. Zehn letzte Schritte über den vom Sonnenlicht gesprenkelten Boden. Hier hatte ich mein unabhängiges Frausein herausgebildet, hier hatte ich das Glück gehabt, allein zu leben. Ich dachte an die Mahlzeiten, zu denen ich an den – jetzt fehlenden – Tisch eingeladen hatte, an die Worte, die ich dort geschrieben, an die Rechnungen, die ich bezahlt hatte. Ich dachte ein wenig über die Statistik nach, der zufolge Frauen nach der Heirat weniger glücklich sind und Männer glücklicher. Ich dachte an die unsichtbare Arbeit, die bei heteronormativen Paaren in der Regel von den Frauen geleistet wird – Geburtstagskarten kaufen, Terminkalender im Blick behalten, die Diätvorschriften der Essensgäste berücksichtigen. Diese kleinen Lasten waren auf meinen Schultern gelandet, und ich wusste, dass weitere hinzukommen würden. Mit einem anderen Menschen ein Zuhause zu erschaffen – ein Leben –, bedeutet, Kompromisse einzugehen und sich selbst mit dem anderen zu teilen. Durch den Umzug gewannen Matt und ich einen neuen, glanzvollen Raum.

Und doch wurde ich das Gefühl nicht los, dass ich die Zügel der Unabhängigkeit losließ, die ich während meines Alleinlebens in der Hand gehalten hatte.

Ich tat nichts Außergewöhnliches; viele meiner Freunde lebten mit ihrem Partner zusammen, hatten geheiratet oder sich verlobt. Ich freute mich auf das Zuhause, das Matt und ich gemeinsam gestalten würden, tat mich aber schwer damit, den damit verbundenen Anforderungen ins Auge zu blicken. Als Frau Anfang dreißig in einer festen Beziehung zu leben, kommt einem ständigen Tanz auf dem Drahtseil der Erwartung gleich. Die Kinderfrage hängt schwerer denn je in der Luft, sinkt in Richtung Boden, bis sie auf jedem Ess- und Couchtisch landet, in jedem Biergarten, in jedem Park, wo immer man sich gerade aufhält. Während ich meine Umzugskartons packte, bot mir meine Schwester per SMS die Kleider an, aus denen ihre Jungs herausgewachsen waren. Wir hätten jetzt vielleicht ein bisschen mehr Platz, oder? Ich antwortete, ich hätte Angst, etwas heraufzubeschwören, wenn die Sachen schon im Haus wären. Es gab so vieles, worüber ich mir noch klar werden musste.

Für mich war es immer leichter, das Kinderthema zu verdrängen, als mich ernsthaft damit auseinanderzusetzen. Genau wie die Ehe war das Kinderkriegen etwas, von dem ich in meinen Zwanzigern die meiste Zeit gedacht hatte, dass ich es einfach nicht tun würde. Die Welt stand in Flammen, damals war ich mit jemandem zusammen, der keine Kinder haben wollte, und ich ging in meinem Beruf auf – vielleicht war es einfacher, sogar *edler*, keinen Nachwuchs zu bekommen. Stattdessen schwebte mir ein genussvolles und unabhängiges Erwachsenenleben vor.

Mitten in der Woche Dinnerpartys und Urlaube außerhalb der Schulferien. Ich nahm mir fest vor, eine großartige Tante zu sein, die lustige Freundin, die Vertraute, an die sich die Kinder meiner Freundinnen im Teenageralter wenden würden. Doch da war ich nun, mit Anfang dreißig, und in meine Zukunftsvision schien sich ein Baby eingeschlichen zu haben. Ich war nie so recht überzeugt davon gewesen, Kinder zu bekommen, hatte aber die Mutterschaft als eine Art Ziel trotzdem nicht endgültig abschütteln können.

Bei der Wohnungsbesichtigung hatte ich mir vorgestellt, wie es wäre, dort ein Kind großzuziehen. Ich sprach darüber, wo wir den Kinderwagen verstauen würden und ob die schicke Eingangstreppe mit einem Kleinkind im Schlepptau zu einem täglichen Ärgernis werden könnte. Ich überlegte, ein Gitterbett neben unser Bett zu stellen, einen Kinderstuhl in die Küche. Ich malte mir das ganze Drumherum eines unsichtbaren, gesichtslosen Babys aus; ein flaumiger Kopf, der sich durch die Küche bewegt, ein kleiner Körper, der sich auf dem Sofa zusammenrollt. Es waren weniger bewusste Gedanken als kurze Bilder, die vor meinem inneren Auge aufzublitzen begannen; die Andeutung eines Lebens, von dem ich nicht gewusst hatte, dass ich es wollte.

Ich hatte Angst davor, wie die Mutterrolle mein Leben verändern würde. Ich käme nicht gut damit klar, dachte ich, wenn ich den ganzen Tag mit einem Baby im Haus festsäße. Ich wäre betrübt – und möglicherweise verärgert – darüber, dass mir die neuen Verpflichtungen Zeit für meine kreativen Tätigkeiten rauben würden. Ich dachte an die biologischen Veränderungen, die im Körper einer frischgebackenen Mutter vor sich gehen; ich wollte nicht, dass sich mein Gehirn veränderte, dass frühmorgendliches Geschrei meine Sinne abstumpfte.

Ein Garten kann ein weiblicher Lebensraum sein, so wie der, den Mary Delany gestaltet hat, aber er steht auch mit den Kindern in Verbindung, die Frauen gebären. Ich hatte gesehen, wie Freundinnen mit dicken Babybäuchen Gärten angelegt und wie Mütter ihre Säuglinge mithilfe der Ernte aus ihren Gemüsebeeten abgestillt hatten, die gleichzeitig mit dem Baby gewachsen waren. Ich hatte Berichte über Frauen gelesen, die nach einer Fehlgeburt oder nach erfolglosen künstlichen Befruchtungen ihren wütenden Kummer mit dem Ausreißen boshafter Kiftsgate-Kletterrosen bekämpft und stattdessen mitten im Winter etwas Buntes gepflanzt hatten. Manche Gärten werden für Kinder umgestaltet – der Rasen wird zur Spielwiese, die Blumenbeete weichen einem Trampolin –, während anderen schon von vornherein der Wunsch nach einem Kind innewohnt. Als ich mir den Garten ausmalte, den Matt und ich miteinander teilen würden, dachte ich an Pfingstrosen und Duftwicken, ich dachte ans Umgraben und daran, wie die Pflanzen wachsen würden. Ich bin nicht sicher, ob ich an ein Baby dachte.

Die Beziehung zwischen dem Gärtnern und der Mutterschaft erschien mir beunruhigend und zu vereinfacht. Beides waren chaotische und wilde Schöpfungsakte, die einem tiefe Befriedigung bescherten – auf eine Weise, die von außen schwer zu erkennen war. Aber ich wusste, dass sich die Beziehung zu meinem Garten verändern würde, wenn ich ein Kind bekäme. Ich befürchtete, dass er als Luxus entlarvt würde, als Produkt der Zeit und Energie, die ich dann nicht mehr hätte. Ich stellte mir vor, wie dort überall Plastikspielzeug herumliegen würde. Unter den praktischen Aspekten verbarg sich aber etwas Tiefgreifenderes: Wenn der Garten mein Gestaltungsraum war, ein Ort, an dem ich meinen eigenen Wünschen und Vorstellungen folgen konnte, was würde es dann bedeuten, ein Kind dort hineinzubringen?

*

Es ist der letzte Tag im Juli, man riecht die Hitze, sieht sie auf dem Asphalt flimmern. Eigentlich sollte ich die Wände streichen, aber schließlich knie ich draußen im Garten und fahre mit den Fingern über die Erde. Sie ist karger, als ich angenommen hatte, ein mickriger, ausgedörrter, von Steinen durchsetzter Lehmboden. Ich sammle Etiketten von Wasserflaschen auf und Metallgehäuse von Teelichtern, die vor langer Zeit ausgebrannt sind. Ich greife nach einem Wassereimer und gieße ein paar zerfranste Hortensien. Dies ist unsere erste Begegnung – zwischen dem Garten und mir. Mein erster Kontakt mit dem Boden. An diesem heißen, trockenen Nachmittag kann ich mir noch nicht vorstellen, wie sich der Garten entfalten wird. Ich weiß nicht einmal, wie sich die Jahreszeiten entwickeln werden. Aber erst mal setze ich mich hin und beobachte, wohin das Licht fällt. Was habe ich für ein Glück, diesen Garten zu besitzen. Von diesem Augenblick an wird er zu meinem Reich: Matt gärtnert nicht und wird es auch nicht tun. Ich sehe dieses Stückchen Land auf andere Art als er, selbst inmitten des überwältigenden Wirbels eines Neuanfangs. Für mich ist es der Erdboden, den es zu nähren gilt, das Wachstum, das ich miterleben werde. Für ihn ist es nur eine grüne Fläche hinter den Fenstern. Ich werde diesen Raum nach meinen Vorstellungen mit Leben füllen.

# 2

# *Somerset*

Nicht immer ist es leicht, etwas anzubauen. Ich habe viele Samen ausgestreut, nur damit sie in trockener Erde untätig schlummern oder in zu feuchtem Grund aufquellen und schimmeln. Manchmal picken die Vögel sie auf, manchmal werden die Jungpflanzen von einem heißen Nachmittag überrascht und verbrennen, hängen schlaff über den Rand des Blumentopfes. Manchmal macht man alles richtig, und trotzdem blüht nichts.

Ich verwandelte meinen Garten in eine To-do-Liste. In der Hitze des Spätsommers hatte ich die modernden Hochbeete demontiert. Im Dämmerlicht der ersten Herbstabende säte ich in Plastiktöpfen und Wurzeltrainern Samen aus: Blumen, die erst im nächsten Sommer blühen würden, dunkelviolette Duftwicken, Kornblumen, leuchtende Mohnblumen und zartrosa Blumen. Im Wohnzimmer schraubte ich den Bausatz eines Frühbeets zusammen. Ich stellte es an einen sonnigen Platz im Freien und bestückte es mit Anzuchttöpfen. Ab und zu machte ich mir am späten Abend wegen der Kälte Sorgen und deckte das Beet mit einem Wärmeschutz aus Verpackungsmaterial ab.

Ich nahm die Pfähle meines Großvaters – zwei stabile Metallpflöcke, die mit mehreren Metern Schnur aneinandergebunden waren – und stieß erst sie und dann ein paar

Stöcke in die weiche Erde, bis sich ein Bogen über den Rasen spannte, um die Ränder des kargen grünen Rechtecks abzurunden, und grub eine Stelle aus, an der etwas wachsen konnte, nachdem ich über mehrere Wochen beobachtet hatte, wohin das Licht fiel. Matt und ich waren uns uneinig, was die Breite der Beete anging: Ich wollte sie größer, er wollte so viel Rasen wie möglich bewahren. Eine unausgesprochene Überlegung schwang darin mit: Eines Tages könnte ein Kind auf der Grasfläche spielen wollen. Wir schlossen einen Kompromiss, und ich nahm mir vor, die Beete insgeheim jedes Mal ein bisschen auszudehnen, wenn ich die Grenzen absteckte. Der Rasen wurde abgestochen, ausgehoben und in sauberen, flauschigen Vierecken hinter dem Pflaumenbaum aufgeschichtet. In das freigelegte Erdreich kam eine Kofferraumladung mehrjähriger Pflanzen – Gräser, Salbei, Knöteriche und *Agastache* –, die eine Zeit lang blühten, bevor sie zusammen mit dem schwindenden Tageslicht verwelkten. Mitten im Regen bauten wir einen Schuppen. Ich versenkte Tulpenzwiebeln in der abkühlenden Erde und stellte mir das feurige Schauspiel vor, das sich uns sechs Monate später bieten würde. *Fritillaria*, *Narcissus*, *Nectaroscordum*, Namen wie Gebete, allesamt unter einem zinnfarbenen Himmel vergraben. Über einige Wochen hinweg nutzte ich meine Mittagspausen, um ein Dutzend Fünfziglitersäcke mit gut verrottetem Stallmist auf den Beeten auszuleeren und die ausgezehrte Erde mit Nährstoffen anzureichern. Mir kam es vor, als könnte ich endlos viel in diesen Boden stecken: wurzelnackte Pfingstrosen, wurzelnackte Geranien, deren braune Triebe vertrauensvoll im Erdreich verschwanden. Unsere Küchenabfälle wanderten in eine große grüne

Tonne in der Ecke, um zu etwas Unkenntlichem zu verrotten.

In diesen Monaten des Niedergangs wuchs nichts aus dem Boden, obwohl ich es mir so sehr wünschte. All meine Bemühungen konnten nicht verhindern, dass sich das Leben zurückzog; die Erde war trist und durchnässt. Der Garten wirkte verwildert und leblos zugleich; so oder so hatte ich keine Kontrolle über ihn. Er leistete Widerstand, ich flehte ihn an. Den ganzen Tag starrte ich darauf. Manchmal hörte ich, wie er zu mir sagte, ich solle Geduld haben. Wenn das gesichtslose Baby vor meinem inneren Auge auftauchte, fragte ich mich, wie ich mich gleichzeitig um diesen störrischen Garten und ein Kind kümmern sollte. Wie konnte ich die Saat und die bereits welkenden Zimmerpflanzen gießen, selbst in meinem Leben ohne jegliche Abhängigkeiten? Zu welchem Ausmaß an Fürsorge, fragte ich mich, sollten Frauen imstande sein?

Babys krabbelten in meine Gedanken. Wenn ich neue Kleider anprobierte, überlegte ich, ob ein wachsender Bauch darin Platz hätte und ob sie sich zum Stillen leicht öffnen ließen. Ich wusste nicht, ob ich ein Kind haben wollte oder nicht, aber vielleicht war das meine Art, es herauszufinden. Ein Dutzend unserer Freundinnen erwartete innerhalb weniger Monate ein Kind, und mit ihren großen Neuigkeiten kam die Erkenntnis, dass sich unser Leben verändert hatte. Ich fühlte mich nicht bereit dafür, aber ich weiß nicht, ob irgendjemand das überhaupt jemals ist.

Immer häufiger führte ich Gespräche, die auf das Thema Muttersein hinausliefen. Ältere Frauen erzählten von ihren erwachsenen Kindern und sannen darüber nach, wie es gewesen war, als sie zur Welt gekommen waren. Jüngere, kinderlose Frauen sprachen über ein Leben in naher Zukunft, in dem sie Mütter sein würden. Die Frauen, die sich irgendwo dazwischen befanden, häufig in den harten, kräftezehrenden Jahren, wenn die Kinder noch klein waren, sprachen darüber, welche Bücher sie lasen, während sie mit ihren Babys im Park spazieren gingen, oder über die unvorstellbar große Kluft zwischen der überschwänglichen Vorfreude auf das Mutterwerden und der ernüchternden Realität oder was es bedeutete, lange auf eine ersehnte Schwangerschaft zu warten oder die unverhohlene Wahrheit zu erfahren, dass der eigene Körper nicht dazu imstande ist, ein Kind auszutragen. Das passierte nicht nur, wenn ich mich mit Frauen darüber unterhielt, warum sie gärtnerten – auch beim Mittagessen mit Kolleginnen und bei Interviews, die ich als Journalistin führte, kam die Mutterschaft unversehens zur Sprache. So hörte ich mitten in einem Fotoshooting von der postnatalen Depression einer Frau oder schnappte bei einem Familienessen eine alte Erinnerung an die Kinderjahre auf.

Mit der Zeit verwandelten sich die dicken Bäuche meiner Freundinnen in Bündel mit zahnlosem Lächeln. Matt und ich machten die Runde, verteilten Glückwunschkarten und winzige Kleidungsstücke. Gurrend bewunderten wir das neue Leben, nicht nur die warmen, strammen Fäustchen und die von Milchschorf bedeckten Köpfchen, sondern auch das Leben, das in den Wohnzimmern Einzug gehalten hatte, die von Windeln und Fläschchen in Beschlag genommen wurden, hörten uns Schlafrhythmusberechnungen und Geburtsberichte an. Und dann verabschiedeten wir uns wieder und fragten uns, ob und wann es uns auch so ergehen würde. Es wirkte wie ein gewaltiger Umbruch, ein Leben mit Cocktails unter der Woche und trägen, spontanen Sonntagnachmittagen gegen eines einzutauschen, das von den kleinen und häuslichen Dingen bestimmt wurde. Doch insgeheim wusste ich, dass wir es beide bereits am Horizont erahnten. Noch fehlte uns der Mut, uns einzugestehen, dass wir es wollten, aber ich spürte, wie es leise, aber immer gewichtiger zwischen uns in der Luft hing.

Eines Nachmittags traf ein Ultraschallbild auf meinem Handy ein: die adrett geschwungene Wirbelsäule eines Babys, dessen Herz kraftvoll im Leib meiner besten Freundin schlug. Ich freute mich riesig für sie, wusste aber, dass sie gerade eine Erfahrung machte, die ich nicht nachvollziehen konnte, und dass dies ein Geheimnis war, das wir nicht miteinander teilten. Meine Freundin war gelassen und voller Vorfreude, denn sie lernte Dinge über ihren Körper, die man uns in der Schule nie beigebracht hatte. In den kommenden sechs Monaten fühlte es sich manchmal so an, als stünden wir in verschiedenen gläsernen Räumen – füreinander sichtbar, aber voneinander getrennt. Seit unserer Schulzeit hatten wir unsere Übergangsriten gemeinsam durchlebt. Jetzt machte ihr Körper einen lebensverändernden Prozess durch, und ich konnte nur vom Rand aus zusehen.

*

In einer Forumsdiskussion stieß ich auf ein Buch mit dem Titel *Eine Hütte für mich allein* und bestellte es bei eBay, weil der Debütroman der kanadischen Autorin Joan Barfoot inzwischen vergriffen ist. Er ist in der ersten Person geschrieben, und inmitten der Schwemme literarischer Berichte von Menschen, die das spätkapitalistische Leben hinter sich lassen, um ein erdverbundeneres Dasein zu führen, ist es wichtig, sich ins Gedächtnis zu rufen, dass *Eine Hütte für mich allein* nicht zu diesen Büchern gehört.

Die Ausgangssituation ist ebenso schlicht wie verblüffend. Abra ist Anfang dreißig und führt ein scheinbar angenehmes Leben: Ihr Mann ist ein erfolgreicher Börsenmakler, und gemeinsam mit ihm und ihren beiden Kindern im Grundschulalter lebt sie in einem hübschen, geräumigen Haus. Ihre Hauptaufgabe besteht darin, sich für die Dinnerpartys zurechtzumachen, die die Ehefrauen der Kollegen ihres Mannes alle paar Wochen veranstalten. Aber dann macht sich Abra auf und davon und zieht in eine abgelegene Hütte auf einem dreißig Hektar großen Grundstück mit einer geisterhaften Geschichte, gekauft von dem Erbe, das für ihre Kinder bestimmt gewesen war. Ihrem Mann hinterlässt sie lediglich die Nachricht, dass er die Kinder bei den Nachbarn abholen solle. Sie bringt sich selbst bei, Holz zu hacken und Möbel zu reparieren, klebt schäbige Tapeten an und näht schiefe Vorhänge. Sie macht sich die Natur zu eigen, schwimmt im Fluss, beobachtet die Vögel und den Mond. *Eine Hütte für mich allein* wird von einer subtilen und beharrlichen Auseinandersetzung mit der Darstellung von Weiblichkeit angetrieben. In Abras neuem Zuhause gibt es weder Uhren noch Spiegel: Erstere hatten sie der Tyrannei der Zeit unterworfen, der nach Aufgaben unterteilten Tage; Letztere einer Eitelkeit, die sie nicht mehr besitzt. Aber es gibt keine Andenken an ihr Familienleben, insbesondere – und das ist von zentraler

Bedeutung – keine Andenken an ihre Kinder. Jahre später bekommt Abra Besuch von ihrer inzwischen erwachsenen Tochter Katie und erkennt sie nicht wieder. Sie will nicht mehr wahrhaben – erinnert sich kaum noch daran –, dass sie eine Tochter hat. Die junge Frau unterbricht Abra bei der Gartenarbeit, »wo ich den Salat ausdünnte, ausjätete und nachschaute, ob alles gedieh; ich mache das jeden Tag, und es sieht dieses Jahr sehr vielversprechend aus«, berichtet uns die Erzählerin.

Abra ist oft im Garten. Sie bringt die Saat zur Selbstversorgung aus, aber man könnte die Nutzpflanzen, die sie heranzieht, auch als alternative Nachkommenschaft deuten. Ihre Tätigkeit im Garten erfordert »viel Fingerspitzengefühl und Sorgfalt«, es ist »eine Arbeit, die schützen und erhalten will und bei der etwas herauskommen kann oder auch nicht. Wichtig ist die Arbeit selbst, jeder einzelne Handgriff, und darin liegt die eigentliche Befriedigung.«

Frustriert über ihre abwesende, unbekannte Mutter reißt Katie mehrere Reihen von Bohnenkeimlingen aus. Abra beschreibt ihre Tochter als »heulend und wirres Zeug stammelnd; ich musste natürlich sofort eingreifen, denn sie zerstörte meine Nahrung«. Die beiden Frauen streiten sich, die eine ist untröstlich, die andere versucht ihre Lebensgrundlage zu retten. Doch der Vorfall führt zu einem seltenen Moment der Verbundenheit zwischen ihnen: Abra hält ihre Tochter so lange im Arm, »bis sie sich dann völlig aufgelöst, erschöpft und verdreckt wieder beruhigte«. Sie trägt Katie in die Hütte, legt sie auf das Sofa und deckt sie zu. Erst dann kehrt Abra in den Garten zurück, um den Schaden zu begutachten und die Pflanzen zu ersetzen, gibt sich »besondere Mühe mit ihnen«.

Barfoot vermittelt eine Vorstellung von der Mutterschaft, die auch nach über vierzig Jahren noch umstritten ist: dass sie vergessen werden, zwiespältig und schädlich sein kann. Dass die Mutterschaft die Identität einer Frau in den Hintergrund drängt, ihr noch mehr gesellschaftliche Rollen auferlegt, und dass sie daran zerbrechen kann. Ich verschlinge das Buch, bin davon betört. Ich vergucke mich in den lebendigen, abstrakten Buchumschlag meiner Ausgabe, auf dem eine grimmig dreinblickende Frau mit kurz geschorenem Haar zu sehen ist, die sich um ihre Kohlköpfe kümmert. Im Internet suche ich nach Interviews mit Barfoot aus den späten 1970er-Jahren, will herausfinden, was sie dazu bewogen hat, etwas zu schreiben, was auch heute noch so radikal und zeitgemäß wirkt. Unbefriedigt schaue ich mir stattdessen ihre Website an und finde die Aufforderung ganz unten ebenso charmant wie unwiderstehlich: »Für gebundene Exemplare bestimmter Romane kontaktiere Joan per E-Mail.«

Joan antwortet ein paar Tage später und macht meine Vermutung sofort zunichte. »Ich bin keine Gärtnerin«, schreibt sie und fügt hinzu, aufmerksame Leser von *Eine Hütte für mich allein* hätten das bereits erkannt: »Ich erinnere mich, dass mich jemand nach der Veröffentlichung des Buches darauf hinwies, dass ich das Gemüse zu früh in der Saison erntete.« Unaufgefordert fügt Joan hinzu, dass ihre Mutter gegärtnert habe. »Ich weiß noch, wie sie im Winter am Küchentisch Saatgutkataloge durchgeblättert, ihre Bestellungen aufgegeben und die Blumenbeete angelegt hat – ihr eigener schöpferischer Akt. Das ist es doch, was das Pflanzen von Blumen wirklich ist, oder?«, schreibt sie. »Ich kann mir gut vorstellen, wie viel Arbeit sie in die Gestaltung der Beete gesteckt hat, damit sie adrett und hübsch aussahen.« Inzwischen ist Joan Mitte siebzig und sagt, dass sie im Nachhinein »mit Bedauern, Schuldgefühlen und Bewunderung« auf das zurückblickt, was ihre Mutter im Garten geleistet hat, aber, so bekennt sie, »damals habe ich es ihr irgendwie übel genommen«.

»Das klingt jetzt albern«, fährt sie fort, »aber ich erinnere mich noch gut an die kleinen Petunienbeete, die sie zu beiden Seiten der Verandatreppe angelegt hatte. Als eines Tages ein Ball zwischen die Petunien rollte, ermahnte sie mich, besser aufzupassen, um sie nicht zu beschädigen. Irgendwie habe ich das so interpretiert, dass ihr die Petunien wichtiger waren als ich. Wie ich schon sagte: albern. Und trotzdem – ich mag Petunien bis heute nicht.«

Joan ist nicht die Erste, die das Ringen zwischen all dem, um das sich eine Frau kümmern sollte, erwähnt. In Jamaica Kincaids *Mein Garten(Buch)* dreht sich alles um die Anforderungen ihres Gartens: ihre Kinder, das Haus, in dem sie sie aufzieht, und ihr eigenes Elternhaus. In einer Szene beschreibt sie ihre Pflanzen und ihre Kinder als Konkurrenten. Eine Lieferung aus einer Baumschule – es ist bezeichnend, dass das Wort »Schule« auch im Kontext der Pflanzen verwendet wird – trifft ein und wird in ihrer Garage gelagert. Sie schreibt: »Die Kinder beschwerten sich und dachten dabei insgeheim an ihr Milchgeld: Hatte sich ihre Mutter für die Pflanzen finanziell völlig verausgabt, würden sie hungern müssen? Für sie ist der Garten etwas, das ihnen das vollkommene Glück meiner uneingeschränkten Zuwendung vorenthält.«

Kinder oder Pflanzen großzuziehen, kann nicht so einfach sein, wie die romantisierte Darstellung es über sehr lange Zeit suggeriert hat. Ich spüre es daran, wie meine Gedanken darum kreisen, ein Baby zu bekommen, an meinen Befürchtungen, dass mir winzige Hände die Kontrolle entreißen, und an dem Gefühl der Niederlage, das der beginnende Winterschlaf in meinem Garten auslöst.

*

Manchmal ist der Herbst so leuchtend, so traumhaft, dass es ans Surreale grenzt: ein Jackpot der Klischees. Neblige Morgendämmerungen, Blätter in feurigen Farben, zart, knusprig und golden wie Demerara-Zucker. Ich war durch diese ganze Pracht hindurchgefahren, in südwestliche Richtung, zu einem in ein Tal gekuscheltes Dorf in Somerset, um Marchelle zu besuchen. Sie war Ende dreißig, und mir hatten ihre knackigen und aufschlussreichen Instagram-Posts über ihren Garten gefallen. Wie ich erfuhr, war es ihr erster richtiger Garten. Als Jugendliche war Marchelle mit einem Stipendium aus Trinidad nach England gekommen, um in Cambridge zu studieren. Ihr Akzent zog ihre Vokale immer noch in die Länge; für mich klang er nach Sonnenschein.

Marchelle war erst die zweite von fast fünfzig Frauen, mit denen ich im Laufe des kommenden Jahres sprechen wollte. Wir hatten E-Mails ausgetauscht, waren uns aber noch nie begegnet. Meine Neugier fühlte sich formlos an, fast unkontrollierbar: Ich wusste, dass ich mit Marchelle und mit anderen Frauen sprechen wollte, die eine interessante Beziehung zu ihrem Garten zu haben schienen, aber selbst während der Wochen, in denen ich einen Termin vereinbart und mir eine Unterkunft gesucht hatte, hatte ich mir nicht überlegt, was ich sie eigentlich fragen würde, wenn ich dort ankäme.

Der Garten zieht sich an einer Seite des Tals hinauf, begleitet von einem Bach, den man eher hört als sieht. Dieser Wasserlauf war es, erzählt Marchelle, der sie zu dem Haus hingezogen hat. Sie fand es großartig, wie sich sein Klang veränderte, je nachdem, wo man im Garten stand. Es ist Mitte Oktober, und der Garten nimmt einen letzten, lebhaften Atemzug: unzählige purpurfarbene Astern, die letzten Skabiosen, Schwarzkümmel und Salbei; ein tapferer hellvioletter Fingerhut, der sich fünf Monate nach der Blüte seiner Geschwister immer noch hält. Ich bin eine relativ Fremde, die in Marchelles Einfahrt aufgetaucht ist, und wir machen einen Rundgang durch den Garten; das erscheint naheliegend.

Wir folgen dem Plätschern des Wassers und den Steinen des Pfades. Alles befindet sich irgendwo zwischen Wandel und Stillstand: Marchelle, ihr Mann und ihre beiden kleinen Kinder leben noch kein Jahr in diesem Haus, und der Erdboden schenkt ihr immer noch Pflanzen, die die vorherigen Bewohner aus den Augen verloren hatten, nicht zuletzt deshalb, weil sie aufmerksam danach Ausschau hält. Im Laufe des warmen, ruhigen Frühlings und Sommers haben sie und ihre Familie dieses Gelände erkundet. Sie bauten Hochbeete für das Gemüse, streuten Samenkörner aus, schnitten den Bambus zurück, um vergessenen Pflanzen Licht zu verschaffen, lasen Bücher zum Thema Baumschnitt und griffen zur Heckenschere, um die Bäume atmen zu lassen. Ein Pfad wurde angelegt, der den Hügel hinauf bis zum Tor führt, über den die Kinder auf dem Weg zur Schule laufen können. Marchelle buddelte alte Weinflaschen aus der Erde aus und erfuhr, dass das Haus früher einmal ein Pub gewesen war. Sie mulchte »wie eine Wahnsinnige«, erzählt sie mir, und unter ihren Wangen breitet sich ein ansteckendes Grinsen aus. Der schwere Lehmboden belohnte sie mit Fruchtbarkeit. Trotz all dieser Arbeit glaubt sie, dass »der Garten wie für uns gemacht« ist. Es gibt so viel Verblüffendes, kleine Aha-Erlebnisse und Zeichen, die darauf hindeuten, dass der Garten endlich die richtigen Menschen gefunden hat, die ihn pflegen, und die richtigen Kinder, die darin spielen.

Wir essen Apfelkuchen am Picknicktisch, bis es zu kühl wird, dann gehen wir in einen Wintergarten voller Zimmerpflanzen. »Also, was möchtest du wissen?«, erkundigt sie sich mit aufrichtigem Interesse. Ich stottere ein bisschen herum, bevor ich sie schließlich frage, warum sie gärtnere. Nach einer Pause antwortet sie etwas, womit ich nicht gerechnet hatte: »Es kam aus dem Wunsch heraus, bemuttert zu werden, nachdem ich selbst Mutter geworden bin und meine eigene Mutter nicht mehr in der Nähe habe.«

Marchelles Antwort verblüfft mich. Ich hatte wissen wollen, warum sich Frauen der Erde zuwandten, aber ich hätte nicht gedacht, dass ich so konkrete Beweggründe zu hören bekommen würde. Ich versuche immer noch herauszufinden, was mein Garten sein könnte, was meine Beziehung zu ihm bedeuten mag. Aber hier, durch den Dampf einer Tasse gehaucht, ist etwas Klares und Glanzvolles. Es zeigt mir, dass das Gärtnern etwas Elementares ist, etwas Pulsierendes und Lebendiges, weit mehr als nur ein Hobby. Wenn Marchelle aus so entscheidenden und instinktiven Gründen gärtnert – aus dem Bedürfnis heraus, bemuttert zu werden –, welche anderen Verbindungen warten dann noch darauf, ans Licht gebracht zu werden?

Als Marchelle zum ersten Mal schwanger war, verspürte sie den tiefen Wunsch, Wurzeln zu schlagen, nachdem sie jahrelang wegen einer Abfolge von Jobs im medizinischen Bereich durch ein fremdes Land gezogen war. Sie und ihr Mann spielten mit dem Gedanken, nach Trinidad zurückzukehren, mussten aber feststellen, dass es nicht mehr das Land war, in dem sie aufgewachsen war; die Kinder spielten nicht mehr auf der Straße und wurden mit Sicherheitspersonal zur Schule geschickt. Stattdessen wandte sich Marchelle der englischen Landschaft zu, fest entschlossen, sie zu einem Ort zu machen, den sie ihr Zuhause nennen konnte. »Meine Kinder zu bekommen und darüber nachzudenken, wo ich leben wollte, hat mir den Anstoß gegeben, mich der Natur zuzuwenden. Ich weiß nicht, wie ich es sonst beschreiben soll«, sagt sie. Sie unternahm Spaziergänge durch die ländliche Umgebung, lernte Kräuter zu bestimmen und zu sammeln. »Ich dachte, wenn ich in diesem Land leben und mich zugehörig fühlen will, dann muss ich etwas dafür tun. Und der beste Weg, um mich hier zugehörig zu fühlen, besteht darin, eine Beziehung zum Land herzustellen. Ich brauche ein Zuhause mit einem Garten, ich brauche einen Ort, wo ich etwas in der Erde anpflanzen kann.«

Marchelle nutzt ihren Garten, um einen neuen Nährboden zu schaffen – einen Ort, der sie nährt, einen Ort, an dem sie etwas gedeihen lassen kann. Sie hat keine großen Pläne, pflanzt einfach drauflos, probiert aus und ist wunderbar aufgeschlossen – sie sagt, ihr Mangel an traditionellem Wissen über den Gartenbau beschere ihr eher

Freiheit, anstatt sie zu ängstigen. Manche Beete sind mit Pflanzen bestückt, die sie bei lokalen Pflanzentauschbörsen ergattert hat, andere haben noch keine feste Bestimmung. »Ich *versuche* es einfach«, sagt sie und seufzt dabei in einer Mischung aus Euphorie und Verzweiflung. Was für eine Energie darin liegt, was für eine Energie sie hat, ihre ganz persönliche Beziehung zu dem herzustellen, was um sie und ihre Familie herum wächst.

Mutter zu werden, hat bei Marchelle den Wunsch ausgelöst, einen Garten anzulegen, aber ich tue mich schwer damit, mir vorzustellen, wie ich in meinem Leben beides vereinbaren soll. Von außen betrachtet erscheint mir das Muttersein als unglaubliche Herausforderung, das Kinderkriegen als Naturgewalt, die trotz aller Freude und Erfüllung, die sie einem beschert, die Zeit der Frauen in Beschlag nimmt und in erheblichem Maß ihre Hirnchemie beherrscht. Ich kann die Aussicht, ein Kind zu haben, nicht von dem Gedanken trennen, meine Freiheit zu verlieren – in kreativer, praktischer und intellektueller Hinsicht. In unserer Gesellschaft werden Frauen generell unterschätzt, besonders aber Frauen im gebärfähigen Alter; die Regierung, die die Notwendigkeit erschwinglicher Kinderbetreuung erkennt, muss erst noch erfunden werden. In dieser Hinsicht ergibt die patriarchalische Vorstellung von der Natur – die ich lieber als »die Umwelt« bezeichne, denn wir Menschen sind ja auch Teil der Natur – als eine Art Mutter vielleicht am meisten Sinn. Beide werden von der männlichen Bevölkerung übersehen, unterschätzt und übergangen.

Dennoch besteht ein Zusammenhang zwischen der den Frauen zugeschriebenen Rolle als Mutter und unserer Fürsorge für die Erde. In der Antworttabelle des Formulars, das ich zu Beginn meiner Mission verschickt hatte, tauchte das Thema Mutterschaft interessanterweise immer wieder auf. Einige Frauen hatten zu gärtnern begonnen, weil es ihnen einen Grund gab, mit ihren Kindern im Freien zu sein; andere sahen den Garten als ein seltenes Beispiel für einen Raum, der nur ihnen gehörte, nachdem sie Kinder bekommen hatten, oder als einen wichtigen Ausgleich zu den Herausforderungen der ersten Jahre als Eltern. Auf meine Frage: »Was hat dich zum Gärtnern gebracht?« lautete eine Antwort: »Während meines Mutterschutzes vor sechzehn Jahren mehr Zeit zu Hause zu verbringen.« Die Kürze machte mich neugierig: Die Verfasserin war eine Frau namens Mel; sie hatte ihre E-Mail-Adresse hinterlassen.

Eine Woche später unterhalten wir uns während der Mittagspause über den Computerbildschirm, während Mels Baby – ihr drittes Kind – Mittagsschlaf hält. Mel wohnt in der Nähe der Küste an einem Zipfel des Landes und hat sanfte Augen. In dieser seltsam vertrauten Atmosphäre erzählt mir Mel von der Frau, die sie sechzehn Jahre zuvor war, als sie mit einundzwanzig Jahren erfuhr, dass sie schwanger war – die Folge einer kurzen Affäre mit einem Mann aus demselben Wohnblock. Behutsam berichtet sie von ihrer naiven Verwegenheit: wie sie während des ersten Trimesters ihrer Schwangerschaft durch Neuseeland reiste, wie sie sich von ihren Freunden und ihrer Familie abnabelte, um einen Job in Devon anzutreten. Mel erinnert sich, ihre Entscheidung, alleinerziehende Mutter zu werden, pragmatisch und mit einem klaren Blick auf die Tatsachen getroffen zu haben – ihre Schwangerschaft war schon ziemlich fortgeschritten, und sie weiß noch, wie sie dachte: Die Leute kriegen dauernd Babys.

Mel zog in ein Dorf in Meernähe und mietete ein Haus, das dem sozialen Wohnungsbau entstammte, mit einem großen Garten. »Als sich mir diese Gelegenheit bot, erschien es mir die normalste Sache der Welt, diese Fläche als leere Leinwand zu betrachten und sie bepflanzen zu wollen«, erzählt sie mir. Die Einsamkeit überwältigte sie, während ihr Bauch wuchs. Sie war zu alt, um zu den Teeniemüttern zu gehören, auf die der Staat ein wachsameres Auge hatte, aber zu jung, um sich unter die Frauen in den Dreißigern zu mischen, die ihre Schwangerschaften geschickt in ihr Berufsleben eingebettet hatten.

Die Geburt ihrer Tochter konnte sich Mel im Vorfeld unmöglich vorstellen, und als es so weit war, gestaltete sie sich schwierig. Inzwischen hat Melanie drei Kinder, aber die Komplikationen bei den folgenden Geburten deuteten darauf hin, dass beim ersten Mal etwas schiefgelaufen war, ohne dass sie richtig verstanden hatte, was sie durchlebte. »Meine Bindungsfähigkeit wurde dadurch ein bisschen eingeschränkt, und ich glaube, das hat zu einer postnatalen Depression geführt. Damals habe ich das nicht wirklich erkannt.« Man gab ihr einen Fragebogen zu ihrer psychischen Befindlichkeit, aber sie wusste nicht, wie sie ihn ehrlich beantworten sollte oder was passieren könnte, wenn sie es tat. »Ich weiß noch, wie ich aus dem Krankenhaus nach Hause kam. Ich stellte den Kindersitz auf dem Boden ab, setzte mich aufs Sofa, sah sie an und dachte: Was macht man eigentlich mit einem Baby? Sie blieb einfach eine ganze Weile in diesem Kindersitz, bis sie weinte oder etwas brauchte, weil ich keine Ahnung hatte, was man mit einem Baby anfing, ob man mit einem Neugeborenen spielen konnte oder dergleichen.«

Aber es gab ja noch den Garten. Melanie gesteht, dass sie über Gartenarbeit ebenso wenig wusste wie über Kindererziehung. Doch sie ging in die Bibliothek, lieh sich Bücher und hob Löcher aus. Das Grundstück war vernachlässigt worden, und sie betrieb ihre eigene kleine, häusliche Archäologie, barg Teller und Besteck aus dem Erdboden. Als sie ihre Tochter abstillte, wuchs im Garten Nahrung heran. »Wenn ich im Garten arbeitete, setzte ich sie auf eine Wolldecke, pflückte Salatblätter, rollte sie zusammen und gab sie ihr zum Kauen«, erzählt Mel. Mit jedem Sommer entwickelten sich Melanie, ihre Tochter und der Garten weiter, nicht in Konkurrenz zueinander, wie bei Abra in *Eine Hütte für mich allein*, sondern gemeinsam. »Sie liebte es, die Erbsen aus den Schoten zu pulen und sie frisch zu essen.« Misserfolge rückten die Dinge in die richtige Perspektive. Als die Möhrenfliege ihre Ernte vernichtete, wurde ihr klar, dass sie auch etwas im Supermarkt kaufen konnte. »Das hat mich realistischer damit umgehen lassen, wenn etwas nicht klappte.«

Dazu gehörten auch die Mutter-Kind-Gruppen; jemand tauchte dort mit einem zwei Monate alten Baby in einem Anzug auf. »Ich dachte nur: Das ist nichts für mich.« Der Garten fing sie auf. »Ich glaube, Einsamkeit hat ein bisschen etwas damit zu tun, dass man sich drinnen aufhält«, sagt Mel. »Draußen habe ich mich nie wirklich einsam gefühlt. Im Garten gibt es immer irgendwo ein Geräusch, egal wo man ist. Ich glaube, es ist schwer, dem Gefühl von Einsamkeit nachzuhängen, wenn man im Freien ist, aber sehr einfach, wenn man drinnen ist.«

Mels Worte helfen mir zu verstehen, warum ich mich in diesen grauen Tagen dazu angetrieben habe rauszugehen.

Im schwachen Licht der Winterdämmerung zum Park zu laufen oder die schwindenden Nachmittagsstunden im Garten zu nutzen, das waren die Momente am Tag, in denen ich mich am wenigsten allein gefühlt habe. Es war ein aufreibender Herbst und ein grimmiger Winter, eine Zeit zwischen Veränderung und Stillstand. Ich tat mich schwer damit, mich zu erden. Aber hier, während des Gesprächs mit einer Frau, deren Leben sich sehr von meinem eigenen unterscheidet, habe ich mehr darüber herausgefunden, warum es mich in den Garten zieht.

*

Einige Tage nach dem errechneten Geburtstermin treffe ich meine beste Freundin zufällig in einem Gartencenter am Stadtrand. Sie fühlt sich aufgeschwemmt und unwohl, trägt zum Schutz vor dem Nieselregen einen knöchellangen schwarzen Mantel und hat die Nase voll von ihrer Schwangerschaft. In den vergangenen Wochen haben wir jedes Mal, wenn wir uns gesehen haben, gesagt, dass es das letzte Mal sein könnte, bevor das Kind kommt. Wir haben den Coronabeschränkungen zum Trotz eine kleine Babyparty veranstaltet, mit einer pastellfarbenen Torte auf einer gestreiften Tischdecke und Frühlingssonnenstrahlen auf der nach Süden gerichteten Wand. Ihre Schwangerschaft hat sich unter Pullovern und Mänteln abgespielt; statt unserer üblichen gemeinsamen Essen und Zusammenkünfte unternahmen wir langsame, kurze Spaziergänge und saßen auf Bänken, bargen dampfende Teebecher in unseren Händen und Vorfreude in unseren Herzen. Ich bin ein wenig traurig, dass sich dieses riesige winzige

Etwas entfaltet hat, während wir so weit voneinander entfernt waren – dass ich die Tritte des Babys nicht spüren konnte, dass die Entfernung die Monate verschlungen hat.

Im Gartencenter scherzen wir, dass wir uns in unsere Mütter verwandelt haben, die sich auch in Gartencentern treffen. Ich kaufe rosafarbene Pelargonien, Bronzefenchel; sie schiebt in ihrem Wagen Tomatenpflanzen und Saatkartoffeln herum. Zum Abschied winken wir uns zu, und ich wünsche ihr viel Glück.

Es ist das letzte Mal, dass ich sie sehe, bevor das Baby kommt. In der Woche darauf wache ich frühmorgens in einem unvertrauten Gästebett in einem Bauernhaus in Cornwall auf, in der Finsternis des Neumonds, und frage mich besorgt, ob sie schon in den Wehen liegt. Seit Tagen haben wir nicht miteinander gesprochen, und das Schweigen wiegt schwer.

Später, als die Sonne bloß ein blasser korallenroter Strich am Horizont ist und der Frost noch weiß auf dem Gras liegt, schickt sie mir eine Nachricht: Auf meinem Display erscheint ein Strudel aus Fotos in Orange- und Rosatönen, fassbarere, vom Neonlicht angestrahlte Updates jenes ersten schwarz-weißen Ultraschallbilds. Während derselben dunklen Stunde, zu der ich aufgewacht war, hat meine beste Freundin eine Tochter bekommen. Wir befinden uns beide auf seltsamem neuem Terrain – sie auf einer Geburtsstation, ich in einem Haus mit soliden Mauern in einem Tal in Cornwall –, und trotzdem fühle ich mich eng mit ihr verbunden. Ich ziehe mich an und drücke leise die Haustür auf, nehme die Weite des Tals in mich auf und den kalten Atem des kristallklaren blassen Himmels, der von Vogelgezwitscher erfüllt wird. In der Hand halte ich die

Fotos, die sie mir geschickt hat: dieses verkniffene kleine Gesicht, das ich lieben lernen werde. Ich weiß, dass ab jetzt alles anders ist.

*

Für Louise war die Gartenarbeit zunächst eine praktische Angelegenheit: Zusammen mit ihrem Partner kaufte sie ein stark renovierungsbedürftiges Haus mit einem Garten, der von den Wurzeln eines fünfundzwanzig Jahre alten Sommerflieders »völlig durchwuchert« war. Aber sie lernte dabei einiges: Ihre Umgebung zu verändern oder zu verschönern, wirkte sich direkt auf ihre Stimmung aus; Gartenarbeit war eine der wenigen Aktivitäten, denen sie allein nachgehen konnte und die ihr ein gutes Gefühl gaben. »Ich glaube, die fürsorgliche Seite in mir will sich für etwas Lebendiges engagieren, aber nicht für Menschen«, hatte sie als Antwort auf meine Umfrage geschrieben. »Als jemand, der sich gegen Kinder entschieden hat, halte ich es für unerlässlich, eine erweiterte und offenere Sichtweise dafür zu entwickeln, wie wir Frauen einen Beitrag leisten, indem wir die uns als Menschen angeborenen Fähigkeiten an anderer Stelle einsetzen.«

Louise begrüßt mich mit einem Lächeln, das sich über ihr ganzes Gesicht ausbreitet, an den Wangen hinauf bis zu ihren blauen Augen. Ich bin zappelig, nachdem ich im Stau gestanden habe, aber sie strahlt Ruhe aus. Sie führt mich in den Garten hinter ihrem Haus und bringt uns zwei Gläser Wein. Im kontrastreichen Licht des späten Nachmittags erscheint alles gestochen scharf; Louises Nasenstecker reflektiert das Sonnenlicht. Wir sitzen auf einer

Terrasse, die von den Wurzeln eines mächtigen Kirschbaums hochgedrückt wurde; hinter uns befinden sich eine niedrige Backsteinmauer und ein Stück Erde. Dort wuchs früher der riesige Sommerflieder, mit dem alles begann. Es gibt Hinweise auf einen entschlossenen Neuanfang: Töpfe in unterschiedlichen Größen mit verschiedenen Inhalten. Um die Hintertür rankt sich ein schmächtiger Jasmin, der noch kräftiger werden muss. Duftwickenjungpflanzen klammern sich an seine Knöchel.

Manchmal erkennt man einen Garten schon, bevor er existiert. Louise erzählt mir, was sie sich von dem Platz erhofft: Rosen, Romantik; die Art Garten, die sich in der hochsommerlichen Dämmerung ein wenig verwandelt. Sie redet über das Kinderbuch *Als die Uhr dreizehn schlug*, über den Schlossgarten von Sissinghurst, über *Der geheime Garten* – Orte, die sich nur wenigen Vertrauenspersonen offenbaren und Geheimnisse bergen.

Wir sprechen ausgiebig über die Entscheidung, keine Kinder zu bekommen, darüber, dass unsere Generation die erste ist, der das wirklich möglich ist – und trotzdem nach wie vor ein heikles Thema. Ich hatte mich gefragt, was Gärten für Frauen bedeuten können, die – aus welchen Gründen auch immer – keine Kinder haben; ich hatte gesehen, wie sie ihre Lebenszeit ebenso ausfüllten wie Kinder, und Louise ist die Erste, die bereit ist, mit mir darüber zu sprechen. Sie erklärt es mir auf logische Weise: Es gibt keine Ausbildung, um Eltern zu werden; es ist eine Entscheidung, die das ganze Leben prägt; die Fehler, die man macht, sind dauerhafter und folgenschwerer als bei einem Garten. Sie beschreibt den Wunsch, Kinder zu bekommen, als etwas Körperliches, das uns innewohnt, und sagt schlicht, dass in ihrem Fall »an der Stelle, wo es sein sollte, ein Loch klafft. Ich sage mir immer wieder: Ich muss mir wirklich ein für alle Mal darüber klar werden. Aber jedes Mal, wenn ich in mich hineinfühle, stelle ich fest, dass dort nichts zu finden ist. Also muss ich das wohl akzeptieren.«

Durch das Gespräch wird mir bewusst, dass ich früher einmal wie Louise gewesen sein mag – sicher, dass ich keine Kinder haben wollte –, aber jetzt bin ich es nicht mehr. In meinem Inneren herrscht größere Unklarheit. Ich habe mit der Vorstellung gerungen, Kinder großzuziehen, weil ich die Vielschichtigkeit des Themas unterschätzt hatte. Ich dachte, ich könne genug über die Mutterschaft herausfinden, um zu erkennen, ob ich mich darin wiederfinden kann, als könnten mir meine Nachforschungen Klarheit über die Babys verschaffen, die hartnäckig in meinem Kopf auftauchten. Ich dachte, ich könne eine deutliche Grenze zwischen der Erziehung eines Kindes und dem Anlegen eines Gartens ziehen. Beides bringt Freuden und Sorgen mit sich, die zu komplex und gewaltig sind, um sie so klein zu machen. Und trotzdem wusste Mel, als sie ihren Garten ansah, ohne Anleitung, wie sie ihn bepflanzen würde, so wie sie wusste, dass sie ihre Tochter bekommen und aufziehen würde. Marchelle betrachtete ihren Garten als eine schöpferische Lebenskraft, vergleichbar mit der mütterlichen Fürsorge, die sie zugleich brauchte und bot. Beide Dinge sind miteinander verknüpft, aber viel engmaschiger, als ich es mir vorgestellt hatte.

Ich kann nur schwer dem Drang widerstehen, die Gespräche, die ich höre, zusammenzufügen. Ich möchte verstehen, warum ich gärtnere, ich habe mich auf eine aufwendige Suche nach Antworten begeben, und doch hofft ein

Teil von mir immer noch auf präzise, einfache Antworten, wenn ich anderen Frauen diese Frage stelle. Beim Abschied habe ich oft mehr Fragen, als ich mitgebracht hatte. Ich ziehe den ganzen Prozess in Zweifel; ich sage mir, dass das Ganze keinen Sinn hat und dass ein Garten nur ein Garten ist; ich suche nach Tiefgründigkeit, wo nur Erde ist. So viele Stunden, so viele Kilometer. Vielleicht häufe ich beides an bei meinen Nachforschungen, die wenig hergeben.

Aber dann sind da die Geschichten. Stränge aus Worten, Weisheit und Erinnerungen, die sich ineinanderschlingen und zu etwas zusammenfügen, was ich immer noch zu verstehen versuche. Manchmal fühle ich mich fast erschlagen von ihrer Last, davon, sie – oft so beiläufig und aufrichtig – erzählt zu bekommen, davon, sie zu bewahren, und von dem Vertrauen, dass ich sorgfältig mit ihnen umgehen werde. Schon bald hat sich meine Suche nach Geschichten über Gartenarbeit in einen Crashkurs über das Frausein verwandelt. Indem ich den Erzählungen lausche, erfahre ich, wie sich das Frausein entwickelt hat und wie es aussehen könnte. Ich höre von Stärke und Genesung, von Rebellion und Fügsamkeit, von Kreativität, Erbe und Mutterschaft. Ich spüre ein unerwartetes Gefühl der Befreiung angesichts der schonungslosen Ehrlichkeit, die ein Gespräch mit einer relativ fremden Person ermöglichen kann, und der Intimität, die oft zu intensiv ist, um sich unter Freunden einfach einzustellen. Die Gespräche sind wie die Gezeiten, sie schwappen über mich hinweg und hinterlassen Schlick und unerwartete Schätze in ihrem Kielwasser. Sie ermöglichen es mir, mein eigenes Frausein zu hinterfragen – meine Vermutungen, meine Vorurteile, meine Sehnsüchte. Indem ich frage, lerne ich.

# 3

# *Enfield*

Die Hügel um Kent sind in weichen Nebel gehüllt. Ich fahre über eine freitagmittäglich leere Autobahn an ihnen vorbei in Richtung der Gewächshäuser, wo sich mir derselbe bläuliche Anblick bieten wird. Große, in die Jahre gekommene Gebäude am Rand eines landwirtschaftlichen Betriebs auf dem Gelände einer offenen Vollzugsanstalt für Frauen.

Hier, in einer Wiedereingliederungseinrichtung, die alle als Gefängnis bezeichnen, bauen Straftäterinnen im Rahmen der Resozialisierung tropische Zimmerpflanzen an, um sie an Kunden und Unternehmen zu verkaufen, eignen sich dabei gartenbauliche Kenntnisse und Geschäftssinn an. Ich treffe Kali, die keine Insassin ist und den Betrieb leitet, und Kayla, die engagierteste – und erste – Mitarbeiterin des Unternehmens. Dabei platze ich in ein angeregtes Gespräch über den Pflanzenbestand hinein: Gleich soll eine neue Lieferung eintreffen, für die das angrenzende Gewächshaus möglicherweise freigeräumt werden muss. Das Treibhaus, vor dem sie stehen, ist tadellos; Reihen aus Goldtüpfelfarnen, *Pilea peperomioides*, *Ficus* und *Crassula* in eleganten Keramiktöpfen bedecken die Stahlplattformen zu beiden Seiten.

Jede Pflanze trägt ein hölzernes Etikett, auf dem mit Kuli in Schreibschrift der lateinische Namen vermerkt ist.

An der hinteren Wand hängt ein Pflanzenkundeposter; in der Mitte steht ein antiker Schreibtisch, auf dem sich Geschäftsbücher, eine Rolle Packpapier und ein Kartenlesegerät befinden. Auf dem Boden steht ein riesiger Farn von urzeitlichem Aussehen, der, wie ich erfahre, für die Küche einer Influencerin bestimmt ist.

Kayla schildert mir den Bestand und die Umgestaltung. Bis vor ein paar Monaten waren die Gewächshäuser noch außer Betrieb und von Unkraut überwuchert, das ihr bis zur Hüfte reichte. In den Wogen eines stürmischen Sommers wurden die Risse gekittet, die Scheiben geputzt und die Heizung installiert. An den Gebäuden wird immer noch gearbeitet: Erst letzte Woche kam ein Mann, um bei den Trockenlegungsarbeiten zu helfen, nachdem die Gewächshäuser an einem Wochenende mit Dauerregen überflutet worden waren. Kayla hat ihr Team vor Kurzem erweitert und zwei weitere Frauen eingestellt, Alex und Netty, die ihr helfen, den zunehmenden Kundenandrang zu bewältigen. Während ich dort bin, treffen mehrere ein: ein älteres Ehepaar in einem Rolls-Royce; eine Frau mit ihrer Tochter im Teenageralter, die die Geldbäume inspizieren; eine atemlose Frau mit teurer Föhnfrisur, die mit einem Farn erscheint, der sich mit seinem Wurzelgeflecht im Topf verhakt hat. Kayla beruhigt sie und kümmert sich souverän und mit wippendem blondem Pferdeschwanz um die Pflanze. Zwanzig Minuten später sind aus einem Farn zwei Farne geworden, und sie reicht den ursprünglichen Topf mit der ausdrücklichen Anweisung zurück, ihn gründlich zu reinigen, bevor etwas anderes hineingepflanzt wird.

Binnen weniger Monate und ohne Internetzugang ist Kayla zur Zimmerpflanzenexpertin und Geschäftsfrau geworden. Sie hat gelernt, wie man Pflanzen vermehrt, den pH-Wert der Erde bestimmt und das exakte Gleichgewicht der Klimaverhältnisse im Gewächshaus versteht. »An warmen Abenden mache ich mir Gedanken über die Temperatur hier drinnen«, erzählt sie mir. »Ich bin dafür berüchtigt, dass ich extra noch einmal vorbeikomme, um die Temperatur zu überprüfen.« Ihr Stolz ist deutlich spürbar. An einem Ort, der naturgemäß eine Übergangsstation ist, hat Kayla etwas Bleibendes geschaffen. Als ich später den Hofladen besuche, bestätigt mir ein Mann, der dort arbeitet, dies unaufgefordert: »Eine der Frauen aus den Gewächshäusern liebt ihre Arbeit; sie kommt morgens als Erste und bleibt bis nach Einbruch der Dunkelheit.«

Abgesehen von den Pflanzen spricht Kayla vor allem über ihre Kinder. Sie hat zwei, beide im frühen Teenageralter. »Sie waren neun und elf, als ich hierherkam«, fügt sie hinzu. Sie erzählt, wie schmerzhaft es war, wegen Covid fast ein Jahr von ihnen getrennt zu sein. Um die verschiedenen Arten der schicken Blumentöpfe zu kennzeichnen, die sie zum Verkauf anbieten, haben sie und die anderen Gewächshausmitarbeiterinnen die Töpfe nach ihren Kindern benannt, sagt sie.

Kayla sieht einen einfachen und zugleich tiefgreifenden Zusammenhang zwischen der Aufzucht der Pflanzen und der Entfernung zu ihren Kindern. »Wir sind alle Mütter«, erklärt sie. »Wir wurden von unseren Kindern getrennt. Diese Pflanzen sind wie unsere Babys – wir ziehen sie groß, wir passen auf sie auf. Wenn sie ausgewachsen sind, schicken wir sie in die Welt hinaus. Das ist sehr, sehr befriedigend.« Es ist ein Gewächshaus voller Pflanzen, aber in der hohen Luftfeuchtigkeit schwebt Mutterliebe. Sie ist der Ursprung der Fürsorge, sie lenkt vom Trennungsschmerz ab. Im Gefängnis werden diese Pflanzen zu Ersatzkindern, zu einem Ventil für einen sonst unbefriedigten Drang.

*

Mir war bewusst, dass bisher alle Frauen, mit denen ich gesprochen habe, entweder schwanger waren, Kinder hatten oder wussten, dass sie keine haben wollten. Ich hatte zwar von Frauen gelesen, die Probleme hatten, schwanger zu werden, und während dieses zermürbenden Prozesses im Garten gearbeitet hatten, aber ich hatte mit keiner darüber gesprochen. Die Frage, ob ein Garten eine Alternative zu einem Kind sein kann, stellte ich mir schon lange – einige gärtnernde Bekannte, oft ältere Frauen, hatten das beiläufig erwähnt. Während so viele meiner Freundinnen schwanger wurden, sprachen nur wenige von ihnen über die Schwierigkeiten, die dem positiven Testergebnis vorausgegangen waren – die Arztbesuche, die Eingeständnisse der Sehnsucht am späten Abend. Ich wusste, dass einige sich so sehr Kinder wünschten, sie aber nicht bekommen konnten, aber das ist ein trauriges Thema und immer noch ein Tabu. Deshalb hatte ich mich an einige Stiftungen gewandt und gefragt, ob sie meine Bitte an ihre Mitglieder weiterleiten könnten, mit mir darüber zu sprechen, ob das Gärtnern oder die Beschäftigung mit dem Erdboden ihren Weg zur Fruchtbarkeit erleichtert hatte. Hannah sagte geradeheraus, sie würde gern mitmachen.

Ich bin drei Stunden gefahren und am falschen Ort gelandet. Oakwell Hall hat zwei Eingänge, und ich stehe vor dem, der direkt neben einem Spielplatz liegt, auf dem es von Kleinkindern und Kinderwagen nur so wimmelt. Ich habe Hannah noch nie getroffen, sondern nur per E-Mail mit ihr kommuniziert, aber ich weiß, dass ich hier nicht richtig bin. Nach einem zügigen Fußmarsch über einen Feldweg entdecke ich sie. Es ist ein schöner Tag, auch wenn der Himmel tief hängt, und die verbliebene Winternässe hat das Moos auf den gedrungenen Steinmauern leuchtend grün gefärbt. Jenseits der Mauern, an den Ufern eines Baches, sprießt junger Bärlauch. Ich bilde mir ein, dass ich den aufsteigenden Saft riechen kann.

Oakwell Hall ist mit dem Auto zwanzig Minuten von Leeds entfernt. Das solide Haus im elisabethanischen Architekturstil mit Verbindungen zu den Geschwistern Brontë und einem weitläufigen, mittlerweile öffentlichen Park ist ein Kleinod inmitten der verarmten ehemaligen Industriegebiete südlich der Stadt. Hannah ist in der Nähe geboren worden und aufgewachsen, und dies ist ihr Lieblingsort. Außer Atem und zu warm eingepackt in Schal und Stiefel komme ich bei ihr an. Hannah ist hochgewachsen, eine leichte Jeansjacke spannt sich um ihre breiten Schultern, die Haare sind oberhalb einer schwarzen Brille mit breitem Gestell nach hinten gekämmt. Ich entschuldige mich zu ausufernd, und sie erträgt mein Geplapper mit ruhiger, freundlicher Nachsicht. Als Mitarbeiterin einer psychiatrischen Klinik ist sie an den Umgang mit Fremden gewöhnt.

Hannah begann vor ein paar Jahren mit dem Gärtnern, nach einem Zusammenbruch, der dazu führte, dass sie beinahe alles hingeworfen hätte, einschließlich ihrer Ehe. In der Zeit danach kündigte sie ihren verhassten Job und erkannte, dass sie »ein Haus brauchte, in dem ich mich hinsetzen und gärtnern konnte, um mich abzulenken«. Zuvor hatte das Paar in Wohnungen ohne irgendeinen Außenbereich gelebt. »Erst nach der zweiten Wohnung wurde mir klar«, sagt sie, »dass das, was ich wirklich brauche, ein Garten ist.« Sie zeigt mir Fotos von dem Reihenhaus, das sie gemietet haben, von dem Garten dahinter, in dem sie mit dem Anbau von Pflanzen begonnen hat, und von dem hübschen Deutschen Schäferhund, den das Paar nach dem Umzug adoptiert hat.

Als wir in den Park hineingehen, beginnt mir Hannah in aller Ruhe zu erzählen, was Oakwell Hall für sie bedeutet. Sie spricht mit beruhigendem breitem Yorkshire-Akzent, und bei dem Rundgang – halb Führung, halb Erzählstunde – erfahre ich, dass dieser Landschaftspark ihr und einer Freundin in den letzten Monaten Halt gegeben hat: Beide kämpften mit ihrer Gesundheit und Stimmungslage. Im gepflasterten Halbkreis des Obstgartens saßen sie beisammen und betrachteten die zähflüssigen Sommersonnenuntergänge, spazierten durch die weitläufigen Parkanlagen. Manchmal, wenn sie bis nach Einbruch der Dunkelheit blieben, überkam sie das Gefühl, auf dem Gelände von Oakwell Hall nicht mehr willkommen zu sein – dass die Geister, die dort angeblich herumspuken, ihnen nicht länger Trost spenden wollten. Sie erzählt mir von ihrem Arbeitsleben, ihren Bemühungen, in der Gemeinde Aktivitäten und Veranstaltungen für Menschen mit psychischen Problemen zu organisieren. Die Pandemie hat es erschwert, die Selbsthilfegruppen weiterlaufen zu lassen: Die Gegend ist für ihre Armut bekannt; nur wenige ihrer Mitglieder haben ein Gerät, um aufs Internet zuzugreifen, oder überhaupt einen Internetzugang. Es ist nicht einfach gewesen, Hilfe zu leisten.

Ihre Schwierigkeiten, ein Kind zu bekommen, haben sie isoliert, erzählt mir Hannah. Sie ist Anfang dreißig, und viele ihrer Schul- und Studienfreunde haben Familien gegründet. »Für mich ist es wirklich nicht leicht, das zu beobachten, deshalb musste ich den Kontakt ein wenig runterfahren«, sagt sie. »Ich glaube, sie wollen auch mehr Zeit mit anderen Familien verbringen und mich mit anderen Müttern in Kontakt bringen und so weiter. Das hat mir damals nichts gebracht, und es bringt mir auch jetzt nichts.« Wir gelangen zu einem Aussichtspunkt mit Blick auf eine Hügelkette; ein Bächlein bahnt sich tröpfelnd seinen Weg in den spärlichen Teich, der Winter ist trocken. Im Sommer, so erzählt mir Hannah, ist hier alles von Wildblumen bedeckt; der perfekte Platz, um den Sonnenuntergang zu beobachten. »Man sieht alle Arten von Blumen«, sagt sie. Wir sprechen über ihren Mann, wie gern sie sich gegenseitig auf die Schippe nehmen, und über den Abend, an dem sie sich kennengelernt haben. Das ist jetzt acht Jahre her, und seit sechs Jahren versuchen sie ein Kind zu bekommen. Die Zahl erschüttert mich. Ich sage ihr, dass es eine lange Zeit sei. »Eine sehr lange Zeit«, antwortet sie und starrt auf die Felder in der Ferne.

Hannahs Probleme, schwanger zu werden, sind die Folgen einer brutalen Kombination aus einer chronischen Krankheit, die lange nicht diagnostiziert wurde, einer Infektion und unglücklichen Umständen. Sie erzählt ihre Geschichte ohne Selbstmitleid, aber ich muss trotzdem an all den Schmerz der Frauen denken, den das Gesundheitswesen viel zu oft ignoriert. Gleich zu Beginn der Beziehung dachte Hannah, sie sei schwanger: Ihre Periode war ausgeblieben, und sie begann im Internet nach Kinderwagen zu suchen. Doch sämtliche Tests fielen negativ aus. »Als man mir sagte, dass ich nicht schwanger war, brach für mich eine Welt zusammen.« Ein wahrer Untersuchungsmarathon startete, und ein Wust an Diagnosen bestätigte schließlich, dass ihre Fruchtbarkeit erheblich beeinträchtigt ist. »Seitdem war es Monat für Monat nur Ungewissheit.« Ich sage, dass ich nicht wisse, wie jemand damit leben könne, und sie antwortet, sie wisse es auch nicht.

Sie wollte schon immer Mutter werden, erzählt sie weiter, nicht zuletzt deshalb, um ihre eigene schwierige Kindheit wettzumachen. »Ich glaube, ich will meinem Kind die Erziehung bieten, die es braucht, anstatt das Schema meiner Mutter zu verfolgen«, erklärt sie. Hannah möchte, dass sich ihr Kind sicher genug fühlen kann, um sich mitzuteilen, um eigene Meinungen zu haben. Sie beschreibt sich selbst als »kreativ und praktisch veranlagt«, und es scheint, als würde sie den Schmerz, den ihre Kinderlosigkeit verursacht, auf diese Weise bewältigen. Auf dem Weg, über den sie mich durch den Wald und über einen steilen Anstieg zu einem Aussichtspunkt führt, von dem wir das gesamte Tal überblicken, sind kaum Menschen unterwegs. Das bestätigt meinen Verdacht, dass sie nicht darauf aus war, sich an dem Eingang neben dem Spielplatz zu treffen.

Hannah erzählt mir von dem Garten hinter ihrem Haus, wie sie die Blumenkübel und Erde dorthin schleifte und begann, Saatgut auszustreuen. Im letzten Sommer hat sie siebzehn verschiedene Arten von Sonnenblumen gezogen; es sind ihre Lieblingsblumen. Sie rattert die Sorten herunter, »Pom-Pom« und »Teddy Bear«, die üppigen gelben und eleganten dunkelorangen. Hannah zieht den Ärmel ihrer Jacke hoch, streicht über die weiche blasse Haut ihres Unterarms und erzählt mir, sie werde sich dort ein weiteres Tattoo stechen lassen – direkt über den verschlungenen schwarzen Zeichen auf ihrem Handgelenk, die sie sich zur Förderung der Fruchtbarkeit tätowieren ließ. »Warum Sonnenblumen?«, will ich wissen. »Sie sind so stark und widerstandsfähig«, antwortet Hannah. »Manchmal fühle ich mich wie eine Sonnenblume. Ich habe das Gefühl, dass ich gegen alle Elemente ankämpfen muss, gegen alle Widrigkeiten, gegen alles, was mir entgegenschlägt. Ich muss mich wieder aufrappeln und trotzdem weitermachen. Ich glaube, ich fühle mich einfach auf einer sehr spirituellen Ebene mit ihnen verbunden; wir haben die gleiche Wellenlänge.« Danach unterhalten wir uns über die Vögel, darüber, welchen Nutzen sie aus den Fruchtständen ziehen, und Hannah sagt, dass ihre Sonnenblumen auch Monate nach der Blüte immer noch stehen. »Ich habe sie einfach so belassen. Ein Teil von mir will sie gar nicht mehr hergeben.«

Wir laufen noch etwa eine Stunde, kommen durch Waldgebiete und dringen bis zum Grundstück ihres Hauses vor. Hannah und ich reden über alles Mögliche – Religion, ihre Kindheit, die Scherze, die sie und ihr Mann miteinander machen. Sie ist selbstironisch, eigensinnig und humorvoll; sie hat sich bei ihrer Personalabteilung für eine Neuregelung des Mutterschutzes im Fall einer Fehlgeburt eingesetzt. Ich habe den Eindruck, dass sie in jeder Situation ihr Bestes gibt. Kurz bevor wir gehen, setzen wir uns auf eine Bank am Teich. Zwei Frauen kommen vorbei, schieben Kinderwagen und halten kleine Hände. Hannah sagt, es sei hart für sie, andere Frauen zu sehen, die so selbstverständlich mit dem leben, was ihr anscheinend verwehrt bleibt. »Sie wissen nicht, wie sich dieser Schmerz anfühlt«, sagt sie. »Wie es ist, sofort nach dem Aufwachen daran zu denken. Es ist eine tiefe Trauer. Jeden Monat aufs Neue.«

*

In den folgenden Wochen lässt mich die Begegnung mit Hannah nicht mehr los. Ihre Worte, ihr Mut und ihr Kummer belasten mich. Ich begrüße den ersten Frühlingstag, indem ich meiner Mutter und meiner Schwester Duftwickenjungpflanzen vorbeibringe. Sie sind jetzt fünf Monate alt und kräftig, an ihren Stängeln zeigen sich leichte Rillen, und wenn ich den Wurzelballen neben meinen Unterarm lege, reichen sie bis zu meinen Fingerspitzen. Ich erzähle ihnen von Hannah, wie sehr mich ihre Geschichte berührt hat, wie wenig Beachtung Schicksale wie ihres erhalten. Recht schnell wird mir klar, dass ich nie so beharrlich sein könnte wie sie; ich glaube nicht, dass meine Sehnsucht nach einem Kind so weit reicht oder so tief geht. Ich frage mich, ob das bedeutet, dass ich gar nicht erst in Erwägung ziehen sollte, Mutter zu werden.

Durchhaltevermögen ist bei der Pflege eines Gartens von entscheidender Bedeutung, was aber oft verkannt wird. Es wird viel Aufhebens um Fachwissen und Technik gemacht – wie und wann man die Rosen beschneidet, wann man Pflanzen umhegen und wann man ihre Widerstandsfähigkeit fördern soll, lateinische Namen –, aber ich glaube, die schönsten Gärten sind diejenigen, die mit Ausdauer und Entschlossenheit angelegt werden. Es erfordert viel Mühe, einen betonierten Hof in ein Sonnenblumenbeet zu verwandeln, beharrlich Bücher aus der Bibliothek zu leihen und der widerspenstigen Erde Wachstum zu entlocken ohne die Gewissheit, die eine fundierte Ausbildung in Botanik mit sich bringt. Viele der Frauen, mit denen ich gesprochen habe, haben bei den Flächen, die sie bepflanzten, eine solche Hartnäckigkeit an den Tag gelegt, sich geweigert, zu resignieren und das Handtuch zu werfen. Nur selten sprachen sie mit Stolz darüber, sie taten es einfach. Als Gärtnerinnen klammern wir uns an die nächste Saison; wir haben einen unerschütterlichen Glauben an das nächste Jahr, in dem wir die Samen sorgsamer aussäen und den Wildwuchs früher zurückschneiden, einen neuen Versuch unternehmen werden. Ich denke viel über den großen Kummer nach, den Hannah in sich trägt, aber ich denke auch an die tiefe und beständige Hoffnung, die diese Trauer begleiten muss, damit sie es weiter versuchen kann.

Es folgt ein kalter, zögerlicher Frühling. Ich harke die Beete und staune darüber, wie der Mulch und die Winterfeuchtigkeit die Beschaffenheit des Bodens verbessert haben. Ich studiere die Saatgutpackungen und ignoriere die Forderungen nach »guter Bodengare« und »Saatfurchen«, streue großzügig und ungezwungen alle möglichen Sorten aus: Kornblumen in den Varianten »Blue Boy« und »Black Ball«; *Papaver rhoeas* »Amazing Grey«; *Calendula* »Snow Princess« und »Sunset«; weißer Päonienmohn; *Nigella damascena* »Albion Green Pod«. Die Päckchen werden weich von der Erde an meinen Händen und weil sie in meinen Taschen zerknautscht werden, während ich mich vorbeuge und ausstrecke. Es fühlt sich irgendwie verrückt und verschwenderisch an, einfach nur dazustehen und mit diesen winzigen Dingen um mich zu werfen in dem Wissen, dass viele davon vermutlich dem Wind oder den Schnäbeln der Vögel zum Opfer fallen werden. Aber vielleicht bleibt ja ein kleiner Teil davon in der Erde und keimt. Ich hoffe es, ich hoffe es so sehr.

*

Die Ankunft eines Kindes bringt vieles Weitere mit sich. Diesen gewaltigen Schwall an Liebe, von dem die Leute erzählen, die Last der Verantwortung, ein schleichendes Gefühl der Schuld und unbeschwerte Freude. Aber auch Verlust; manche Kinder sterben. Manche Mütter verlassen die Krankenhäuser ohne ihre Babys, die sie in sich getragen haben. Das ist eine grausame Wahrheit, die so schrecklich ist, dass der Verlust eines Babys auch heute noch ein gesellschaftliches Tabu darstellt, über das man nur hinter vorgehaltener Hand und mit verstohlenen Blicken spricht. Nach Angaben der britischen Wohltätigkeitsorganisation Tommy's endet schätzungsweise ein Viertel aller Schwangerschaften in Großbritannien mit dem Verlust des Kindes während der Schwangerschaft oder bei der Geburt, und jeden Tag werden sieben Babys tot geboren. Sieben Familien, Dutzende gebrochener Herzen. Es kommt schmerzhaft häufig vor.

Als die Tage noch kurz und grau waren, stieß ich im Internet auf Fionas Geschichte. Sie war acht, als sie klar erkannte, dass sie Mutter werden wollte, und neunundzwanzig, als sie an Gebärmutterhalskrebs erkrankte. Fiona und ihr Partner Tim durchlebten mehrere Jahre mit künstlicher Befruchtung und Fehlgeburten, bevor sich eine Schwangerschaft entwickelte, die nur sieben Monate andauern sollte. Ihre Fruchtblase platzte zu früh, schreibt Fiona, sie verbrachte zehn Tage im Krankenhaus, um die Wehen hinauszuzögern, und wenige Stunden nachdem man ihr gesagt hatte, sie könne wieder nach Hause gehen, »erlit ich einen Nabelschnurvorfall, der meinem Baby die Versorgung mit Sauerstoff und Nährstoffen abschnürte. In den sechs Minuten, die es dauerte, in den OP zu gelangen, während die Krankenschwestern rennend und schreiend mein Bett durch die leeren Gänge rollten, starb unser Baby.«

Fünf Jahre sind vergangen, seit sie Willow verloren hat – so hatten Fiona und Tim ihr erstes Kind genannt. Sie holt mich an ihrem Regionalbahnhof am Stadtrand von Nordlondon ab, lächelnd und geschäftsmäßig, die Augen hinter einer großen Sonnenbrille verborgen. Nach kurzem Geplänkel über die Londoner Verkehrsbetriebe enthüllt sie rasch, dass sie an den anderen sechs Tagen der Woche bei ihrer frühgeborenen Tochter Nancy im St. Thomas' Hospital ist. So wie ich ist Fiona von Beruf Journalistin; wir können direkt miteinander sprechen. Doch ihre Neuigkeiten treffen mich unvorbereitet. Ich hatte mich mental auf *eine* heikle Geschichte eingestellt, nicht auf mehrere.

Ich war mit Fiona in Kontakt getreten, weil sie nach Willows Tod einen Garten angelegt hatte. »Meine Bewältigungsstrategie«, schrieb sie damals, »besteht vor allem aus Aktivität.« Wir treffen vor ihrem außergewöhnlichen Haus ein, das sich nur einen Katzensprung von der M25 entfernt versteckt. Der Garten ist mit zahlreichen Bäumen bewachsen, die, so wie Fionas Haus, mehrere Jahrhunderte alt sind. Es ist ein schwüler Nachmittag und der Schatten eine willkommene Abkühlung. »Wenn wir über Willows Garten sprechen wollen, gehen wir am besten dorthin«, schlägt Fiona pragmatisch vor. Wir schlängeln uns durch ein Gewirr aus Efeu und Farnen, durchdrungen von Licht und Schatten. Es ist die Art Garten, die bei heranwachsenden Kindern eine tiefe Sehnsucht wecken würde – mit Versteckmöglichkeiten, geheimen Höhlen und großen Flächen zum Herumtoben. Fiona führt mich hinter ein paar Bäume und hinunter in einen Bereich, der von einer lichten Hecke abgeschirmt wird. Es ist ein sehr emotionaler Ort, das merkt man sofort. Die Bepflanzung lässt den Garten fast eiförmig erscheinen; üppige Außenbeete gruppieren sich um ein weiteres, runderes Beet in der Mitte. Dort steht die Weidenskulptur eines kleinen Mädchens in herausfordernder Pose, den Rücken durchgebogen, das Gesicht dem Himmel zugewandt. Fiona setzt sich auf einen umgestürzten Baumstamm, während ich auf einem Stuhl zu ihrer Linken Platz nehme. Farne und Efeu verwischen die Grenzen des Gartens. Ganz offensichtlich handelt es sich um einen besonderen Ort, aber es ist nicht klar, wo Willows Garten beginnt und wo der Garten, in den er eingebettet ist, endet. Willows Garten ist, wie das Kind, dem er gewidmet wurde, ein integraler Bestandteil dieses Familiengartens und doch davon abgegrenzt.

»Der Garten ist sehr bedeutungsvoll«, sagt Fiona, kurz nachdem wir uns gesetzt haben. »Ich habe vier Obstbäume gepflanzt, als Symbol für die Großeltern. Wir haben auf beiden Seiten unserer Familie viele Nichten und Neffen, also wurde gespannt auf unsere Kinder gewartet. Als ich dann mit Willow schwanger war, habe ich mich sehr gefreut, dass alle vier Großeltern noch lebten. Zwei Weißbirken stellen Tim und mich dar – die Eltern.« Außerdem gibt es eine Reihe von Herbst-Anemonen und Hortensien, die zu Willows Geburtstag am 10. September blühen werden;

der Eingang zum Garten wird von weißen Rosen umrankt, als Zeichen für Fionas Yorkshire-Erbe, und von Stechginster, der die schottische Linie der Familie repräsentiert. Der Garten soll nicht nur Ruhe ausstrahlen, sondern auch die Geschichte und das Erbe von Willows Familie bewahren; ich glaube, ich habe noch nie einen privaten Garten gesehen, der mit solcher Sorgfalt angelegt wurde. »Wir wollten, dass sie ein Teil von all dem sein kann, was uns ausmacht«, erklärt Fiona.

Die Schneeglöckchen haben Fiona während der ersten Woge der Trauer ein wenig Hoffnung verliehen. Der Winter nach Willows Tod war grausam. »Die Weihnachtszeit war in gewisser Weise am schlimmsten, weil ich es nicht ertragen konnte, bei meiner Familie zu sein ohne das Kind, von dem ich das Gefühl hatte, es ihnen versprochen zu haben«, sagt sie. Stattdessen fuhren Tim und sie an die Küste, begleitet von einem neuen Welpen. »Der Traum, dein Baby nach Hause zu bringen, ist ein wirklich entscheidender Moment. Wir hielten das einfach alles nicht aus. Das Haus war für mich nicht länger ein Ort der Zuflucht. Es wurde zu einer weiteren Sache, bei der ich versagt hatte«, sagt sie. »Aber im Garten war das nicht der Fall; ich hatte das Gefühl, dass ich dort etwas verändern konnte. Es geht um Liebe und Fürsorge, nicht wahr? Darum, ein Auffangbecken für diese Gefühle zu finden.«

In jenen trostlosen kurzen Tagen griff Fiona zu Millimeterpapier und Bleistift und zeichnete den Entwurf. Bäume mussten gefällt, Boden geebnet werden. Ich merke an, dass das nach einem sehr ehrgeizigen Vorhaben klinge, selbst wenn sie nicht einen derartigen Kummer zu bewältigen gehabt hätte. »Tim fand es auch ehrgeizig«, stimmt sie mir zu und nickt sanft. »Er dachte, dass wir unseren Eifer dabei vielleicht etwas zügeln sollten. Aber ich wollte, dass es ein Ort wird, an dem ich mich hinsetzen und um den ich mich jedes Jahr kümmern kann, und dass die Zeit, die ich dort verbringe, die Zeit ist, in der ich an sie denke, denn mir war klar, dass das Leben weitergehen und sie nur in meinem Herzen fortleben würde. Ich wollte Zeit damit verbringen müssen, ihn zu umsorgen, weil es mir so vorkam, als wäre das die Zeit, in der ich sie umsorgt hätte. Ich hatte das Gefühl, dass er groß sein musste, um Platz für das zu bieten, was ich darin zu tun hatte.« In der bitteren Umklammerung jenes fortgeschrittenen Winters mietete das Paar einen Bagger und ebnete das Land. Sie sammelten alte Dachziegel aus dem Garten auf und steckten die Grenzen ab. Sie legten Folien aus, düngten den Boden und trugen Kieselsteine zusammen, um einen Pfad anzulegen. »Die Erde wirkte unfruchtbar. Wir mussten viel Vorarbeit leisten, bevor wir die Pflanzen einsetzen konnten; wir waren lange Zeit nicht für die Pflanzen bereit«, erinnert sich Fiona. »Ich schätze, das spiegelte wider, in welcher Phase der Trauer wir uns befanden.«

Während Fiona Willows Garten anlegte, begann sie auch ihre Geschichte zu veröffentlichen. Als Journalistin bei der BBC glaubte Fiona, dass sie mit ihrer Arbeit »etwas bewirken« sollte, und das Unternehmen hatte bisher noch nie richtig über das Thema Totgeburt berichtet. Fiona sprach nicht nur über ihre eigenen Erfahrungen, sondern interviewte zudem fünf weitere Frauen, die ein solches Trauma hatten erleiden müssen und sich dadurch veranlasst sahen, ihr Leben auf irgendeine Weise zu ändern. Der Garten und die Reportage waren eng miteinander verwoben: Ihr

Beitrag erschien einen Monat bevor Willow ein Jahr alt geworden wäre, und der Garten war bereit für ein Fest zu Ehren von Willow, bei dem Spenden für »Sternenkinder«-Stiftungen gesammelt wurden. »Es war ein Moment des Innehaltens, um Willows zu gedenken«, sagt Fiona, »und um auszudrücken: Wir haben dieses Jahr überstanden. Wir haben alle Jahreszeiten durchlebt. Wir haben diesen Garten bepflanzt. Und es war der Moment für einen Neuanfang.« Seltsamerweise, sagt Fiona, wurde ihr Sohn Angus genau ein Jahr nach der Veröffentlichung ihres Artikels geboren: »Die Dinge sind auf Arten miteinander verknüpft, die wir nicht begreifen können.«

Auf gewisse Weise betrat Fiona mit ihrem Artikel ebenso Neuland wie Tim und sie mit dem Anlegen ihres Gartens. Er wurde von fünf Millionen Menschen gelesen, und auch drei Jahre später erhält sie immer noch jede Woche einige E-Mails dazu, sagt sie. »Besonders berührt bin ich von den Nachrichten älterer Frauen, die nicht die Möglichkeit hatten, ihren verlorenen Babys einen Namen zu geben oder ihre Geburtstage zu feiern«, erzählt sie mir. Wir sprechen über die Tabus, die nach wie vor rund um die Schwangerschaft bestehen, und über das, was passiert, wenn etwas schiefgeht; über das abergläubische Schweigen vor dem Ultraschall in der zwölften Woche, das dazu führt, dass viele Frauen eine Fehlgeburt im Verborgenen durchleiden müssen; und über die verstorbenen Babys, über die man nicht spricht und um die deshalb nie richtig getrauert wird. Nach Willows Tod besuchte Fiona ihre Großmutter, nach der sie Nancy benannt hat, und sprach mit ihr über das fünfte ihrer sechs Kinder, das tot geboren wurde. »Ich habe sie gefragt, wie sie damit fertiggeworden ist, und sie hat geantwortet: ›Ich musste einfach weitermachen, schließlich hatte ich ja noch die anderen Kinder‹, was bei einer so starken Frau wie meiner Oma darauf hindeutet, dass es ihr so schlecht ging, dass sie eigentlich nicht weitermachen wollte, ihr aber nichts anderes übrig blieb«, sagt Fiona. »Ich glaube, eine Totgeburt kann einen so erschüttern, dass man sich fragt, ob es überhaupt noch einen Grund gibt, um weiterzuleben. Das hört man eindeutig aus all den Berichten der Frauen heraus, deren Geschichte ich zu erzählen geholfen habe.«

Fionas Art, mit Willows Tod umzugehen – so mutig über ihre Geburt zu schreiben, einen Garten anzulegen und ihn für andere zugänglich zu machen, einen Raum zu schaffen, in dem jeden September eine Geburtstagsfeier stattfindet und wo auch der Muttertag gefeiert wird –, wurde von einigen kritisiert, weil sie sie für zu öffentlich hielten. Aber sie hat damit zahlreichen anderen Frauen die Möglichkeit geschaffen, zu Wort zu kommen. Willows Garten ist zweifellos ein Ort, an den man die Menschen einladen muss, aber er steht für etwas viel Größeres: das Recht, dieser gewaltigen winzigen Verluste zu gedenken; für den Mut weiterzumachen; für die Kühnheit, das jahrhundertelange gesellschaftliche Schweigen über Totgeburten zu durchbrechen.

Was ich an Willows Garten so ergreifend – ja, sogar beglückend – finde, ist der Eindruck der Langlebigkeit. »Er besteht jetzt seit fünf Jahren«, waren Fionas erste Worte, als wir ihn betraten. Der Steinweg wächst immer noch: Jedes Mal, wenn sie an den Strand gehen, nimmt Fiona einen Kieselstein dafür mit – und irgendwann werden ihre Kinder alt genug sein, um das Gleiche zu tun. Die Familie veranstaltet Feste in dem Garten, und ihre Freunde schätzen ihn als einen Ort der Besinnung und Ruhe. Angus, der inzwischen die ersten Schritte macht, kommt und »hilft« Fiona im Garten, so wie ihre jüngste Tochter Nancy es eines Tages auch tun wird. Sie erzählt mir, dass Nancy und Willow Zwillinge sind – beide haben die ersten fünf Tage ihres Daseins in derselben IVF-Petrischale verbracht. »Die Tatsache, dass Nancy unsere Familie vervollständigen wird«, sagt sie, »gibt mir Trost. Willow hat sie begonnen, und sie hat sie vollendet.«

Fiona und ich beenden unsere Zeit miteinander so pragmatisch, wie wir sie begonnen haben: ein rascher Aufbruch zum Bahnhof, ich renne, um den Zug noch zu erwischen. Als ich Platz nehme und zu Atem komme, wird mir klar, dass ich nie so wie Fiona sein könnte: Mein Mutterinstinkt war nie so ausgeprägt, und ich hätte nicht die nötige Ausdauer, um trotz der vielen Hiobsbotschaften der Ärzte weiterhin zu versuchen, ein Kind zu bekommen. Ihr Verlangen, ihre Entschlossenheit, eine Familie zu gründen, erscheinen mir wie ein Wunder, etwas Allmächtiges und Außergewöhnliches, das aus einer unbekannten Materie besteht, die sich grundlegend von der unterscheidet, die durch meine Adern fließt. Ich finde das bewundernswert und gleichzeitig ein wenig beängstigend, und ich weiß ganz, ganz genau, dass ich nicht so veranlagt bin. Ebenso wie nach der Begegnung mit Hannah weiß ich, dass mein Kinderwunsch nicht groß genug ist, um mir Eizellen entnehmen zu lassen oder Jahre mit dem Versuch zuzubringen, schwanger zu werden. Vielleicht bedeutet das, dass ich nicht Mutter werden sollte. Vielleicht ist allein die Möglichkeit, ein Kind zu bekommen, ein Privileg, das ich nicht verdient habe. Wie ungerecht und beunruhigend so vieles davon ist.

# 4

## *Barnes Common*

Bevor Frauen aus ästhetischen Gründen gärtnerten, legten sie Gärten zu Heilzwecken an. Johanniskraut gegen Bettnässen bei Kindern, Lupinen gegen Geschwüre und Brennnesseln für die Durchblutung, jahrhundertelang in Gärten kultiviert, das Wissen von Müttern und Schwestern überliefert. Über die »Kräuterweiber«, wie sie in der Tudorzeit genannt wurden, gibt es kaum Aufzeichnungen – aus den gleichen Gründen, aus denen Hausarbeit, die von Frauen verrichtet wird, auch heute noch unsichtbar ist: Sie wird nicht als berichtenswert angesehen. Außerdem waren sie oft arm und unterbezahlt: Während ein Apotheker im Jahr 1629 ein Jahreseinkommen von sechzig Pfund erzielte, bezogen die Frauen, die die Pflanzen zur Herstellung seiner Medikamente anbauten, einen Jahreslohn von vier Pfund. Wie Margaret Willes in *The Gardens of the British Working Class* darlegt, war das Leben dieser Frauen weit entfernt von der romantischen Darstellung der Blumenverkäuferinnen mit rosigen Wangen – auf den Illustrationen sieht man »Frauen in zerlumpter Kleidung, die nach einem harten Arbeitstag nach Hause trotten«.

Im 18. Jahrhundert pachteten einige Kräuterweiber Marktstände, wodurch ihre Namen in die Geschichte eingingen – Hannah Smith, wohnhaft in der Grub Street in

Finsbury, London; Mary Leech und Judith Vardey, Spezialistinnen für Arzneipflanzen –, aber die meisten Aufzeichnungen über Kräuter aus dieser Zeit stammen aus der Feder von Männern, wie *Gerard's Herbal* von John Gerard oder *Culpeper's Complete Herbal* (1652) von Nicholas Culpeper, das in einfachem Englisch statt in Latein verfasst worden war und mit einem Preis von drei Pence nur einen Bruchteil der illustrierten Wälzer kostete, mit denen die Apotheker arbeiteten. Fast dreihundert Jahre sollte es dauern, bis eine Frau offiziell ein Buch über Kräuterkunde veröffentlichte – Maud Grieve, die nach Ausbruch des Ersten Weltkriegs eine Schule gründete, in der Frauen lernten, Kräuter für den medizinischen Gebrauch fachgemäß anzubauen und zu sammeln. Unterstützt und herausgegeben wurde die Publikation von Hilda Leyel, die 1927 als siebenundvierzigjährige geschiedene Frau einen Laden für Heilkräuter aufgemacht hatte und so zum »öffentlichen Gesicht der Kräuterkunde in der Zwischenkriegszeit« wurde, wie die Gartenhistorikerin Catherine Horwood in ihrem Buch *Gardening Women* schreibt.

Grieves Buch *A Modern Herbal* steht in meinem Regal. Ich habe es gebraucht erstanden in der dritten Auflage aus dem Jahr 1994, bei der aber die knappe Formalität und der eng gedruckte Text der Erstauflage von sechzig Jahren zuvor beibehalten wurden. Ich habe das Buch aus Unkenntnis und Ehrgeiz gekauft: Ich weiß wenig über Kräuterkunde und wäre gerne die Art Frau, die sich mit Hecken und Wiesen ebenso gut auskennt wie mit Supermarktregalen, die Giftiges von Gesundem unterscheiden kann und sich darauf versteht, Heilmittel anzubauen und zuzubereiten, die bei heuschnupfengeplagten Augen oder Regelschmerzen helfen können. Aber ich bin faul und habe zu viel um die Ohren; also wartet das Kräuterbuch in meinem Regal, und gelegentlich blättere ich darin auf der Suche nach etwas, das ich vielleicht bei Holland & Barrett bekommen kann. Ich weiß, dass dies nicht die Antwort ist. Um zu verstehen, wie man Pflanzen als Heilmittel einsetzt, muss man viel gründlicher und ganzheitlicher vorgehen. Ich kann mir vorstellen, dass ich mich zu einem späteren Zeitpunkt in meinem Leben damit befassen werde.

Aber ein Garten muss nicht unbedingt Kräuter enthalten, um eine heilende Wirkung zu besitzen. Die erste Frau, mit der ich sprach, um herauszufinden, warum Frauen gärtnern, war Hazel. Wir gingen hinaus in ihren Garten. Regentropfen klebten an den Grashalmen und den sich wiegenden Blütenblättern der Herbst-Anemone und fingen die frische Sonne ein. Die Luft duftete nach Petrichor und Rosen; *Erigeron* wucherte aus einem Willy-Guhl-Pflanzkübel aus Beton. Wieder zurück im Haus schob Hazel einen mit Schlagjeans umhüllten Knöchel unter sich und erzählte mir von ihrer beruflichen Laufbahn, die sich von der Musikproduktion bis zur Leitung eines erfolgreichen Handelsunternehmens für Vintagekleidung erstreckte. Sie redete schnell, lachte dazwischen schallend und tauchte dann in vertrauliches Geflüster ab. Sie erzählte mir, dass bei ihr mit siebenundzwanzig Jahren eine seltene Krebsart diagnostiziert worden war; wie sie mit ihrem Vater einen Befund verbrannt hatte, in dem ihre Überlebenschancen statistisch dargestellt waren, und von ihren Freunden, die sich um sie kümmerten, während sie achtzehn Monate lang eine Chemo- und Strahlentherapie über sich ergehen ließ. Bevor sie die Diagnose erhielt, war

Hazel in eine eigene Wohnung gezogen. Sie sah nicht ein, sich vom Krebs daraus vertreiben zu lassen. »Ich glaube, ich hätte mich viel schlechter gefühlt, wenn ich das alles in meinem Kinderzimmer hätte durchmachen müssen«, sagte sie zu mir. »Es war so schön, unabhängig zu sein und mein eigenes Reich zu haben.«

Durch die Chemotherapie war Hazel erschöpft, aber unruhig und wandte sich dem kleinen Garten ihrer Wohnung zu. Sie strich den Zaun und legte Kies aus, ließ Klematis und Passionsblumen an den Seiten emporranken und pflanzte Hortensien. »Obwohl er so klein war, fand ich immer etwas zu tun«, erinnert sich Hazel. Sie wusste nicht, wie man gärtnert, aber sie war furchtlos: »Ich dachte mir: Wovor habe ich Angst? Die meisten Menschen haben Angst vor dem Tod. Was ist die größte Angst? Zu sterben. Nun, die Angst kannte ich schon.« Die Pflege ihres Gartens bot Hazel mitten in ihrer Behandlung etwas, das ihr Leben veränderte. »Ich denke gern an diese Zeit zurück. Es hat mir einfach ein großes Gefühl des Friedens gegeben. Ich bin absolut überzeugt davon, dass Gartenarbeit die psychische Verfassung deutlich verbessern kann. Und mich hat sie über Wasser gehalten, das hat sie wirklich. Die Sonne auf der Haut zu spüren – wenn es einem so schlecht geht, ist das alles, was man braucht.« Jahre nach ihrer Genesung nutzte Hazel ihre Furchtlosigkeit und ihr neu entdecktes Bedürfnis nach der freien Natur und machte eine Umschulung zur Floristikdesignerin.

Ich wollte die Idee aufgreifen, dass Gärten heilsam sein können. Schon vor Jahrhunderten haben Menschen Gärten zu Heilzwecken angelegt, in Klöstern und Krankenhäusern. Die Wohltätigkeitsorganisation Maggie's entwirft und schafft Gärten für krebskranke Menschen. Orte, an denen es Pflanzen gibt, an denen etwas wächst, vermögen tiefen Trost zu spenden.

Aber ich wollte diese Verbindung – zwischen der Heilung und dem Gärtnern – nicht zu leichtfertig ziehen. Hazels Geschichte hatte mich tief bewegt, aber was mich noch lange nachdem ich ihren Garten verlassen hatte nicht losließ, war ihre Furchtlosigkeit. Ich habe das Glück gehabt, nie erfahren zu müssen, was es heißt, mit einer lebensbedrohlichen Krankheit konfrontiert zu werden; mir wäre nie in den Sinn gekommen, dass die Abwesenheit von Angst jemanden zum Gärtnern anspornen könnte.

In den letzten Jahren wird »die Natur« im weiteren Sinne als Heilerin angesehen, aber ich glaube, das vereinfacht eine komplexe Beziehung, die tiefer in uns verwurzelt ist, als wir ahnen. Ich musste nicht von dem Liebeskummer »genesen«, der mich in meinen Zwanzigern dazu gebracht hatte, Pflanzen anders zu betrachten – und eine Trennung sollte niemals mit der Tragweite einer lebensbedrohlichen Krankheit verglichen werden –, und trotzdem fragten mich die Leute, wie mich die Gartenarbeit »geheilt« habe. Ich sah die Sache anders. Indem ich mehr Zeit damit verbrachte, das Wachstum der Pflanzen zu beobachten und dazu beizutragen, entdeckte ich eine Welt, für die ich zuvor blind gewesen war: die der natürlichen biologischen Jahreszyklen. Als ich anfing, mehr im Einklang mit diesen Zyklen zu leben, Pflanzen zu kultivieren und die Veränderungen während ihrer Existenz mitzuverfolgen, verstand ich besser, dass das, was in meinem eigenen Leben geschah, Teil von etwas viel Größerem war.

Aber wenn wir nur erwarten, dass uns die Natur oder unsere Gärten heilen – dass sie dafür sorgen, dass wir uns besser fühlen, uns Linderung oder Trost bei unseren täglichen Problemen spenden –, wie wechselseitig kann unsere Beziehung zur Erde dann wirklich sein, und wie gut verstehen wir die Probleme, mit denen sie zu kämpfen hat? Je mehr ich gärtnere und je mehr Zeit ich damit verbringe, aufmerksam das Wetter zu verfolgen und die Lebenszyklen der Pflanzen, die ich anbaue, desto bewusster wird mir die Klimakrise. Ich nehme Wassermangel, Hitzewellen und ungewöhnlich milde Winter deutlicher wahr, weil ich ihre Auswirkungen im Garten sehe. Wenn wir Gärten unreflektiert als Orte betrachten, die uns Heilung verschaffen, ignorieren wir das Leid, das wir der Erde zugefügt haben, indem wir uns seit Jahrhunderten unermüdlich an ihr bereichern, und wir ignorieren unsere Chance, achtsamer mit ihr umzugehen. Maud Grieve sorgte in einer entscheidenden Zeit dafür, dass die schwächer brennende Flamme der Kräuterkunde nicht erlosch, aber sie war vermutlich mehr darauf bedacht, dass die Menschen wussten, wie man Kräuter richtig pflückt, damit diese überleben. Sie schrieb 1916: »Sofern die Kräuter nicht richtig geerntet und für den Verkauf vorbereitet werden, sollte man sie besser in Ruhe lassen, bis die Sammler gelernt haben, wie man sie pflückt, denn wenn man sie mit der Wurzel ausreißt und keine als Saatgut stehen lässt, sind möglicherweise bald keine Kräuter mehr zum Sammeln übrig.«

*

Von Maya hatte ich die Empfehlung bekommen, *A Modern Herbal* zu kaufen. Wir hatten uns über die kleine und verzweigte Welt des Gemüseanbaus und der Gartenarbeit kennengelernt. Maya ist sehr vielseitig: Chefköchin, Gärtnerin, Kräuterexpertin – eine Frau, die lieber tief in der Erde gräbt, als oberflächliche Gespräche zu führen. Wir hatten gemeinsam beschlossen, uns zur Wintersonnenwende zu treffen und zu unterhalten, am kürzesten Tag des Jahres und an einem Datum, das für mich seit meinen Mittzwanzigern eine neue Bedeutung erlangt hat. Die Wintersonnenwende markiert den Moment, in dem die peinigende Düsternis des Dezembers innehält, bevor sie zurückweicht und jeder Tag um einige Minuten länger wird. Eine ebenso klare wie unumstößliche Gabe: Bald werden die Nächte kürzer.

Bisher hatte ich die Sonnenwende auf kleine Weise und allein gefeiert. Ich hatte, wenn überhaupt, ein paar Nachrichten an diejenigen Bekannten geschickt, denen sie ebenfalls etwas bedeutete, aber ansonsten verstrich der Tag mit einem stillen Gefühl der Hoffnung – auf längere Tage, auf den Vormarsch des Frühlings, auf die Chance, es dieses Mal besser zu machen. Aber für die diesjährige Sonnenwende hatten Maya und ich Pläne gemacht. Unsere Freundschaft war neu und inbrünstig, bestand erst etwas über ein Jahr, aber wir beide nahmen die Jahreszeiten intensiv wahr. Ich hatte gefragt, ob sie Lust auf ein Treffen mit mir habe, und sie gebeten, dafür einen Ort auszuwählen, der ihr etwas bedeute. Und so treffen wir uns zur Mittagszeit an der Barnes Station, um einen Spaziergang durch das Naturschutzgebiet Barnes Common zu machen.

Wie viele dieser Gespräche beginnt auch dieses mit Pflanzen. Platanen, Brombeeren, Beifuß und Schafgarbe.

Maya ist die gewundenen Pfade – über die man mehrere Routen beschreiten kann –, die die vierzig Hektar von Barnes Common durchziehen, unzählige Male abgegangen. Ihre Eltern wohnen gleich um die Ecke, und der Park verlieh ihr Halt, als kaum etwas anderes es konnte. »Mir ging es so schlecht, dass ich niemanden sehen und kaum etwas unternehmen konnte, also war Aufstehen und Spazierengehen mehr oder weniger das Einzige, was ich noch schaffte«, erzählt sie mir jetzt, Jahre später, während ihre elfenhaften Lederstiefel dem Schlamm unter ihren Füßen trotzen. Ihre wilden Locken sind unter eine Mütze geschoben, ihre schmalen Hände in die Taschen. »Im Laufe eines Jahres ging es mir langsam besser, und ich hatte das Gefühl, die Jahreszeiten kennengelernt zu haben – wie es im Winter aussieht, wenn alles kahl ist, wie im Frühling alles zum Vorschein kommt, wo die Schatten hinfallen«, sagt Maya, während wir einen von Bäumen gesäumten Weg entlangspazieren. »Mir kam es vor, als würden sie umgekehrt meinen depressiven Zustand beobachten. Nach dem Motto: ›Wer ist diese seltsame, traurige Kreatur? Heute wirkt sie ein bisschen fröhlicher.‹ Es fühlte sich wie ein Ort an, an den ich mich zurückziehen und an dem ich mich regenerieren konnte.«

Seit ein paar Jahren wohnt Maya wieder in London, nachdem sie sich aus der Großstadt zurückgezogen und in Schottland auf dem Land gelebt hatte. Nach einer rasanten Karriere beim Fernsehen und später in anderen Medienbereichen »ging sie auf dem Zahnfleisch«. Als sie sich Hals über Kopf in einen alten Schulfreund verliebte, der auf einem Anwesen in East Lothian arbeitete, schien das eine gute Gelegenheit zu sein, das einfache Leben zu leben, mit dem sie im Westen Londons begonnen hatte: Sie baute in einem winzigen Garten Gemüse an und lernte etwas über Permakultur. »Ich war ausgebrannt. Bin nach Schottland gezogen. Wir haben uns verlobt, aber erst sechs Monate später«, zählt Maya die wichtigsten Ereignisse ihres Lebens auf wie Artikel auf einer Einkaufsliste. Und Schottland war manchmal idyllisch. »Wir sind gern für unser Frühstück auf Nahrungssuche gegangen, haben gelbe und rote Himbeeren gepflückt«, erinnert sie sich. »Mehr Bärlauch, als man je verwerten konnte. Alles, was man sich nur wünschen kann.« Aber es war auch eine enorme Umstellung. »Ich war immer noch angeschlagen und erschüttert, ich wusste nicht, wo ich stand, und ich hatte meine Freunde und meine Familie nicht um mich und konnte nicht Auto fahren. Ich habe dann recht schnell meinen Führerschein gemacht, aber anfangs konnte ich nicht mal allein einkaufen gehen. Vorher war ich sehr unabhängig gewesen, und das hatte sich schlagartig geändert.«

Schottland war ein Zufluchtsort, aber er brachte auch Herausforderungen mit sich. Maya zog zu ihrem Verlobten, in eines der »winzigen« Cottages, die auf dem Anwesen vermietet wurden, und die beiden heirateten. Sie war verzaubert von der majestätischen alten Eibe auf dem Grundstück. Sie fand es herrlich, wie der Mond den Himmel vereinnahmte und dass die Sterne richtig zu sehen waren. Maya konnte durch die Hintertür direkt in den Wald gehen. Auch jetzt noch beschreibt sie den Waldboden liebevoll: »Er hat eine blauviolette Farbe, einfach herrlich.« An diesem Ort konnte sie in die Natur »eintauchen«. Sie begann auf dem kleinen unberührten Stück Land vor dem Cottage einen Garten anzulegen. »Das war mein erster klitzekleiner

Garten. Am Anfang war es ein naturbelassenes Stückchen Land mit einem Weißdorn, was ziemlich zauberhaft war«, sagt sie. Weißdorn wird seit jeher mit dem Herzen in Verbindung gebracht, und das hatte für sie eine besondere Bedeutung. Sie pflanzte dort mehr Kräuter an, bis der Garten zu einer Art fruchtbarem Schoß wurde, »sodass alles rundherum wuchs und man einfach mittendrin sitzen konnte«. An den Stränden sammelte sie Seetang und legte ihn auf dem Boden aus. Sie pflanzte Stecklinge ein und tauschte mit den Nachbarn Saatgut. Auf dieser kleinen Parzelle zog Maya »etwa vierunddreißig verschiedene Sorten diverser Pflanzen«.

Der Garten wuchs gemeinsam mit Mayas Ambitionen, und sie wollte lernen, wie man der Erde auf professionellere Weise Dinge entlockt. Statt einer klassischen Ausbildung bei der RHS, der Royal Horticultural Society, stieß sie auf ein Diplom in Kräuterkunde, das man beim Royal Botanic Garden Edinburgh erwerben konnte. Aus der Ausbildung, die sie erwartete, entwickelte sich eine Gemeinschaft: Sie war eine von sieben Frauen, »alle mit unterschiedlichem Hintergrund und verschiedenen Werdegängen«. Jede der Frauen, sagt Maya, hatte ihre ganz persönlichen Gründe für die Teilnahme an dem Kurs, eine Geschichte, die sie dorthin geführt hatte. Ihr eigenes Ansinnen bestand darin, sich besser um einen Körper zu kümmern, den die traditionelle Medizin vernachlässigt hatte. Ihre Vorgeschichte mit Hormonstörungen, die von der Ärzteschaft hartnäckig ignoriert worden waren, hatte sie dazu bewegt, einen Kräutergarten anzulegen, um ihr hormonelles Gleichgewicht täglich positiv zu beeinflussen. Die Optionen, die ihr die Ärzte vorgeschlagen hatten – die

Pille oder Antidepressiva zu nehmen oder einfach damit zu leben –, hatten sie nicht überzeugt. Stattdessen wollte sie Heilmittel anbauen, um sich selbst zu therapieren.

Während ihrer Ausbildung entdeckte Maya eine neue Welt des Wissens, aber das, weswegen sie London zurückgelassen hatte, begann zu zerbrechen. Trauerfälle, Krankheiten in der Familie und psychische Probleme belasteten ihre Ehe. Sie und der Mann, dessentwegen sie nach Schottland gezogen war, beschlossen, sich scheiden zu lassen; Maya kehrte zurück in die Stadt, an der sie beinahe kaputtgegangen wäre. »Ich hatte wirklich Bedenken, wieder in die Stadt zu ziehen, nachdem ich in Schottland auf dem Land gelebt hatte«, sagt sie. »Ich dachte, dass mir die Natur schrecklich fehlen würde; ich würde den Mond und die Sterne nicht mehr richtig sehen können.« Doch bei ihrer Rückkehr nach London wurde Maya klar, wie sehr die Zeit an einem anderen Ort sie verändert hatte. Als sie begann, durch das Naturschutzgebiet zu streifen, wurde ihr bewusst, dass »das alles schon immer hier war. Alles, was mich in Schottland umgeben hatte, war in mich hineingesickert; wenn ich eine Allee entlangging, betrachtete ich nicht mehr die Häuser, sondern spürte die Wurzeln unter mir.« Das erdverbundene Leben hatte ihre Wahrnehmung verändert.

Ich kenne Maya erst seit dieser Veränderung und kann mir nur schwer vorstellen, dass sie nicht mit ihrer Umwelt im Einklang ist. Unter den vielen Frauen, mit denen ich gesprochen habe, ist sie ein seltenes Beispiel dafür, in erster Linie eine Freundin und erst an zweiter Stelle eine Interviewpartnerin zu sein. Ich verbinde unsere Freundschaft mit dem metallischen Geruch der Themse in der

Nähe ihres Hauses, mit dem Efeu, der die Eingangsstufen hinabrankt, mit den Momenten, in denen sie beim Spazierengehen stehen bleibt und etwas Grünzeug pflückt – ein wenig wilden Fenchel hier, ein bisschen Kamille dort. Zu unseren Treffen bringt Maya immer kleine Geschenke mit, die sie meist in ihrer Küche zusammengebraut oder aus der Erde geholt hat. Ringelblumensalbe, luftdicht verschlossene Marmelade, Liebstöckelsetzlinge. Nach unserem Gespräch im Barnes Common setzten wir uns auf eine Bank am Teich und aßen gedünstetes Pflaumenkompott aus einem Thermobehälter, der Duft von Sternanis waberte durch die Luft. Auch wenn wir nie außerhalb von London Zeit miteinander verbracht haben, empfinde ich unsere Freundschaft als äußerst organisch, weil sie sich fast ausschließlich im Freien und ohne weitere Einflüsse entwickelt hat. Die Pflanzen, die in der Stadt wachsen, hatten für mich schon immer eine größere Kraft, ja, ich spüre sogar eine tiefere Verbindung zu ihnen. Maya hat mein Verständnis dafür erweitert; sie hat mir gezeigt, wie großzügig die Erde ist, und dass es besser ist, wenn beim Pflanzenanbau ein Gleichgewicht zwischen Geben und Nehmen besteht.

Unser Rundgang durch Barnes Common ist mit Informationen über Kräuter gewürzt, auf die sie mich selbst in dieser schummrigen und schlummernden Jahreszeit hinweist. Wir stehen auf einem namenlosen dreieckigen Gelände, das an das Naturschutzgebiet grenzt – zur einen Seite der Bahnhof, zur anderen die Straße, dazwischen ein ausgetretener Gehweg für die Pendler. »Dieses Stück«, sagt sie, »finde ich absolut großartig. So viel Schafgarbe. Wenn ich nicht nach Schottland gegangen wäre, wenn ich mich nicht weitergebildet und den Abschluss gemacht hätte, wäre das hier für mich nur ein weiteres Stück Brachland. Aber dank meines neuen Wissens hat sich meine Einstellung zu dieser Umgebung völlig verändert, und meiner Meinung nach hängt viel damit zusammen, ob man sich mit dem Ort, an dem man sich aufhält, verbunden fühlt. Hier habe ich genauso große Freude empfunden wie an anderen Orten, die ich auf der ganzen Welt bereist habe, wenn nicht sogar mehr.« Wir gehen weiter; es gilt Beifuß zu bestimmen: »Ein bitteres Kraut. Für die Druiden zählte es zu den heiligen Kräutern. Es wird bei Frauenleiden verwendet. Ich finde, es riecht großartig. Ich habe oft Beifuß gepflückt und Tee damit aufgebrüht. Manchmal habe ich ihn auch an meine Tür gehängt – was ein bisschen hexenartig ist.«

Wir stellen uns Gärten meist als physische Orte vor. Als Flächen, die von Hecken, Besitztum und Bedeutung definiert werden. Aber seit ihrer Rückkehr nach London hat Maya keinen eigenen Garten mehr gehabt. Selbst die Gärten, die sie in Schottland im Zuge ihrer Ausbildung angelegt hatte, waren nicht von Dauer. Sie fand die Zuflucht, nach der sie suchte, sowohl in dem düsteren schottischen Himmel als auch in den Kräutern und ihren Studien; sie wurde zu einem Bereich des Lernens und Verstehens, den sie überallhin mitnehmen konnte, um in den Pflanzen, die um sie herum wuchsen, einen Sinn zu finden. Diese öffentliche Grünfläche gab Maya Halt und bildete die Kulisse für ihre Genesung von ihrer Depression, aber zu behaupten, dass dieses Stück Land oder die Heilpflanzen, die dort wachsen, sie gesund gemacht haben, wäre verfehlt. Meine Zeit mit Maya hat mir vor Augen geführt, dass ein aktives Verhältnis zwischen der Heilung und dem Anbau von

Pflanzen besteht, das ebenso dornig und schön ist wie der Weißdorn, der sie in Schottland sofort in seinen Bann gezogen hatte. Es geht um mehr als nur darum zu lernen, was die Pflanzen für uns tun können; wir müssen dem Land etwas von uns selbst geben, um in den Genuss seiner Vorzüge zu kommen.

*

Obwohl die Sonne scheint, ist es kalt an diesem Nachmittag. Ich bin zehn Minuten mit dem Fahrrad gefahren, in ein schickeres Stadtviertel, um Diana zu besuchen. Sie ist eine Frau in den Achtzigern und sowohl Schriftstellerin als auch Gärtnerin. Eine gemeinsame Freundin hat mir gesagt, sie sei eine gute Gesprächspartnerin mit einem schönen Garten, aber abgesehen davon weiß ich nicht, was mich erwartet. Diana öffnet die Tür zu ihrer Garage, in einen Anorak mit Fellbesatz gemummelt, das Haar unter eine Ballonmütze geschoben. Dieser Aufzug verleiht ihr den Anschein einer Survivalexpertin. Sie ist drahtig und hat einen wachen Blick. Die hohen Wangenknochen unter der randlosen Brille künden von ihrer einstigen Jugend.

Als ich den Garten betrete, ist das Licht das Erste, was ich wahrnehme. Die letzten Strahlen der winterlichen Sonne blenden mich, und es dauert einen Moment, bis das Grün sie beiseiteschiebt.

Zu meiner Linken wachsen auf Fußhöhe Baumfarne aus einer vertieften Nische; vor mir zeichnet sich ein Weg ab, an anderer Stelle erkenne ich dunkle, fast schwarz schimmernde Gräser und einen Teppich aus Nieswurz. Ich fühle mich wie in eine andere Welt hineinversetzt: Dieser Ort ist eine eigene Schöpfung inmitten des urbanen Umfelds und der in der Nachbarschaft geparkten Autos. Ein schwarzer Kater unterbricht das Gegenlicht. »Das ist Bellamy, ihn musst du zuerst kennenlernen«, sagt Diana mit klarer, entschlossener Stimme.

Ein Stück weiter entlang des Pfads stehen eine Bank und ein Stuhl, durch zwei gusseiserne Urnen voneinander getrennt, und von hier aus ist die Struktur des Gartens deutlicher zu erkennen: Akkurate Buchsbaumhecken und ein Bogen aus kunstvoll beschnittenen Bäumen mit oranger Rinde unterteilen das Gelände in drei Bereiche. Selbst im Februar ist alles üppig grün. Krokusse auf dem Rasen, Frösche im farngesäumten Teich. Die Luft ist erfüllt von unseren Stimmen, dem Zwitschern der Vögel und Bellamys gelegentlichem gesprächigem Miauen. Während wir uns unterhalten, krault Diana sein Fell mit energischer Vertrautheit.

Sie ist gut auf unser Treffen vorbereitet: Ein Klarsichtordner mit Unterlagen liegt bereit, und sie stellt sicher, dass mein Diktiergerät funktioniert. Diana hat selbst über mehrere Jahre Interviews mit Gärtnern geführt und diese Gespräche in einem Buch zusammengefasst. Habe ich Fragen, erkundigt sie sich, oder möchte ich lieber eine Geschichte hören? Ich bitte sie um Geschichten, und sie beginnt zu erzählen: von einer einsamen Kindheit in einer zerstrittenen Familie; von einer beruflichen Laufbahn als Innenarchitektin und später als Autorin, bei denen ihr beide Male ihr Perfektionismus im Weg stand; von ihrem ersten winzigen Garten in Chelsea, dessen Pflege sie an jemand anderen übertragen hatte. Aus all dem füge ich ein lückenhaftes Bild von einem Leben zusammen, das zugleich erfüllend und von Traurigkeit durchzogen ist. In jüngeren Jahren war Diana eine glamouröse Jetsetterin, sie hat zweimal geheiratet, das zweite Mal den Erben eines großen Schokoladenkonzerns. Sie war die Gesellschaft der Schönen und Reichen gewohnt, aber im Grunde allein immer glücklicher. Dieser Garten bildete inmitten von all dem eine Konstante und war über vierzig Jahre hinweg ihr ständiger Begleiter.

Diana holt Fotos von ihrem Garten aus dem Klarsichtordner und zeigt sie mir, als wären es Schnappschüsse aus ihrer Jugend. Da ist der Anfang – eine große rechteckige Rasenfläche, die von Schnee bedeckt ist – und ein Foto, das zu einem späteren Zeitpunkt aufgenommen wurde, von einer kultivierten Wildnis, die aussieht, als würde sie in den letzten Zügen liegen. Die mittlere Aufnahme ist die eindrucksvollste. Das Foto ist an einem sonnigen Tag entstanden und scheint einem Magazin aus den späten 1980er-Jahren entsprungen zu sein: eine Vision makelloser symmetrischer Üppigkeit, riesige Funkien und perfekt abgerundete Rasenflächen. Wir sitzen auf einer Seite des Gartens, und das Bild wurde mittig von oben aufgenommen. Aber auch aus derselben Perspektive ist der Garten kaum wiederzuerkennen. Ich frage, aus welcher Zeit das Foto stamme, und Diana antwortet unbeirrt: »Als meine Ehe in die Brüche ging.«

Wie Mary Delany bescherte auch Diana ihre zweite Ehe einen Garten. Sie war vierzig, hatte vorher nicht viel gegärtnert und brauchte nicht mehr zu arbeiten, also verbrachte sie jede Stunde, jeden Tag im Garten. Es wurde zu einer Obsession – sie wollte ihn gar nicht mehr verlassen, sagt sie, und ihre Freunde wurden ihrer Begeisterung für den Garten irgendwann überdrüssig. Als ihre Ehe ins Wanken geriet und ihr Glück mit sich riss, fiel es ihr leichter, im Garten zu arbeiten, als sich dem zu stellen, was im Haus vor sich ging. Verschiedene Heiler statteten ihr einen Besuch ab. Beim Abschied bemerkte einer von ihnen, wie schön ihr Garten sei, woraufhin sie erwiderte, er würde sie auslaugen. »Seine Worte trage ich immer noch mit mir herum«, sagt sie, die Faust an die Brust gedrückt. »›Der Garten wird sich dir von selbst zurückgeben, aber du musst ihn darum bitten‹«, sagte er zu ihr. »Anders ausgedrückt: Ich musste ihn bewusst wahrnehmen. Ich steckte all diese Arbeit hinein, damit er so prächtig aussah, war dabei aber sehr unglücklich. Daran war in erster Linie meine Ehe schuld.«

Wir stehen auf und gehen in den nächsten Bereich des Gartens. Hier hinten ist es wilder; es gibt einen kleinen, hoch aufragenden Bambushain mit dicken marmorierten Stämmen und Farnen weiter unten. Der Weg schlängelt sich durch den hinteren Teil des Gartens, und Diana deutet auf das, worauf sie besonders stolz ist: einen zweiten, verborgenen Pfad zur Pflege der Beete, wo sie auf ihrem Weg zum Teich weibliche Frösche antrifft, und ihre Komposthaufen. Wir stehen an der Stelle, an der ihr die Klinge eines Rasenmähers zwei Finger abgetrennt hat, und sie beglückt mich mit der Schilderung, wie sie dort, wo die beiden auf dem Rasen gelegen hatten, Fuchskot fand – und dann kompostierte. »Ich denke gern, dass dieser Teil von mir schon einmal vorgegangen ist«, erzählt sie mir fröhlich. Kurz nachdem der Heiler Diana gesagt hatte, sie solle den Garten zurückfordern, verließ ihr Mann sie. Sie war Mitte fünfzig, hatte keine Kinder und zwei Scheidungen hinter sich. Was soll ich tun, mich umbringen?, fragte sie sich. Stattdessen fing sie an, die Geschichte des Gartens niederzuschreiben. »Anfangs wusste ich kaum noch, wie man tippt«, sagt sie. »Und ab diesem Punkt begann sich alles zu ändern. Und ich lebe noch.«

Ich frage mich, ob das Schreiben über den Garten – ein Auffangbecken für ihren Kummer, ein Zufluchtsort vor ihrer in Trümmern liegenden Beziehung – Diana auch den Raum gegeben hat, um über das Jahrzehnt ihres Lebens nachzudenken, das sie mit seiner Gestaltung verbrachte. Dianas Garten war ein Spiegel: anfangs streng und akkurat und letztlich einengend, da sie sich nur aus einem Fluchtimpuls heraus um ihn kümmerte. Doch dann wurde er zu einem heilsamen Ort, einer ökologischen Oase, in der sich Tiere tummeln.

Nach ihrer Ehe, so sagt Diana, habe sie im Garten eine »vandalische Phase« begonnen, in der sie die Schnüre des Korsetts löste, das sowohl den Garten als auch sie einzwängte. Die akkurat abgerundeten Rasenflächen fransten an den Rändern aus, die Bodenplatten hoben sich. Sie entfernte eine Steinplatte nach der anderen, bis genug Erde zum Bepflanzen freigelegt war. Sie machte Platz für etwas Neues.

Was früher wie ein Musterhausgarten ausgesehen hatte, wurde zu einem rege bewohnten Ort, auf die beste Art und Weise. Zweifellos hat viel Leben darin stattgefunden. Aber Diana spricht auch vom Sterben. Obwohl das Dahinscheiden ein zentraler Bestandteil eines Gartens ist, bringen wir den Tod selten damit in Verbindung. Diana hat bis in ihre Fünfziger hinein geraucht, und sie bekommt nun die Folgen davon zu spüren; ein Lungenemphysem verursacht einen hartnäckigen Husten und verleiht ihr ein ausgeprägtes Gefühl für ihre eigene Sterblichkeit. Diese erlebt sie im Garten hautnah mit: Die Weide, die sie in ihren ersten Jahren dort gepflanzt hatte, verkümmert sachte, ein Memento mori, das jetzt eine Familie von Spechten beherbergt und mit Nahrung versorgt. »Ich denke darüber nach, was für eine Ironie, was für ein Wunder es ist, dass sie mit mir gemeinsam altert«, sagt sie. »Natürlich *will* ich nicht sterben«, fügt sie unaufgefordert hinzu. »Ich möchte ewig leben. Aber ein schönes Sprichwort besagt, dass alte Gärtner nicht sterben können, weil sie miterleben müssen, wie sich ihr Garten entwickelt.«

Es wird zu kalt, um es zu ignorieren, und ich raffe meine Sachen zusammen. Auf meinem Weg zur Straße bleiben wir in der Garage stehen, und im schwindenden Licht zeichnet sich Dianas Silhouette ab, der Schirm ihrer Mütze, das flauschige Fell ihres Mantels. Sie fragt mich, warum ich nur mit Frauen spreche. Ich erkläre es ihr kurz, woraufhin sie mir erzählt, dass sie zwischen ihrer ersten und zweiten Ehe mit einem Mann zusammen war, der sie zwanghaft kontrollierte. »Ich weiß nicht, warum ich das zugelassen habe«, sagt sie. Nach ihrer zweiten Ehe hat sie »aufgegeben«, weil sie merkte, dass sie sich in ihrer eigenen Gesellschaft am wohlsten fühlt. Seit fünfundzwanzig Jahren lebt sie nun allein in dem weitläufigen Haus und betont, dass die Gegenwart einer Katze für sie unerlässlich ist. In diesen Minuten, während ich meinen Fahrradhelm aufsetze, erhasche ich einen kurzen Blick in die Stille – vielleicht die Einsamkeit – eines Lebens. Aber Diana hat einen Ort geschaffen, an den sie gehört, wo ihr Spechte, Heckenbraunellen, Blaumeisen und Rotkehlchen, Frösche und Bellamy Gesellschaft leisten. Er ist nicht länger die schillernde Pracht symmetrischer Perfektion, sondern etwas, das sie stärkt. Diana hat diesen Raum gestaltet und sich erlaubt, allein zu sein. Es passt zu ihr.

Zu Hause angekommen mache ich mich auf die Suche nach der Geschichte, die Diana geschrieben hat und von der sie sagte, sie habe sie gerettet. Im Internet ist sie nicht zu finden; sie wurde Anfang der 1990er-Jahre verfasst und ist in Papierform verblieben, aber in meinem Regal steht ein Exemplar des betreffenden Gartenmagazins. Im Garten war unsere Unterhaltung abgeschweift, einige Gedanken blieben in der Luft hängen, als wir von dem Bericht über die ersten Jahre ihrer Gartenarbeit auf andere Themen umschwenkten. Hier, auf den kleinen cremefarbenen Seiten des *Hortus*, steht ihr Bericht von vor fünfundzwanzig Jahren. Die verschiedenen Schilderungen – meine eigene, die daraus entstanden ist, dass ich in diesem leuchtenden, belebten Garten gesessen habe, diejenige, die den Erinnerungen der zweiundachtzigjährigen Diana entstammt, und jene, die Diana damals als Frau im mittleren Alter zu Papier gebracht hatte – überlagern sich wie mehrere Bögen Pauspapier. Und dazwischen erkenne ich, dass sie sich ebenso verändert hat wie der Garten. Wo der Ehrgeiz nachgelassen hat, wo das Leben Einzug gehalten hat und wieder verschwunden ist, wo sich Trotz und Mut neue Wege gebahnt haben.

Als ich von ihrer Leidenschaft für Kompost lese, denke ich an die drei ordentlichen Holzkisten im hinteren Teil ihres Gartens. Das braune Zeug darin – alle ihre Amazon-Kartons, Teebeutel, Lebensmittelabfälle – sei ihr größter Stolz, hatte sie mir erzählt. Ich bedaure, dass Diana nicht mehr schreibt: Auf dem Papier ist sie ebenso scharfsinnig und humorvoll wie in echt. Aber ihr war prophezeit worden, wie sie mir fröhlich berichtete, dass jegliche potenziellen journalistischen Glanzleistungen das gleiche Ausmaß an Alkoholkonsum mit sich gebracht hätten. Diana war schon immer perfektionistisch veranlagt, aber im Laufe der Jahre hat sie gelernt, Kontrolle abzugeben – im Garten, über die Dinge in ihrem Leben, die sie nicht ändern kann. Ihr Garten ist das Ergebnis des lebenslangen Lernens von Akzeptanz; vielleicht strahlt er deshalb so viel Ruhe aus.

In den Wochen nach unserem Treffen gehen mir Dianas Worte beim Gärtnern immer wieder durch den Kopf. Mein eigener Kompost ist eine Pleite – sauerstoffarm, feucht und faulig; er schmatzt und stinkt. Die wurzelnackt gepflanzte Rose geht an Nekrose zugrunde. Alles ist kümmerlich und dunkel und von Eichhörnchen zerpflückt. Wenn ich den Garten betrachte, sehe ich eine To-do-Liste vor mir anstatt eines Ortes, an dem ich verweilen kann. In der Tiefe des Winters erkenne ich nur die grimmige Hoffnung, was einmal aus dem Garten werden soll, und nicht das großzügige Wesen, das er bereits ist. Es ist so schwierig, diese Verbissenheit loszulassen, dieses Bedürfnis nach Kontrolle.

# 5

## *An der walisischen Grenze*

In der rötlich blauen Morgendämmerung gehe ich zum Ruskin Park, um die Stadt unter dem von Lichtstreifen überzogenen Himmel zu sehen. Als ich dort ankomme, ist Nebel herabgesunken und verdeckt den Blick auf die höchsten Punkte. Aber ich habe zum ersten Mal seit Tagen das Gefühl, ausatmen zu können; mein Atem strömt heiß durch die Luft. Heute Morgen sind die Blütenköpfe der Cardy flaumig vor Samen, und ich löse ein paar heraus und stecke sie ein in der Hoffnung, daraus selbst welche ziehen zu können. Ich sinne über die Verflechtung der Dinge nach, darüber, wie die Pflanzen aus jenem Garten, in dem ich fast genau fünf Jahre zuvor in meiner großen Traurigkeit Zuflucht gesucht hatte, dem Garten, den ich in so beständiger Zufriedenheit pflege, eine Zukunft beschert haben. Ich frage mich, ob Maya bei ihren Spaziergängen durch Barnes Common diese Geister ihres früheren Ichs wahrnimmt. Städte bergen so manches, aber oft sehen wir es nur in den stillen Momenten.

Diana hatte mir gezeigt, dass Gärten Orte sind, die über ihre Grenzen hinaus existieren, Trauer und Widerstandskraft in sich tragen. Und dass sie widerspiegeln können, wo wir in unserem Leben stehen. Es besteht eine Verbindung zwischen den körperlichen Arbeiten, die wir in unseren Gärten ausführen – die Steinplatten aufstemmen oder die Wildblumen in unseren Rasen hineinwachsen lassen –, und unserer Art zu leben. Matt und ich waren umgezogen, weil wir mehr gemeinsamen Raum brauchten und weil wir einen Garten haben wollten. Jetzt, da wir ihn hatten, waren wir dabei zu bestimmen, was es für ein Ort sein sollte. So wie Mel fühlte auch ich mich im Garten selten einsam, obwohl ich immer allein gärtnerte. Den ersten Herbst und Winter über und bis ins Frühjahr hinein kümmerte ausschließlich ich mich darum: keine Besucher, keine Helfer. Mit jeder Handlung formte ich den Garten zu einem Platz, der mir gehörte. Oft fühlte es sich an, als spräche ich laut in die leere Luft hinein. Ich zog mich in den Garten zurück. Auf jeder meiner Handlungen dort draußen lastete die gestaltlose Absicht, ihn zu etwas Bestimmtem zu machen, ihn in einen Raum zu verwandeln, in dem ich mich wiedererkennen könnte.

Die Vorstellung, dass Gärten Rückzugsorte sind, ist nicht neu. Verborgen hinter Mauern und Zäunen sind sie räumlich gesehen ein Zwischending: im Freien, aber privat; sie gehören sowohl zur Luft und zum Land als auch zu uns Menschen. Wir grenzen sie ab und stecken unsere Energie hinein, um uns einen Platz zum Sitzen und Verweilen zu schaffen. In den letzten Jahren haben Wissenschaftler erforscht, was Gärtner schon seit Jahrhunderten wissen: dass es uns guttut, draußen zu sein und uns mit der Erde zu beschäftigen. Es hebt unsere Stimmung, baut Stress ab und lindert unsere Ängste. Als sich die Welt während der Pandemie abschottete, suchten diejenigen, die einen Garten besaßen – ein bedeutsamer Unterschied –, dort den Trost, der andernorts kaum zu finden war. Damit knüpften sie an Hunderte von dokumentierten oder anderweitig überlieferten Beispielen in der Geschichte an: Soldaten, die während des Ersten Weltkriegs in den Schützengräben Blumen pflanzten, die Gärten, die allen Widrigkeiten zum Trotz im Gazastreifen wachsen, wo die Menschen kaum genug Trinkwasser haben. Wir pflanzen trotz des Grauens, weil es uns in Erinnerung ruft, dass noch Hoffnung bestehen kann.

Ich weiß, welchen Trost Pflanzen und Gärten in Zeiten des Rückzugs spenden können, weil ich mich selbst neu erschaffen habe, indem ich eine Verbindung zu ihnen hergestellt habe, als sich mein Leben zerrüttet anfühlte. Die Gartenarbeit riss mich aus meinem Liebeskummer heraus und führte mir eine andere Art zu leben vor Augen. Aber es fühlte sich eher an, als hätte ich mein Leben erweitert, anstatt mich daraus zurückzuziehen; wie eine Zeit, in der ich aus einem Kokon in eine buntere und erdverbundenere Existenz schlüpfte. Der Lockdown hat uns vor Augen geführt, wie wichtig Grünflächen für uns sind, und viele Stadtbewohner dazu veranlasst, aufs Land zu ziehen, auf der Suche nach weiten Himmeln und Horizonten. Da ich in England auf dem Land aufgewachsen bin und das als lähmend empfunden habe, fragte ich mich, wie den Fortzüglern das Leben erscheinen würde, wenn wir die Pandemie hinter uns gelassen hätten; was aus diesen Rückzugsorten werden könnte, wenn die Städte wieder zu neuem Leben erwachten.

Natürlich können wir uns auch zurückziehen, ohne uns weit zu entfernen. Pflanzen tun das ständig: Auf jede Phase des Wachstums, der Blüte und der Üppigkeit folgt ein Rückgang. Einjährige Pflanzen werfen ihre prächtigen

Blütenblätter ab und lassen ihre mit Samen gefüllten Hülsen zurück – in den winzigen ausgetrockneten Schoten steckt Futter für die Vögel und eine weitere Chance auf neues Leben. Mehrjährige Pflanzen vertrauen auf die Strategie des Rückzugs und schlummern unter der Erde, bis genug Wärme, Feuchtigkeit oder Licht – je nach Jahreszeit – sie dazu bringt, wieder aus dem Boden zu sprießen. Ohne Winter gibt es keinen Frühling: Die Ruhephase ermöglicht den Organismen, sich zu besinnen und zu regenerieren; es ist eine unverzichtbare Pause.

Aber eine solche Pause fällt nicht immer leicht. Oft kommen wir erst zur Ruhe, wenn für ein aktiveres Leben keine Energie mehr da ist; wenn wir uns überarbeitet haben, wenn wir trauern, wenn wir fliehen, weil wir es nicht mehr aushalten, am selben Ort zu bleiben. In Rebecca Schillers Buch *Earthed* über ihr Leben und ihre ADHS-Diagnose als Erwachsene wird die in der britischen TV-Serie *The Good Life* vermittelte Vorstellung davon, vom eigenen Anbau zu leben und ein kleines Stück Land zu bewirtschaften, systematisch zunichtegemacht. Irgendwann gehen die Nerven mit ihr durch, und sie lässt ihr Leid an ihrer Parzelle aus, reißt die Pflanzen an den Wurzeln aus, »wählte diejenigen aus, die ich am meisten liebte, die am schwersten zum Keimen zu bringen waren, die Pflanzen, auf deren Wachsen, Erblühen und Ausbreitung ich mich am meisten gefreut hatte«. Schiller schreibt weiter: »Dieser Ort sollte uns das geben, was wir brauchten, was ich brauchte. Er sollte etwas Sinnstiftendes, Glückbringendes sein, doch stattdessen entzweit er uns und treibt mich in den Wahnsinn.« Das Beet, in dem Blumen, Obst und Gemüse wachsen, die den Ziegen und Schillers Kindern den Platz streitig machen, spiegelt zunehmend ihre mentale Gesundheit wider. Doch während sie sich auf der Suche nach einer Diagnose beharrlich einen Weg durch das Gesundheitssystem bahnt, entwickelt sich auch die Parzelle zu etwas, woran Schiller mit Zufriedenheit arbeitet. Sie lernt, schreibt sie, dass »die Rückkehr aufs Land« – ein Rückzug aus der Moderne, aus dem kosmopolitischen Leben – viel einfacher erscheint, als sie ist. Stattdessen ist das Land »ein Ort, den ich nicht kannte, nicht verstand und nicht einmal wusste, wo das Verstehen beginnen könnte«. Die Erde und die Pflanzen, die daraus erwachsen, können uns viel geben, aber es ist selten so zuckersüß, wie man uns hat glauben lassen.

Ich wollte in diese trüben Gewässer hineinwaten, um die Behauptung, dass uns ein Leben auf dem Land grundsätzlich glücklicher macht, unter die Lupe zu nehmen. Jedes Jahr bin ich völlig gefesselt von der Rückkehr des Lebens im Frühling; der Winter kann sich so endlos anfühlen, so dunkel, dass das Hervorkeimen neuer Triebe aus der Erde wie ein Wunder erscheint, selbst wenn wir wissen, dass es Zeit dafür ist. Der jährliche Rückzug ist so unerlässlich in unseren Gärten, dass ich dachte, er müsse es auch in unserem Leben sein. Maya hatte mir, ebenso wie Schiller, deutlich gemacht, dass der Rückzug – auf das Land und zu weiten Himmeln, in die »Natur« jenseits der Stadt – eine Herausforderung, aber dennoch notwendig ist. Ich fragte mich, ob wir intensiver leben könnten, wenn wir lernen würden, zwischenzeitlich in den Ruhezustand zu verfallen.

*

Als der April in den Mai übergeht, beginne ich drei getrennte Terminkalender zu führen: einen für mein Privatleben, einen für meine Arbeit und einen dritten für meine Interviews. Ich sitze mehrere Stunden im Auto, um weniger als zwei in der Gesellschaft einer fremden Person zu verbringen; als die Einschränkungen des Lockdowns allmählich gelockert werden, buche ich Fahrkarten und nehme in leeren Zügen mit eingeschränkten Taktzeiten Platz.

In einigen Fällen teile ich die Reise auf, mit kurzfristig gebuchten Übernachtungen in kalten Hirtenhütten und einem regenbesprenkelten Picknick im Schatten von Tintern Abbey. Züge werden gestrichen, Mittagssnacks an Tankstellen ergattert und im Auto verschlungen. Hungrig kehre ich zu später Stunde nach Hause zurück. Im März spreche ich mit fünf Frauen, im April mit neun, im Mai sind drei Gespräche geplant und im Juni weitere sechs. Kurznachrichten werden verschickt und E-Mails ausgetauscht, aber ich bestehe darauf, dass die Gespräche an einem Ort im Grünen stattfinden, den meine Gesprächspartnerinnen auswählen; wie ich ihnen allen mitteile, bin ich gern bereit zu reisen.

Nicht immer ist es einfach. In der Regel treffe ich die Personen zum ersten Mal, um sie dann direkt über ihr Leben zu befragen. Viele meiner Interviewpartnerinnen wähle ich aus dem Bauch heraus; diese Frauen – auf die ich im Internet, über ihre Arbeit oder durch beiläufige Anekdoten von anderen gestoßen bin – erscheinen mir interessant und machen mich neugierig. Meist habe ich eine Ahnung, worüber sie mit mir sprechen werden und wohin unsere Gespräche führen könnten, aber fast immer kommt es ganz anders, als ich erwartet hatte. Ich treffe wenig andere Vorbereitungen, außer dafür zu sorgen, dass ich zur richtigen Zeit am richtigen Ort bin; meine Recherchen beschränken sich auf das, worüber wir in diesem Moment sprechen. Ich möchte die Geschichten dieser Frauen so hören, wie sie wirklich sind, anstatt zu versuchen, sie an eine bestimmte Erwartung anzupassen.

*

Ich kannte Martha bereits – sie ist die Cousine einer Freundin –, aber ich hatte nicht gewusst, dass sie in eine Hütte gezogen war und den Winter dort verbrachte, bis sie es mir ganz nebenbei erzählte. Die Isolation, in die sich diese Frau begeben hatte, machte mich neugierig. Ich dachte viel über Gärten als Rückzugsorte nach, darüber, was für ein Luxus es ist, ein Refugium zu haben, aber auch darüber, was Frauen dazu bewegt, ihre Mitmenschen hinter sich zu lassen und in der freien Natur innere Klarheit zu suchen. Maya hatte das getan, indem sie sich an einen Ort zurückzog, an dem der Mond so hell schien, dass er sich näher anfühlte. Auch Abra hatte es getan, wenn auch nur in Joan Barfoots Fiktion. Ein solcher Schritt kann sehr erstrebenswert sein. Frauen – vor allem Mütter – sprechen oft sehnsüchtig von einem ruhigen, stillen Ort, an dem keine kleinen Hände nach ihnen grapschen und wo kein Partner Ansprüche an sie stellt. Wo es keine Geschirrspüler einzuräumen oder Zeitpläne zu jonglieren gibt. Martha war keine Mutter, und sie war Single, aber ihr Entschluss erschien mir trotzdem radikal: Es ist mutig, seine Heimat zu verlassen, sich von einer Stadt und einer Gemeinschaft loszusagen, um in einer Hütte auf einem Gartengrundstück zu leben, auf einem Hügel, der von einem Fluss abgeschnitten wird. Ein paar Jahre zuvor hatte ich etwas Ähnliches getan, war Ende Januar mit dem Zug an die Nordostküste des Landes gefahren und hatte einige Nächte allein in einer abgelegenen Hütte verbracht. Ich las, pochierte Eier, beobachtete, wie die Sonne auf- und unterging. Es war eine eigenartige, aber keine unangenehme Art von Urlaub. Ich würde niemals den Mut aufbringen, so etwas dauerhaft zu tun.

Ich spürte eine neue und unbehagliche Einsamkeit, die daher rührte, dass ich in einer Lebensphase angekommen war, von der ich nicht wusste, was ich damit anfangen sollte: ein Frausein, über das ich keine Handbücher gelesen hatte. Ich war keine Mutter, aber auch nicht völlig abgeneigt gegenüber der Mutterschaft; ich war keine Ehefrau, aber meine Hochzeit befand sich in Sichtweite. Mit jedem Tag entfernte ich mich weiter von einer Mädchenzeit, in der ich mich wohlgefühlt hatte, selbst wenn ich ihr entwachsen war. Meine eigene Wohnung zu renovieren, nur für mich, hatte ich als einen Akt der Unabhängigkeit empfunden. Aber es mit einem Ring am Finger zu tun – und für zwei Personen –, kam mir verdächtig nach Häuslichkeit vor. Ich wollte es uns schön machen, ich wollte unsere Freunde bewirten, Partys veranstalten und Essen auftischen. Aber jedes Mal, wenn ich das tat, fragte mich dieses Vergnügen, ob ich damit ein Frausein inszenierte, ob ich in ein Ehefraudasein eintrat. Ich befürchtete, mich selbst, meine Zeit und Kreativität zu verlieren – an die Hausarbeit, die so viele Frauen unbemerkt verrichten.

In den darauffolgenden Monaten, während des schmuddeligen Sommers und der kürzer werdenden Tage danach, fühlte ich mich seltsam und lustlos: beschäftigt mit meinem sozialen Leben und doch immer noch irgendwie von meinen Freunden entfernt, gefangen in einem Zwischenstadium, das ich nicht definieren konnte. Wie viel davon war Einsamkeit, wie viel Unbehagen, wie viel Langeweile? Die frühen Abendstunden fühlten sich am ruhigsten an; ich saß da, mit meinen Worten, mit dem Spiel des Lichts auf der Wand, mit der Uhr. Ich versuchte darin Erlösung zu finden. Oft vergeblich.

*

Ich öffne das Autofenster, um den Geruch einzuatmen: Bärlauch, frisch vom Regen, berauschend und heilsam. Ich schlängle mich am Rand des Wye Valley entlang, die Straße schmiegt sich eng an den Fluss, der England und Wales in zwei aufeinanderfolgenden Schleifen voneinander trennt. Hier ist leichterer Regen gefallen, und alles ist frisch gereinigt. Anfang Mai: Farne, die ihre Wedel entrollen; leuchtendes schwammiges Moos; die Luft erfüllt von erdiger Verheißung. Nach dem Autobahngrau wirkt diese grüne Fülle wie aus einer anderen Welt. Mein Fahrtziel klammert sich an einen Berghang, oben an einer schmalen Straße. Vom verlassenen Parkplatz aus rufe ich Martha an, und Minuten später kommt sie in einem hellgelben groben Strickpullover mit ausgebreiteten Armen strahlend auf mich zugerannt. In einer ungestümen Umarmung prallen wir aufeinander. Wir sehen uns zwar nicht oft, aber ich mag Martha sehr. In meinem Geist ist sie noch das Mädchen von früher, das übers Wochenende zu einem Festival fuhr, mit einem einzigen Seidenkleid und einem Anorak, und mit einem Sommerjob, einem potenziellen Liebhaber und schmutzigen Knien zurückkehrte. Ich bin immer ein wenig überrascht, dass Martha nicht mehr neunzehn ist.

Seit letztem Oktober lebt sie hier in dieser Gemeinde auf einem großen privaten Grundstück. Sieben Monate in einer Hütte in fast völliger Abgeschiedenheit während eines strengen, schneereichen Winters, der Großteil davon unter den striktesten Ausgangsbeschränkungen weltweit. Auf dem Gelände leben drei Generationen einer Familie – Botaniker und Ökologen –, die dort seit Jahrzehnten Pflanzen sammeln und ökologisch anbauen, sowie eine Handvoll anderer Personen. Martha arbeitet im Garten und darf im Gegenzug mietfrei in der Hütte wohnen.

Wir befinden uns irgendwo zwischen Winter und Frühling: Die Narzissen sind verkümmert, die Nieswurzen lassen die Köpfe hängen, und bis zum üppigen Wachstum im Mai werden noch Wochen vergehen. Aber die Schönheit dieses Orts ist nicht zu leugnen; ein weitläufiger Garten, in dem es Teiche gibt, terrassierte Flächen und eine Art Gässchen mit moosbesetzten Mauern. Martha ist hochgewachsen, sie macht große Schritte, und im Laufe ihres Aufenthaltes hier hat sie den Ort gut kennengelernt; sie führt mich im Eiltempo durch die Ecken und Winkel des Gartens, ohne dass ich mir ein Bild davon machen kann, wie alles zusammenhängt. Ein Taubenschlag hier, ein Obstgarten dort. Wir gelangen zu Marthas »Hobbitgewächshaus«, zu niedrig für sie, um aufrecht darin stehen zu können, während mir das keinerlei Probleme bereitet. Das Gemüsebeet, das sie von den früheren Mitgliedern der Siedlung übernommen hat, liegt ganz in der Nähe gegenüber einem Haufen mit gut verrottetem Mist, der seine eigene Geschichte über zwielichtige ländliche Geschäfte heraufbeschwört. Irgendwie passt es zu dem unlogischen Erscheinungsbild dieses Orts, dass eine Kiwipflanze blüht. »Von Dezember bis Ende Januar habe ich jeden Tag fünf Kiwis zum Frühstück gegessen«, erzählt sie, die blauen Augen über den Sommersprossen geweitet. »Das war so verrückt!«

Ihre Parzelle ist »sehr hübsch und voller Unkraut«. Im Gegensatz zu dem restlichen Grundstück ist dafür nur Martha verantwortlich. »Es ist der erste Garten, den ich wirklich allein angelegt habe«, erklärt sie. »Das kann überwältigend sein.« Hier wird experimentiert: Einige Beete hat sie umgegraben, andere nicht; es gibt eine Hecke aus Beinwell (»Warum auch nicht? Ich will einen wunderbaren Dünger, den ich selbst anzapfen kann.«) und winterharten Spinat sowie Mangold – Gaben von ihren Vorgängern. »Wir haben Erdbeeren und Himbeeren, mehr von diesen Phacelia-Pflanzen …«, zählt sie auf. Wigwamförmige Stütztürme sind aus Pflanzstäben mit rosafarbenen Schnüren errichtet worden. In der Ecke leuchten drei schicke Tulpen gegen die Zweckmäßigkeit des Ganzen an, wie Flamingos, die sich auf einen Bauernhof verirrt haben.

Marthas Freude an allem ist ansteckend: Die Wörter sprudeln förmlich aus ihr heraus, sie erzählt mir Geschichten und weist mich dazwischen auf Pflanzen hin. Die Anbausaison hat begonnen, und sie hofft Schnittblumen und Blattsalat ziehen zu können, um sie am Fuß des Hügels in einem Laden in Monmouth zu verkaufen. Sie kann immer noch nicht glauben, dass der Bärlauch buchstäblich vor ihrer Haustür wächst. Manchmal findet sie an dem Haken neben ihrer Tür Geschenke der anderen Kleingärtner vor – einen kleinen violetten Sprossenbrokkoli, ein wenig Blattgemüse. Doch sie hat eine Stadt – Bristol – verlassen, um fernab von ihren Freunden in einer Hütte zu leben. Bis zum nächsten Supermarkt sind es zwanzig Minuten mit dem Auto. »Hier kannst du dich vor nichts verstecken«, erzählt sie mir. »Alles, worauf du angewiesen bist, befindet sich direkt vor deiner Tür. Wenn du kein Feuerholz sammelst oder nicht dieses und jenes tust, bist du aufgeschmissen.«

Zwischen den Bäumen sehen wir den Fluss, der sich weiter unten windet, und die trotzigen Hügel auf der anderen, englischen Seite. Der Standort verleiht dem Garten seine eigene, fast fremdartige Geografie. »Es ist irgendwie gemütlich«, erklärt Martha, »aber gleichzeitig fühlt man sich auch ein wenig isoliert.« Der Mann, der vor zwei Generationen hierhergekommen war, »zog los und ging seiner Arbeit nach«, nachdem der Umzug geschafft war, »aber seine Frau hatte damit zu kämpfen«, sagt Martha. »Offenbar saß sie einfach nur da und starrte auf den Hügel, und es brach ihr das Herz. Sie fühlte sich gefangen.«

Dass Martha schließlich in die Hütte zog, beruhte auf der gleichen Alchemie, dank der sie nach einem Wochenende auf einem Festival mit einem Job oder einem Liebhaber zurückkehrte. Sie arbeitete im Rahmen ihrer Ausbildung zur Lehrkraft an Waldschulen in diesem Garten. »Ich war die sogenannte Kesselhexe«, erklärt sie, während wir um eine mächtige Korkenzieherhasel herumgehen. »Das heißt, man kümmert sich in erster Linie um das Feuer und den Kessel.« Manchmal sah Martha eine Frau in der Gartenanlage. »Sie war so emsig, eine fröhliche blonde Frau, die immer Arbeitsgeräte dabeihatte. Sie trug eine Gartenschere in der Gürteltasche und hielt mit einer

Hand eine Motorsäge fest, die sie sich lässig über die Schulter geschwungen hatte«, erinnert sie sich. »Ich dachte: Diese Frau ist unglaublich. Mit dieser Frau möchte ich befreundet sein.« Während des Lockdowns standen die Ferienhütten im Garten leer; man machte Martha und die Frau miteinander bekannt, und sie zog ein.

Martha führt mich in die Hütte, und sie ist hinreißend: eine fröhliche Fülle aus Decken, Krimskrams und mit verschiedenen Dingen gefüllten Einmachgläsern in offenen Regalen. Ein durch und durch weibliches Nest. Ihr Bett steht vor einem großen Aussichtsfenster mit Blick auf die Gartenanlage; in der Dusche befindet sich ein weiteres, von dem aus man ins Tal schauen kann. In der Mitte steht ein Holzofen. Am Tisch ist gerade Platz für zwei Personen, die Stühle sind mit Schichten warmer Kleidung gepolstert. Dieser Raum, erzählt sie mir, hat sie sehr glücklich gemacht. Nachdem sie mit Freunden ins neue Jahr hineingefeiert hatte, zog sie sich für fast drei Wochen hierher zurück. »Ich habe mich sehr an diesen Ausblick gewöhnt«, erklärt sie und deutet auf das Fenster, das die Hütte selbst an grauen Tagen mit Licht durchflutet. »Ich habe mich ein bisschen in ein Eichhörnchen verguckt, das immer vorbeigekommen ist und in der Nähe gesessen hat.« Dadurch, dass sie so viel Zeit allein in diesem Raum verbracht hat, sagt sie, war sie gezwungen, ihn zu ihrem Zuhause zu machen.

Martha hat während der vergangenen Jahre unterschiedliche Arbeiten im Freien verrichtet. Eine Zeit lang war sie Gemüsegärtnerin und Waldschullehrerin, nachdem sie vor ihrem Job in einem Londoner Konzern geflohen war, der sie zutiefst unglücklich gemacht und eine innere Unruhe ausgelöst hatte, die sie erst nach Jahren in den Griff bekam und die bei ihr »eine Riesenangst vor der Natur« hinterließ. Es dauerte eine Weile, bis sie Vertrauen in ihre Umgebung fasste und lernte, sich »mit dem Gefühl des Unbehagens anzufreunden – die Natur ist so gewaltig und in vielerlei Hinsicht unerklärlich, dass es ganz erstaunlich ist, sie zu beobachten und zu erleben.« Doch es ist nicht einfach, in der Natur zu leben und unmittelbar von ihr abhängig zu sein; nicht umsonst versuchten die Menschen sich mit ihren Siedlungen von ihr abzugrenzen. Und dennoch betrachten wir die Natur als ein »Retreat«, als ein Mittel, um den Problemen zu entkommen, die durch unser nicht natürliches Leben entstanden zu sein scheinen. Wir erwarten, dass wir durch einen Aufenthalt in der Natur neue Kraft schöpfen, ohne uns darüber im Klaren zu sein, wie weit wir uns von ihr entfernt haben und dass dieser Prozess eine echte Herausforderung sein kann. Das Wetter kann umschlagen, der Weg unpassierbar werden, und manchmal ist es schwierig, ständig aufmerksam zu sein und sich auf die Umgebung einzustellen. Die Vorstellung, dass uns die Natur endlos in Erstaunen versetzen wird, ist ebenso vereinfacht wie die Idee, dass sie uns heilen kann – für manche Menschen mag das zutreffen, aber in der Regel ist es komplizierter. Oft gelangen wir an den Rand der Wildnis in der Erwartung, eine Art Ehrfurcht zu empfinden, unmittelbar in eine transzendentale Erfahrung einzutreten; geschieht das nicht, kann es sich anfühlen, als hätte man erneut versagt.

Martha beschreibt das Gefühl, in die Abgeschiedenheit der Hütte katapultiert worden zu sein, als »tatsächlich ziemlich schockierend«. Sie war umgezogen, weil sie die

Verbindung vermisste, die sie sich vom Leben an einem Ort versprach, an dem man, wie sie sagt, »so aktiv am Leben teilnehmen muss«. Allerdings hatte sie nicht damit gerechnet, dass diese Verbindung hart erkämpft sein und aus ungewöhnlichen Quellen herrühren würde. »Ein Teil davon kam von den Menschen, aber das meiste von allem anderen«, sagt sie. »Ich habe eine echte Bindung zu der Hütte aufgebaut, in der ich wohne, und zu der kleinen Maus, die manchmal hier hereinkommt.« Dank des Fensters hat sie eine intensive Beziehung zu der Natur und deren Veränderungen geknüpft: An der Rotbuche dahinter, die monatelang kahl war, sprießen gerade die ersten Blätter, wodurch sich ihre Aussicht verändert. Marthas Leben hier ist so winzig und steht in so starkem Kontrast zur Gewaltigkeit ihrer Umgebung, dass sich ihre Gedankengänge dadurch vertieft haben. Sie erzählt mir, wie sie vorher in Bezug auf Pflanzen und Gartenbau gedacht hat, und ich kann es vollkommen nachvollziehen: »Früher hatte ich diesen Drang, eine Pflanze einzufangen, sie mir einzuprägen, damit ich, falls mich jemand danach fragt, sagen kann: ›Ja, das ist sie‹, und ihren lateinischen Namen nennen kann.« Jetzt, erzählt sie mir weiter, suche sie nach anderen Zusammenhängen, die über das bloße Sammeln von Informationen und das Anhäufen von Wissen hinausgehen, das sie vielleicht irgendwann einsetzen muss. »Ich möchte sie einfach nur wahrnehmen und beobachten, wie sie sich wandelt«, erklärt sie. »Es steckt mehr eine Art Neugier dahinter.«

Durch den Umzug hierher und in eine stärker auf Tauschhandel beruhende Wirtschaft – für ihre Unterkunft leistet sie einen Arbeitstag pro Woche – hat Martha die Zeit und den Raum gefunden, anders über die Natur zu denken: nicht als etwas, das man intellektuell verstehen oder gewinnbringend nutzen kann, sondern als einen Schritt zu einem sinnerfüllteren Leben. »Ein Teil von mir hat immer mehr Angst davor, ein bisschen älter zu werden und zu denken: O Gott, ich habe kein Geld, ich habe keine Zukunftsaussichten oder etwas in der Art«, gesteht sie. »Aber dann sage ich mir: Hier lebe ich gratis.« Martha erzählt, dass ihr Verstand ihr immer wieder sagt, sie *sollte* »eine Menge Geld sparen«, aber dann wird ihr klar, dass sie durch die »erzwungene Entschleunigung« gelernt hat, sich vollkommen zu entspannen – etwas, wozu sie vorher nie in der Lage gewesen ist. »Dieser Ort«, sagt sie, »hat mich von Grund auf verändert.«

Ich frage sie, wie ihre Tage hier aussehen. Martha bekennt, dass sie viel Freizeit hat. »Also, wenn ich aufwache, trinke ich erst einmal in Ruhe meinen Tee. Nachdem ich ihn zubereitet habe, setze ich mich damit zurück ins Bett und schaue nach draußen. Wenn ich nicht in der Gartenanlage arbeite, erledige ich vielleicht ein paar Kleinigkeiten in meinem eigenen Garten, und man kann hier in der Gegend wirklich schön spazieren gehen. Das tue ich sehr gern.« Außerdem malt sie und joggt. Sie sagt: »Ich tanze ziemlich viel herum.« Ohne die starre Struktur einer Arbeit oder die Gesellschaft eines anderen Menschen entgleiten ihr die festen Elemente eines Tagesablaufs. »Manchmal achte ich nicht ausreichend darauf, rechtzeitig etwas zu essen. Oft wünsche ich mir einen Hausmann, der für mich kocht, mich daran erinnert, etwas zu essen, und der putzt«, scherzt sie. »Das wäre wirklich toll.« Wieder denke ich an Abra, die in ihrer Entschlossenheit, ihre Hütte zu renovieren, ihre Feldfrüchte auszusäen oder Brennholz zu hacken, oft tagelang nichts aß. Vielleicht bedeutet es das, sich aus dem Leben zurückzuziehen, das man uns vorgegeben hat.

Für Martha bedurfte es eines Rückzugs – der sowohl in der Hütte als auch darin bestand, das herkömmlichere städtische Leben hinter sich zu lassen –, um neue Lebensweisen zu entdecken. Einiges von dem, was sie während unseres Gesprächs sagt, kommt mir bekannt vor: der Wunsch, Wissen über Pflanzen anzuhäufen, anstatt die nötige Geduld und Zeit aufzubringen, um sie achtsam wahrzunehmen und zu schätzen; die gesellschaftlichen Erwartungen in Bezug auf Geld und Stabilität, die ein einfacheres Leben erschweren. Ich bewundere Martha sehr dafür, dass sie sich auf diese Weise zurückzieht; mir erscheint das ungeheuer mutig. Ich weiß aber auch, dass ich das nicht könnte oder wollte, spüre ich doch die Einsamkeit schon deutlich genug, obwohl ich mit meinem Partner in einer Großstadt lebe und meine Freunde ganz in der Nähe sind.

*

Später treffe ich noch eine Frau, die mich weiter darüber nachdenken lässt, wie ich damit zurechtkäme, wenn man mich für ein Jahr aus der Stadt, von meinen Freunden und meiner kreativen Arbeit, von allem Bekannten entfernen würde. Holly hatte auf meine Umfrage eine unwiderstehliche Antwort: »Ich war Drag King. Jetzt bin ich Gärtnerin!« Also machte ich mich auf den Weg zu ihr nach East Sussex.

Ich fahre durch ein kleines Dorf mit nur einer Straße, da sehe ich sie zum ersten Mal, langgliedrig und mit Kurzhaarschnitt. An diesem seltsamen, windigen Sommertag trägt Holly Shorts mit einem Gürtel und hat die Ärmel hochgekrempelt, wie eine Person aus früherer Zeit, die auf einem Foto verewigt wurde. Der Biobauernhof, auf dem sie das letzte Jahr über gearbeitet hat, ist verwaist; im Inneren der großen lichtdurchfluteten Gewächshäuser ist es ohne den Wind warm und ruhig. Holly deutet auf das, was sie gepflanzt, vermehrt und ausgesät hat. Bevor sie hierherkam, um zu arbeiten – die Pandemie hatte zu einem unerwarteten Abbruch ihres Masterstudiums geführt –, hatte sie kaum gegärtnert. Als sie damit begann, machte sie sich weniger Sorgen wegen ihrer mangelnden Erfahrung im Gartenbau, sondern eher darüber, ob sie die vielen Stunden körperlicher Arbeit verkraften würde. Zusammen mit ihrem Partner mietete sie in der Nähe ein Cottage und widmete sich der Landarbeit. Es war eine unvermutete Unterbrechung des akademischen Großstadtlebens, das sie eigentlich im Sinn gehabt hatte. Holly ist nicht hier, weil sie sich zur Erde hingezogen fühlte oder weil sie das Bedürfnis oder die Sehnsucht zu gärtnern verspürte, sondern weil es zu jenem Zeitpunkt einfach Sinn ergab. »Weißt du, ich hatte meinen vorgezeichneten Lebensweg«, sagt sie, als wir uns vor den Gewächshäusern auf eine Bank setzen. »Ich glaube, ich bin durch Zufall auf diesen Ort gestoßen. Aber es war ein glücklicher Zufall. Ich werde immer sehr, sehr dankbar dafür sein, dass das passiert ist, denn ich glaube, ich habe dadurch etwas kennengelernt, was mich auf jeden Fall weiterhin begleiten wird.«

Wenn Holly als Transvestit auftritt, ist sie Orlando, eine von Virginia Woolfs gleichnamigem Roman inspirierte Figur, die Holly seit über vier Jahren verkörpert. Orlando ist umwerfend, attraktiv und schön; er trägt Bodysuits, zartrosa Rüschen, Eyeliner und singt lippensynchron zu Songs aus den 1920er-Jahren, in denen mit geschlechtsspezifischen Rollen gebrochen wird. »Orlando war sehr, sehr wichtig für mich«, sagt Holly, als ich sie frage, wann er zum ersten Mal in Erscheinung getreten ist. »Denn als ich jünger war, steckte ich in einer missbräuchlichen Beziehung. Als Teenager beginnt man zu erkennen, dass man ein eigenständiges Individuum ist. Aber dieser Prozess wurde mir durch meine Lebensumstände unglaublich erschwert. Und ich schätze, Orlando war eine Möglichkeit, diese Persönlichkeit zu entwickeln, um meiner queeren Identität eine Stimme zu verleihen und zu zeigen, wer ich bin. Ich würde Orlando nicht als eine Maske bezeichnen, denn ich glaube, dass Holly und Orlando immer ganz eng miteinander verwoben waren. Orlando ist einfach die schillerndste Version von mir.«

Ich treffe Holly an der Schwelle zu einer Veränderung an: Ihr Partner hat eine neue Stelle angenommen; gemeinsam werden sie nach London ziehen und den Hof zurücklassen. »Ich koste jeden Tag voll aus«, sagt sie, »jetzt, wo ich weiß, dass es bald zu Ende geht.« Es regt sie zum Nachdenken an. Holly hatte nicht erwartet, dass das Jahr auf diese Weise verlaufen würde, und bald wird es vorbei sein. Der Umzug aufs Land hat ihr vieles beschert – große geschwungene Regenbögen über den Gewächshäusern, neue Bekanntschaften, ruhigere Abende –, aber er hat auch einiges zum Erliegen gebracht, was in Hollys Leben eine große Rolle gespielt hatte, wie ihr Studium und Orlando.

»Als ich hierherzog, konnte ich nicht länger Orlando sein«, erklärt sie, »aber ich glaube, das war letztlich sogar gut für mich. Beim Drag geht es in vielerlei Hinsicht darum, jemanden zu verkörpern, der ein Publikum braucht und eine Show bietet. Eine Stimme zu haben und jemanden darzustellen, war mir lange Zeit ein wichtiges Anliegen, weil ich das Gefühl hatte, einen Ausgleich dafür schaffen zu müssen, dass ich jahrelang kein Bewusstsein dafür hatte, wer ich war. Aber jetzt bin ich vier oder fünf Jahre älter, und es war ein guter Zeitpunkt, um diese Staffage vielleicht hinter mir zu lassen und das Zutrauen zu gewinnen, einfach Holly zu sein«, sagt sie.

Der Himmel über uns hat sich zugezogen. »In der Gesellschaft von Pflanzen musst du niemanden darstellen, du kannst einfach du selbst sein. Ich glaube, es hat mir gutgetan, mich davon zu lösen und mir zu sagen, dass ich selbst genüge, ohne Orlandos Fassade, ohne etwas über mich zum Ausdruck bringen oder vorweisen zu müssen, und mich einfach nur mit Pflanzen zu umgeben. Und ich denke, das war wichtig. Es ist ein Gefühl des stillen Selbstvertrauens, würde ich sagen.«

Das habe ich schon ein paarmal gehört, wenn ich mit anderen Leuten über Pflanzen und Gärten gesprochen habe, ob zu Forschungszwecken oder anderweitig: dass Pflanzen nicht urteilen und einem damit die Freiheit gewähren, sich nicht verstellen zu müssen. Besonders Personen, denen der Kontakt mit anderen Menschen zu schaffen macht oder die mit negativen Gedanken und Ängsten zu kämpfen haben, genießen die Ungezwungenheit eines Gartens, die Möglichkeit, ganz sie selbst sein zu können. Auf diese Weise hatte ich noch nie über Pflanzen nachgedacht; vielleicht hat mein Urteil über meine Fähigkeit, sie anzubauen, alles andere übertüncht. Aber mit meinem

Körper geht ein gewisses Privileg einher – weiß, cis, hetero und körperlich nicht beeinträchtigt –, für mich ist es leichter, mich in der Welt zu bewegen, als für andere, aber ich beginne zu verstehen, dass Gärten einladend sein können. Obwohl der Boden schon so großzügig ist – die Früchte und Blumen, die er hervorbringt, die Wurzeln und Knollen, die er in sich aufnehmen kann –, bietet er irgendwie immer noch Platz für mehr menschliche Gefühle. Kinder bauen sich Behausungen aus Decken und benutzen Taschenlampen, um sich sicher zu fühlen. Das Gleiche können wir in unseren Gärten tun: Sie sind Orte, die unterschiedliche Bedeutungen für diejenigen besitzen, die sie schaffen, und für diejenigen, die sie von außen betrachten.

Holly und ich sitzen eine Weile zusammen. Der Wind hat nachgelassen, und wir erleben einen dieser geruhsamen Sommernachmittage, an denen die Zeit an Bedeutung verliert. Wenn wir uns unterhalten, erinnert sie mich manchmal ein wenig an mich selbst vor etwa zehn Jahren; ihre Kollegen auf der Farm sind alle älter und haben ihr gesagt, sie solle aufhören, sich Sorgen zu machen, ihr bleibe noch mehr als genug Zeit, um all das zu regeln, was sie regeln muss. »Ich soll es genießen«, sagt sie. »Das zu hören, ist so wichtig. Ich habe noch einiges vor, und ich werde es tun, aber es spielt keine Rolle, dass es nicht jetzt geschieht und vielleicht nicht in dem Zeitrahmen, den ich ursprünglich dafür vorgesehen hatte. Ich werde es schaffen, weil ich es will.« Pflanzen anzubauen, so erklärt mir Holly, »hat sich auf sehr subtile, aber nachhaltige Weise in viele Aspekte meines Denkens eingeschlichen«.

Martha und Holly – beide in ihren Zwanzigern – betrachteten ihre Erfahrung, von der Natur abhängig zu sein, als etwas Lebensveränderndes, das keine von ihnen so geplant hatte. Es weckte in mir ein wenig die Sehnsucht nach einer solchen Phase in meinem eigenen Leben. Hätte ich so viel Zeit an einem abgelegenen Ort verbracht und mich so intensiv mit dem ländlichen Leben beschäftigt, hätte ich mich vielleicht auch verändert. Die Rückzugsorte, die sie gefunden hatten, hatten sie vor Herausforderungen gestellt, aber durch das Eintauchen in eine von Menschen isolierte Umgebung entwickelten sie eine tiefer gehende Verbindung zur Erde und ein starkes Vertrauen in sich selbst. Räume verändern sich – die Hütte, in der Martha lebt, wird irgendwann einer anderen Person als Unterkunft dienen –, und Bedeutungen und Gefühle können ebenso vergänglich sein wie die Jahresernte: Wir streuen das, was wir sehen wollen, in die Erde, und finden später das, was wir brauchen, um dann weiterzuziehen und den Boden zugunsten eines neuen Vorhabens zu verlassen. Ein Rückzug kann auch unterschiedliche Bedeutungen haben. Ich habe mich schon immer vor Einsamkeit gefürchtet und fand es schrecklich, mich so isoliert zu fühlen, aber der Boden – der Garten – könnte dieses Gefühl in sich aufnehmen, falls ich beschließen sollte, es in die Erde zu bringen, damit es zu etwas Stärkerem aufkeimt. Ihr Rückzug hat diese Frauen verändert; er hat sie wachsen lassen. Wenn ich in der Lage wäre, diese Zeit als notwendige Ruhephase zu betrachten, dann könnte ich es vielleicht auch.

# 6

## *Dulwich*

Das, was ich im Herbst vergraben habe, kommt allmählich zum Vorschein. Die glatten Knospen der Tulpen sprießen aus dem Boden; die dunkelvioletten *Iris reticulata* erblühen als Erste. Die Narzissen, die ich im Oktober skeptisch eingesetzt hatte – damals gab es eigentlich schon zu viel Gelb im Garten, um dem Auge noch mehr zuzumuten –, brechen durch die Erde, und meine Freude darüber, nach diesem trübseligen Winter etwas Farbe zu sehen, ist so groß, dass ich sie durch meinen Körper fließen spüre, hell und funkelnd. Mit dem aufsteigenden Saft steigt auch meine Vorfreude. Ich fange an, ganze Tage im Garten zu verbringen, halte meine Hände beschäftigt, damit sie vor Kälte nicht steif werden. Als ich an einem Sonntag die Arbeit beende und nach Osten blicke, sehe ich im verbliebenen Tageslicht einen vollen cremefarbenen Schneemond aufgehen. Mit tiefer, unerwarteter Zufriedenheit erkenne ich, dass der Garten und ich irgendwie zueinandergefunden haben; das ersehnte Gespräch hat zaghaft begonnen.

Sowohl im Garten als auch in meinem Leben stehe ich auf unsicheren Beinen. Es war ein langer, harter Winter; mir fehlen die Lichter und die Geschäftigkeit, die das Leben in der Stadt normalerweise mit sich bringt. Stattdessen habe ich dafür auf meinen Garten gesetzt. In den dämmrigen, zu frühen Stunden verlasse ich den sanften Rhythmus von Matts Atem im Schlaf an meiner Seite und gehe nach draußen: manchmal in einen Park, den ich ganz allein für mich und mein Fahrrad habe, manchmal bloß in den Garten. An beiden Orten suche ich Zeichen der Veränderung nach einem Jahr, in dem sich die Zeit brüchig angefühlt hat. Neues Laub, Blütenblätter, die in durchschimmernden Knospen ausharren, ein unverkennbar anderer Geruch in der Luft. Im Herbst habe ich so viel Zeit damit verbracht, die Pflanzen in die Erde zu bringen. Jetzt sind sie zurückgekehrt, und sie sind genau so und doch ganz anders, als ich erwartet hatte.

Ich bat jede Frau, mit der ich sprach, um ihre Vergangenheit, aber an meine eigene hatte ich keinen Gedanken verschwendet. Wenn die Zeit stillzustehen schien, beschäftigte ich mich mit der Zukunft: wann wir unsere Freunde wieder berühren könnten, wann wir wieder in einen Zug steigen, das Land verlassen dürften. Aber manchmal kam mir in den Gesprächen, die ich führte, die junge Frau in den Sinn, die ich einmal gewesen war. Wenn man eine Blumenzwiebel falsch herum einpflanzt, wächst der Trieb seitlich daran vorbei, dem Licht entgegen. Zieht man eine Pflanze aus der Erde, erkennt man bereits die Ansätze der kleinen Blätter, die bald zum Vorschein kommen werden. Der Mulch, mit dem ich die Pflanzkübel bedecke, besteht aus Pflanzenresten. Selbst in diesen veränderten Zuständen war alles irgendwann einmal dieselbe Materie.

Ich hatte Louise in ihrem Garten besucht, um mit ihr über ihre Entscheidung zu sprechen, keine Kinder zu bekommen. Aber ich begann ihren Garten – wo sie dem Sommerflieder zu Leibe gerückt war und große Pläne hatte, womit sie ihn stattdessen bepflanzen wollte – nicht als Kinderersatz zu sehen, sondern als eine Erweiterung ihrer Persönlichkeit, auf andere, eindringlichere Weise. Unser Gespräch schlug eine etwas andere Richtung ein, als Louise mir erzählte, warum ein selbst gestalteter Bereich – egal ob drinnen oder draußen – entscheidend für ihr Wohlbefinden war. Eine ihrer früheren Beziehungen, so sagte sie, sei »vollkommen ungesund, missbräuchlich [und] furchtbar« gewesen. Besonnen beschrieb sie es so, als hätte sie jemanden zu sich nach Hause eingeladen – in »einen heiligen, geschützten Raum« –, nur damit die Person ihr Haus nach und nach in Beschlag nahm. Metaphorisch gesehen räumte die Person ihre Einrichtung um, tauschte sie aus oder entwendete geliebte Gegenstände, bis »die Situation schließlich darin gipfelte, dass sie mein gesamtes Zuhause quasi mit einem Bulldozer überrollte. Und zum Schluss fühlte ich mich, als säße ich auf einem riesigen Trümmerhaufen.« Nach dieser Beziehung war Louise psychisch, geistig und körperlich am Boden, und einer der wichtigsten Schritte auf dem Weg zu ihrer Genesung bestand darin, eine eigene Wohnung zu mieten, eine Art Adlerhorst in einem Wohnblock im Süden von London. Sie nahm alle ihre Sachen mit, richtete die Wohnung genau so ein, wie sie es wollte, und besorgte sich Zimmerpflanzen. »Sie überzogen die Wohnung mit einer zusätzlichen Schicht aus Wohlbefinden, Freude und Lebendigkeit.«

Louise bezeichnete diese Zeit in ihrem Leben als »Schnee von gestern«, aber durch diese Erfahrung hat sich ihre Einstellung verändert und das, was sie im Leben wertschätzt. »Du denkst immer noch viel darüber nach. Es tut nicht mehr so weh wie damals, aber letztlich denkst du immer noch viel daran.« Das Haus haben sie und ihr Partner gemeinsam gestaltet, aber der Garten ist für sie ein Teil des schrittweisen persönlichen Wiederaufbaus, »Stein für Stein«, der dadurch gewonnen werden kann, dass man sein Zuhause in einen sicheren Raum verwandelt. »Es ist etwas, das mir großen Trost spendet – wenn ich gestresst bin, wenn ich mich aufrege, wenn ich mich irgendwie verloren fühle«, sagte sie, »komme ich hierher und vertiefe mich in den Garten.« Später berichtete Louise von ihrem Plan, in der Ecke ein Gewächshaus aufzustellen: Trotz all der Arbeit, die sie und ihr Partner in das Haus gesteckt hatten, war es immer noch etwas, das sie gemeinsam gestaltet hatten. Ein kleines Gewächshaus könnte ein Ort sein, den nur sie in Anspruch nehmen, an dem nur sie gedeihen würde. Ein Refugium innerhalb eines Refugiums, ein von ihr geschaffener Platz. In fünf Worten erklärte sie: »Ich will einfach diesen Raum«, und sofort wurde mir klar, dass ein Gebäude so viel mehr beinhalten kann als bloß Pflanzen und eine bestimmte Grundfläche.

Ich konnte nicht aufhören, darüber nachzudenken, wie sich Louise ein neues Zuhause – und damit ein stärkeres Selbstwertgefühl – aufgebaut hatte, nachdem sie eine missbräuchliche Beziehung durchlitten hatte. Ich war wütend über das Unrecht, das ihr widerfahren war, ich war traurig über das Schattendasein, das sie hatte führen müssen, und ich war ergriffen von ihrer Genesung. Die Wohnung, in die sie gezogen war, thronte einen Hügel weiter als mein Baumhaus von damals, und auch wenn ich den zeitlichen Ablauf nicht genau kannte, betrachtete ich uns als eine seltsame Art Zwillinge. Zwei Frauen, die allmählich wieder festen Boden unter den Füßen gewonnen und ihren eigenen Lebensraum abgesteckt hatten, nachdem der ursprünglich geplante Weg einen anderen Verlauf genommen hatte. Zwei Frauen, die jetzt lernten, wieder zu teilen, sich ein neues Zuhause und ein neues Selbst zu schaffen, mit einem Partner an der Seite, nachdem sie ihr eigenes Reich schätzen gelernt hatten.

*

Während des Winters stellte ich mir vor, in dem Zimmer zu sein, das ich in jüngeren Jahren gemietet hatte. Konkret dachte ich daran, wie ich dort eines Nachmittags nach einem Nickerchen die Augen aufschlug und feststellte, dass es geschneit hatte. Ich weiß noch, dass es mir wie ein Zaubertrick vorkam, die Art Ereignis, die jenen Kindern, die in den 1990er-Jahren in Südengland aufgewachsen sind, ein Lächeln entlockt. Schnee war etwas Seltenes und Herrliches. Dicke Flocken, dann ein tiefblauer Himmel, der orange Dunst der Straßenlaterne.

Am Ende einer bitterkalten Woche, die von hartnäckigen Schneeschauern geprägt gewesen war, wachte ich vor Morgengrauen mit dem festen Vorsatz auf, meine Tagebucheinträge von jenem Nachmittag zu lesen. Ich hatte ein klares Bild davon, wie ich damals ausgesehen hatte, aber ich wusste nicht mehr, wie ich mich gefühlt oder über die Dinge gedacht hatte.

Zu jener Zeit steckte ich in einer Beziehung, die, wie mir später klar wurde, emotional manipulativ und möglicherweise missbräuchlich war. Es war eine gestaltlose, unbemerkt zerstörerische Angelegenheit, die mein Selbstwertgefühl im Laufe der Monate systematisch schwächte. Oft hatte ich das Gefühl, zwei Leben zu führen: eins mit dem Mann und ein anderes, glücklicheres mit meinen Freundinnen, auf unseren Partys und Tanzflächen. Ich fühlte mich von Anfang an zu ihm hingezogen, weil er sich von fast allem außer mir unbeeindruckt zeigte und weil ich ihn sehr attraktiv fand.

Ich schuf meine eigenen Mythen über ihn, die ich aber für mich behielt. Wenn ich an diese Beziehung zurückdenke, erscheint mir vieles davon selbst heute noch wie die Art von komplizierter Liebesgeschichte, die in Filmen und Romanen beschrieben wird, durchdrungen von einer seltsamen schillernden Romantik, die nicht zur alltäglichen Behaglichkeit der gesunden, aufrichtigen Liebe zu passen scheint, die ich glücklicherweise auch erfahren durfte. Es hat Jahre gedauert, bis ich mir eingestehen konnte, dass diese Dinge wirklich passiert waren.

Die Tagebücher waren nicht schwer zu finden. Meine Vergangenheit ist in ein paar wiederverwendeten Pappkartons verstaut, die wie Dominosteine unten in einem Sideboard angeordnet sind. Ich zog einen Karton heraus, und das handgeschriebene Etikett bestätigte meine Annahme: *Fotos, Notizbücher etc.* Mit einem Messer säbelte ich die dicken Lagen Paketband durch und fand sie direkt obendrauf: drei dicke Moleskine-Notizbücher, deren Umschläge schwach wie Eierschalen schimmerten. Als ich das erste aufschlug, entdeckte ich die Adresse jener Wohnung, umrahmt von Tintenflecken an den Seitenrändern. Doch das, was folgte, war weniger erhebend: seitenweise E-Mail-Adressen, Notizen für Beiträge in Jugendzeitungen.

So sah das Beweisstück jenes Nachmittags aus: ein kurzer Absatz in einer Handschrift, die dichter und sauberer war als meine jetzige, eingeklemmt zwischen Listen mit Inhaltsstoffen und Preisen der Produkte des Ladens, in dem ich damals gearbeitet hatte. Angeregt von dem Schneefall hatte ich notiert, woran ich in der letzten Zeit gedacht hatte. Die Jahre hatten die Details verzerrt – es war kein Nickerchen am Nachmittag gewesen, sondern am Morgen; ich nehme an, dass ich in den frühen Morgenstunden nach Hause geschlichen war, um meinen Mitbewohnern nichts erklären zu müssen. »Am nächsten Morgen wirbelten mir winzige trockene Schneeflocken ins Gesicht, und ich schlief ein. Als ich aufwachte, war draußen alles weiß.«

Das war alles. Ansonsten enthielt das Notizbuch Alltagskram: To-do-Listen, Kommentare über romantische Dichter oder John Donne und zu einem guten Teil mit Bleistift hingekritzelte Details über eine mehrwöchige Reise durch Osteuropa in Begleitung einer Freundin. Gelegentlich hinterließ auch mein damaliger Ex-Freund Anmerkungen auf den Seiten, aber nichts, was irgendwie aus dem Rahmen fiel. Welche Erkenntnis ich mir auch immer von meinem jüngeren Ich erhofft hatte, hier würde ich sie nicht finden. Ich schlug das Notizbuch zu und legte es zurück in den Karton, schaffte es aber, noch einen Moment innezuhalten.

Ich grübelte darüber nach, warum ich mich auf die Suche nach Beweisen für meine Erinnerungen begeben hatte. Eine große Tagebuchschreiberin war ich nie gewesen; die Notizbücher, die ich jetzt führe, enthalten wie die von damals hauptsächlich Aufgaben und Listen, dienen eher dazu, meine Gedanken und Ideen einzufangen, als Erinnerungen festzuhalten. Als der Himmel heller wurde, stieß Matt die Tür zum Arbeitszimmer auf und erkundigte sich, ob ich einen Tee wolle. Ich war beschämt, dabei ertappt zu werden, wie ich schuldbewusst Kartons zurück in das Sideboard räumte, nachdem ich Geschichten hervorgeholt hatte, die weit in der Vergangenheit lagen.

In den Jahren, die seit jener Beziehung vergangen sind, habe ich viel darüber nachgedacht, was es bedeutet, dass uns jemand Glauben schenkt, und ich habe über die Rollen und Räume nachgedacht, die wir als Frauen einnehmen dürfen. Die Gesellschaft suggeriert uns Frauen, dass Vergewaltigungen, Übergriffe und Missbrauch in kleinen, klar abgegrenzten Kontexten stattfinden: ein Fremder, eine dunkle Gasse, ein zu kurzer Rock, zu viel Alkohol. Die Realität ist verworrener als das, Frau zu sein, ist verworrener. Heute glaube ich, dass ich weitergemacht habe, weil ich diese Ereignisse ebenso verstaut hatte wie meine Notizbücher. Ich steckte sie in Kisten des Verdrängens und Bewältigens, wo sie mehrere Jahre lang lagerten, bis ich sie nach und nach wieder hervorholte und erneut einen Blick darauf warf. Als Jugendliche fühlte ich mich linkisch, nicht begehrenswert, und als es passierte, redete ich mir ein, dass männliches Begehren so aussehe. Stolz und Scham – in Bezug auf die gesamte Beziehung – ließen mich in Schweigen verfallen, das ich aus Gewohnheit beibehielt.

Es wäre banal und unzutreffend zu sagen, dass diese Einsichten mit meiner Gartenarbeit einhergegangen sind, aber sie haben sich tatsächlich während der ersten Jahre, in denen ich anfing, Pflanzen anzubauen, entfaltet. Für mich war es die Zeit, in der mir das Erwachsenwerden passierte. Ich ließ mich auf eine neue Beziehung ein, und wir kauften gemeinsam eine Wohnung. Wir lebten zusammen und lebten uns dann auseinander, ohne dass ich es bemerkte. Auf dem Balkon jener Wohnung schuf ich einen Kokon um mich herum und stellte die Person, die ich war, infrage. Das prallte auf mein wachsendes Bewusstsein für meinen eigenen Feminismus, für die unsichtbaren Grenzen, an die ich als Frau stieß, für den alltäglichen Sexismus und die Ungleichbehandlung der Geschlechter in jenen Branchen, über die ich berichtete. Ich vermute, ich bin aufgewacht. Diesmal sah ich keine weißen Flocken, sondern nur grauen Schneematsch.

Als ich hörte, wie Louise über einen Raum für sich sprach, dachte ich darüber nach, welche Räume ich mir geschaffen habe und welche wir uns als Frauen schaffen, den an uns gestellten Erwartungen zum Trotz. Als Mädchen wird uns ein ausgeprägtes und unausweichliches Schönheitsideal vermittelt, aber wenn wir Frauen Gärten anlegen, lassen wir Bereiche entstehen, die wir nach unseren eigenen Kriterien als schön betrachten. Ich dachte daran, wie sich Louises Wohnung mit Zimmerpflanzen füllte und wie sie mit jedem sich entfaltenden Blatt ihr Selbstwertgefühl wieder stärkte. Ich dachte an die Kräuter, die ich auf dem Markt an der Columbia Road gekauft hatte und die ich entlang der Außenwand des Hauses, in dem ich in meinen frühen Zwanzigern ein Zimmer gemietet hatte, zum Gedeihen gebracht hatte. Ich dachte an die Tomaten und an die Kapuzinerkresse, die ich auf meinem ersten Balkon hatte wuchern lassen, selbst dann noch, als ich die Dokumente unterzeichnete, um meinen Anteil an der Wohnung an den Mann zu verkaufen, der mich verlassen hatte. Ich dachte an die Frauen, die die Grenzen zu einem Stück Brachland überschritten, sich den Regeln widersetzten, indem sie es pflegten und mit Courage und Kreativität in

Gemeinschaftsgärten verwandelten. Diese Pflanzen waren umso schöner, weil sie nach ihren eigenen Regeln wuchsen und einen Raum einnahmen, den uns niemand zugestanden hatte. Hinter meiner Gartenarbeit stand nicht die gezielte Absicht, mich zu regenerieren, aber beim Anblick einer Betonfläche, die unter den Blättern jener Pflanzen verschwand, deren Samen ich ausgestreut hatte, spürte ich eine Kraft und Widerstandsfähigkeit, die mir niemand nehmen konnte, weder Mann noch Missbrauchstäter. Einen Ort zu begrünen, bedeutet, ihn in Besitz zu nehmen. Einer schmutzig grauen Betonfläche Leben zu entlocken, ist ein Akt der Selbstermächtigung. Gärtnern bedeutet, eine Superkraft zu entfalten.

*

In den letzten Jahren meldeten sich immer wieder alte Bekannte bei mir und offenbarten mir ihre neue gärtnerische Seite. Beim Öffnen meines Posteingangs stieß ich dann auf Fragen zu Zucchini oder erhielt stolze Fotos von Wildblumenbeeten. Ein Jahrzehnt zuvor hatten wir uns nach der Stadt gesehnt, nach ihren beruflichen Aufstiegsmöglichkeiten und ihrer Geschäftigkeit. Jetzt wollten wir uns nur einen Ort schaffen, um ihr zu entfliehen. Von Rhiannons gedeihendem Garten im Norden Londons wusste ich schon seit einiger Zeit; ab und zu postete sie auf Twitter Fragen dazu. Wir hatten uns vor mehreren Jahren kennengelernt, nachdem sie und eine gemeinsame Bekannte ihr Studium abgeschlossen hatten. Für kurze Zeit hatten sich unsere Freundeskreise überschnitten, aber in den letzten Jahren waren wir nur noch über die sozialen Medien oder per

E-Mail in Kontakt gewesen. In dem Jahrzehnt, das seitdem vergangen ist, waren wir zu Frauen geworden.

Rhiannon hat die ganze Zeit über in derselben Wohnung zur Miete gewohnt, was in London eine Seltenheit und für Leute unseres Alters fast ausgeschlossen ist. Und genau dort treffe ich sie. Sie öffnet mir die Tür, beladen mit klirrenden Beuteln: Die Wohnung befindet sich im Obergeschoss, zum Garten gelangt man über einen Weg; wir machen eine Art Picknick.

Während der ersten fünf Jahre, in denen Rhiannon hier lebte, war der Garten chaotisch: ein Furcht einflößendes Brombeergestrüpp, das hin und wieder von einem beherzten Besucher beseitigt wurde, um dann wieder loszuwuchern. Es galt, Wein zu trinken, auf Partys zu gehen und Karrieren aufzubauen. Außerdem war es eine Mietwohnung – sie sah keinen Sinn darin, Zeit oder ihr ohnehin knappes Geld darin zu investieren. Aber auf einer Pressereise Ende 2015 nach Paris gerieten Rhiannon und ihr Mann in den Terroranschlag auf den Konzertsaal Bataclan. Sie standen nach dem Abendessen draußen auf der Straße, als plötzlich ihre Mutter anrief und ihr von den Ereignissen berichtete. »Ich weiß noch, wie mir die Knie weich wurden«, sagt Rhiannon. Auf der Suche nach einem Zufluchtsort landeten die beiden in einer Bar und harrten dort aus, »stundenlang, ohne zu wissen, ob sie kommen und uns erschießen würden. Wir haben die ganze Zeit nur auf die Tür gestarrt.«

Rhiannon glaubt, dass sie »psychisch damit klargekommen wäre«, wenn sie nicht bereits aufgrund eines Überfalls während ihrer Studienzeit an einer posttraumatischen Belastungsstörung gelitten hätte. Mittlerweile berichtet sie fast gleichmütig davon, welche Auswirkungen es hatte, dass »irgendein Kerl versucht hat, mich zu erwürgen«. Wäre es nicht passiert, hätte sie die Gegend nicht verlassen, sich nicht mit einer anderen jungen Frau angefreundet, mit der sie ein Buch schrieb, und nicht die Wohnung gefunden, in der ihr zukünftiger Ehemann bereits lebte. Dennoch bemerkt sie, und es schwingt fast ein wenig Neugier darin mit: »Meine Zwanzigerjahre wurden quasi von zwei traumatischen Ereignissen eingerahmt.«

Als Folge dieser beiden Erlebnisse entwickelte Rhiannon Agoraphobie – eine extreme Angst davor, das eigene Haus zu verlassen –, die es ihr unmöglich machte, öffentliche Verkehrsmittel zu benutzen oder sich in einer Bar oder in einem Restaurant mit Freunden zu treffen. »Wenn ich es doch tat, war ich furchtbar nervös, konnte nicht in der Nähe des Fensters sitzen. Ich rechnete praktisch ständig damit, erschossen zu werden«, erklärt sie. Ein Freund, der sie zu Hause besuchte, wies sie auf das verwilderte Grundstück draußen hin – was für eine Schande es sei, dass sich niemand darum kümmere. »Daraufhin hat mein Mann gesagt: ›Wenn du das Haus schon nicht verlassen kannst, können wir dir zumindest einen Ort schaffen, an den du gehen kannst.‹«

Gemeinsam buddelten sie mit den Händen sämtliche Wurzeln der Brombeersträucher aus, einige davon so groß wie ein menschlicher Schädel. Ein Kollege mit Erfahrung in Gartengestaltung entwarf auf einem Stück Papier einen Plan: ein kleines Wildblumenbeet, ein Ort zum Sitzen, Blumentöpfe an den Seiten. Jetzt sitzen wir dort mittendrin, und während Rhiannon die Rosen und den Flieder beschreibt, stelle ich mir vor, wie sie in den nächsten Wochen erblühen werden. Viel Geld hatte sie nicht, dafür Ehrgeiz: Rosenstecklinge von Poundland, eine kleine Magnolie, »die bestimmt fünfzig Jahre braucht, um zu wachsen«. Rhiannons Geburtstag ist im Juni, und sie hat einen Junigarten angelegt, der sich zur Sommersonnenwende zu voller Blüte entfaltet. Mit ihrer Großmutter und ihrem Onkel fand sie neue Gesprächsthemen über Gartenbau; sie schickten ihr per Post Ableger: Lavendel, Geranien und Bartfaden. Gaben aus allen Teilen des Landes landeten vor ihrer Haustür in London. Sie erfuhr, dass ihr Vater Rosen liebt.

Den Garten anzulegen, half Rhiannon, ihre Ängste abzubauen. »Ich hatte vor allem Angst«, erzählt sie. »Wirklich vor allem. Wenn ein Flugzeug über uns hinwegflog, dachte ich, es würde abstürzen; ich befand mich ständig im Alarmzustand.« Der Erdboden bot ihr etwas Greifbares, etwas anderes, wovon sie »besessen« sein konnte. Sie begann zu überlegen, was und wo sie pflanzen wollte; ihre Neugier trieb sie an, die nähere Umgebung zu erkunden, um zu sehen, ob dort etwas zu finden war, was in ihrem eigenen ausgelaugten Boden gedeihen könnte. Als ihr Mann das Grundstück freiräumte, hatte Rhiannon kein Interesse an der Gartenarbeit, obwohl diese Leidenschaft in der Familie lag, aber als sie sich schließlich überwand, in den Garten hinauszugehen, stellte sie fest, dass sie benennen konnte, was dort wuchs, und ein sicheres instinktives Gespür dafür besaß, was ihr gefiel und was nicht. Indem sie sich der Erde zuwandte, entdeckte Rhiannon einen vergessenen Teil ihres Lebens, ein Erbe, von dessen Existenz sie nichts gewusst hatte.

Es ist seltsam, Rhiannon in dieser Umgebung über eine derartige Angst sprechen zu hören. Selbst jetzt, mehrere

Monate vor Mittsommer, beschwört sie den Garten, der immer noch im Werden ist, behutsam herauf. Sie gärtnert einfach drauflos: Günstige Dahlienzwiebeln werden in Töpfe gepflanzt, und alle zwei Wochen streut sie ein paar Jungfer-im-Grünen-Samen aus, so wie ihre Großmutter es getan hat. Ich spüre, dass es ein dynamischer Garten ist, in dem unter üppigem Flieder ausgiebige Abendessen stattfinden, während Lachen die nicht ganz dunkle Nacht durchdringt. Sie hat bewusst Rosen, Klematis und Geißblatt miteinander vermischt. Diese Parzelle, aus Angst erwachsen, unterliegt keiner strengen Kontrolle. Rhiannons Bruder ist hochgradig autistisch, und sie lernte in einem chaotischen Umfeld aufzuwachsen, wurde dort zu der Schriftstellerin, die sie heute ist. Beim Schreiben, erzählt sie mir, herrscht immer eine Spannung: Trotz ihres Perfektionismus entsprechen die Wörter nie dem, was sie sich vorgestellt hat. Aber der Garten ist frei davon, sagt Rhiannon: »Ich kann mich nicht mit Dingen beschäftigen, die nicht so funktionieren, wie ich es gern hätte. Das ist mein Raum, in dem ich einfach sagen kann: ›Mach, was du willst. Mal sehen, was dabei rauskommt.‹«

Sie sagt, sie liebe es, etwas einzupflanzen und es dann zu vergessen, und ich denke darüber nach, dass der Boden so viel mehr bergen kann als die Materie, die wir hineingeben: die Angst, die Zukunft, die Familie, die uns geschaffen hat. Fünf Jahre lang war das Brombeerbeet, auf dem wir sitzen, vergessen worden – und sollten sie und ihr Mann wegziehen, wird ihr Werk hier vielleicht auch in Vergessenheit geraten. Aber dann wird es einen anderen Garten geben, eine andere Zuflucht, eine andere Stätte der Genesung.

*

An einem grauen Nachmittag radele ich zu Megan, und als ich klingle, bemerke ich die Sämlinge auf der Fensterbank des Wohnzimmers. Sie fordert mich auf, das Fahrrad nach drinnen in den Flur zu schieben. Ihre dunklen widerspenstigen Locken wirbeln um ihr verschmitztes Gesicht, und sie streift sich einen Anorak über, bevor sie mich durch die Küche in den Garten führt. Ab und zu spucken die Wolken auf uns herab, und wir verbringen die nächste Stunde damit, uns die Kapuzen auf- und abzusetzen.

Megan hatte, so wie Louise, auf meine Umfrage geantwortet. Bei Ausbruch der Pandemie hatte sie sich wie viele andere Leute der freien Natur zugewandt: Als Schauspielerin und Regisseurin in ihren Zwanzigern hatte sie kurz vor ihrem großen Durchbruch gestanden, doch nachdem sie ein Theaterstück, das vor dem ersten Lockdown uraufgeführt werden sollte, abgesagt hatte, zog sie sich in den Garten ihrer Mutter in Oxford zurück. Im nicht enden wollenden Sonnenschein jenes Frühlings begann Megan diesen Garten als einen Ort der Freiheit zu sehen, einen Ort, der weit entfernt war von dem Aufruhr, der sich außerhalb seiner Grenzen anbahnte. Nachdem sie in einem heiß umkämpften Beruf in einer heiß umkämpften Stadt existiert hatte, genoss Megan die Mehrdeutigkeit des Gartens – dort gab es »kein Richtig oder Falsch«, sagte sie mir – und die »besondere Art der Müdigkeit«, die sie nach stundenlanger körperlicher Arbeit spürte. Als sie im Sommer nach London zurückkehrte, hatte sie zahlreiche Pflanzen mit im Gepäck und war fest entschlossen, sich einen eigenen Raum zu schaffen, so wie ihre Mutter es getan hatte. Die Gartenarbeit sorgte für ein neues Gesprächsthema zwischen ihnen.

Wir sitzen in dem Garten, den Megan aus einem verwilderten Grundstück geschaffen hat: Es gibt einen Apfelbaum, dessen Blüte gerade vorbei ist, und ein Frühbeet mit zahlreichen Jungpflanzen. Kapuzinerkresse sprießt in einem Kübel neben meinem Arm. Der Großteil ihrer Pflanzen wächst in Töpfen und nicht in Beeten, damit sie ihren Garten beim nächsten Umzug mitnehmen kann.

Ich frage Megan, was sie auf der Fensterbank vor dem Wohnzimmer anbaut, und sie hält inne. »Ich will ganz offen sein«, sagt sie, ohne auf meine Frage einzugehen, und fängt an zu erzählen. Seit Anfang des Jahres macht sie eine Therapie. Ihre Mitbewohnerin hatte eine erschwingliche Beratungsstelle gefunden, und beide nahmen dort während des Lockdowns einige Stunden in Anspruch. »Vor sechs Jahren wurde ich sexuell missbraucht. Und irgendwie hatte ich es bis dahin nicht begriffen oder darüber gesprochen, erst da begann ich darüber zu reden.« Nach jeder Therapiesitzung verspürte Megan den starken Drang, im Garten zu sein. »Es half mir einerseits, den Kopf freizubekommen, andererseits aber auch, die Gedanken in Ruhe zu verarbeiten«, erklärt sie. »Wenn irgendetwas in Bezug darauf wieder in mir hochkam, verbrachte ich den ganzen Tag im Garten. Ich sagte mir: ›Ich finde einfach etwas zu tun.‹ Ich wollte eine Saat ausbringen, um den Vorfall damit zu markieren – und das, was er in mir verändert hat.« Ihr gefiel, dass sie in dem Wachstumszyklus eine Rolle spielte, aber nicht die Kontrolle darüber übernahm. Dass die Samen keimten, wuchsen, weitere Samen produzierten und verblühten, neue, andere Blumen hinterließen, ermöglichte Megan, das, was sie durchgemacht hatte, mit anderen Augen zu sehen. »Es gab mir das Gefühl, dass dieser Teil von mir nicht nutzlos war; es war nicht unbedingt das, was ich wollte, aber es war nicht nur schlecht, letztlich konnte auch etwas Positives daraus erwachsen«, sagte sie mir.

Als ich mir die Aufzeichnung unseres Gesprächs anhörte, bemerkte ich, dass meine Stimme brüchig wurde, als ich Megan dafür dankte, dass sie sich mir anvertraut hatte. Ich sagte ihr, dass ich so etwas auch durchlebt, aber nicht viel darüber gesprochen hatte und immer noch herauszufinden versuchte, was dieses Geschehen für mein Leben bedeutete. Wir gingen behutsam und unbeholfen mit den Abgründen der Verletzlichkeit um, die wir im Garten eines bescheidenen Reihenhauses im Süden von London freigelegt hatten. Unsere Worte überschnitten sich und ließen uns dann in Schweigen verharren. Ich war sehr dankbar für diesen unerwarteten Raum der Akzeptanz. Megan erzählte mir noch mehr darüber, wie eng ihre Erfahrungen und ihre Beziehung zum Garten miteinander verknüpft waren: Der Boden gab ihr etwas, an dem sie sich festhalten, in dem sie aufgehen und wohin sie entkommen konnte. Ich war mir immer noch nicht sicher, ob das auch auf mich zutraf, aber ich fühlte mich durch ihre Erkenntnis zutiefst bestätigt. Jahrelang hatte ich die Erfahrung sexueller Gewalt unter schamvollem Schweigen erstickt. Jetzt verspürte ich zunehmend das Verlangen, etwas Luft hereinzulassen, damit Leben daraus erwachsen konnte. Ich hatte den Blick auf die Frauen gerichtet, die bereits das erlebt hatten, was mir in meinem Leben möglicherweise noch bevorstand – Mutterschaft, mittleres Alter und die Zeit danach –, ohne zu erkennen, dass es in Bezug auf mein bisheriges Leben als Frau noch viel zu lernen und sogar zu verzeihen gab.

Die Spuren des Missbrauchs befinden sich immer noch auf meinem Körper. Winzig und federleicht, alltäglich und einzigartig. Eine Narbe, die mich gezeichnet und von einer quasi Unschuldigen zu einer Überlebenden gewandelt hat. Auch wenn ich keine Wahl hatte, was die Existenz dieser Spuren angeht – sie wurden mir aufgezwungen –, konnte ich entscheiden, wie ich damit umgehen wollte. Ob ich zulassen würde, dass sie mich definierten, ob ich sie geheim halten wollte, wann ich sie zeigen würde, ob überhaupt. Ich hatte recht lange Zeit damit gelebt, ohne sie wahrgenommen zu haben: Unser Gehirn ist gut darin, traumatische Erlebnisse zu verdrängen; mein Verstand hat sie geschickt geleugnet und die Tatsachen verdreht. Aber ich glaube, diese Spuren haben mich aktiv werden lassen. Die Muskeln unter der Haut, auf der sie hinterlassen wurden, sind straff und sehnig geworden. Sie entwickelten Kraft, Kampfgeist und Widerstandsfähigkeit und spornten meine Stimme an, es ihnen gleichzutun. Ich stand lauter und nachdrücklicher für die Rechte der Frauen ein, wies auf Sexismus hin und nahm ihn genauer unter die Lupe. Während mich meine Erfahrungen – die Opferrolle – früher einsam gemacht hatten, wurde mir bewusst, dass sie mir Zugang zu einer Schwesternschaft gewährten. Dass ich eine von Millionen von Frauen war, die wussten, wie es sich anfühlt, wenn einem die freie Wahl genommen wird, dass ich ihren Schmerz verstand und ihn in Macht verwandeln konnte.

# 7

# *Artemis House*

Seit Beginn meiner Mission habe ich an der Vorstellung festgehalten, dass Gärtnern bedeutet, ein neues Terrain zu erobern – eine Rebellion, eine Veränderung. Man kann von oben in Neuland vorstoßen, mit der stumpfen Kante eines Spatens oder mit dem schwungvollen Hieb einer Hacke, aber ich stellte es mir eher von unten vor: die sanfte, entschlossene Kraft, die den Keimstängel durch das darüberliegende Erdreich treibt. Diese Kraft beeindruckt und überrascht mich immer wieder, das Zutagetreten von Leben und Möglichkeiten aus der Erde.

Seit Jahrtausenden gärtnern Frauen, um ihre Mitmenschen zu ernähren und zu heilen, wenngleich die Gartenarbeit bis zum 19. Jahrhundert eine weitere Tätigkeit war, die zumindest für Frauen aus der Mittel- und Oberschicht als nicht akzeptabel galt. Zwar studieren heute mehr Frauen als Männer Gartendesign, aber auf der jährlichen Gartenschau der RHS in Chelsea wird der Großteil der Beete immer noch von Männern gestaltet, die dann mehr Medaillen einheimsen; bei der BBC-Serie *Gardeners' World* hat noch nie eine Frau die Hauptmoderation übernommen. Und so setzt es sich fort.

Aber Frauen haben die Dinge auf die gleiche Weise verändert wie seit jeher: leise, leidenschaftlich, an der Basis, mit ihren Babys auf der Hüfte und ihren Fürsorgepflichten. Ich wollte mit Frauen sprechen, die in ihren Gärten und den umliegenden Grünanlagen arbeiteten und sie als Mittel zur Veränderung ansahen. Jetzt, da ich Zugang zu einem Garten hatte, wollte ich mich angemessen um ihn kümmern. Ich hatte eine Komposttonne aufgestellt, bevor ich mich daranmachte, die Erde zu bearbeiten; ich wollte keinen Torf im Garten verwenden und kaufte alles, was ich brauchte, secondhand. Aber während die Monate ineinander übergingen und der Garten sich entwickelte, wurde mir klar, dass ein verantwortungsvoller Umgang mit der Erde oft weniger in unserem Handeln besteht als vielmehr in dem, was wir nicht tun – was wir in Ruhe lassen, damit es gedeiht und Raum einnimmt.

*

Ende Mai schleichen sich Hitze, Schwüle und Überraschungssonnenschein ein. Nach wochenlangem Regen und rauem Wind kann der Garten endlich zur Ruhe kommen. Ich entferne die Anzuchtglocken von den Duftwicken, bringe die Sämlinge wieder nach draußen und stelle die Blumentöpfe zurück auf den Tisch. Es dauert eine Weile, bis es im Haus warm wird, dann verlasse ich es und treffe Südlondon beim Aufblühen an – bauchfreie Tops, Lautsprecher und die Aufregung, die dem Hedonismus eines neuen Sommers vorangeht. Ich gärtnere mit einem Mojito in der Hand, begradige die Rasenkante, bevor am nächsten Tag ein Dutzend Freunde kommen und sich um den Tisch scharen wird, plaudert und lacht, bis wir uns unter Decken kuscheln und beschließen, dass es Zeit wird, ins

Haus zu gehen. Unbeobachtet werden die strammen, harten Knospen der Pfingstrosen weicher und schwellen an. Ein weiterer sonniger Tag, und die erste von ihnen blüht: ein fast angriffslustiges leuchtendes Rosarot. Im Laufe des Tages öffnen und schließen sich die Blüten und wecken in mir die Erinnerung an den letzten Sommer, als ich nur wenige Stunden nach Unterzeichnen des Kaufvertrags die Pflanzen bestellt hatte.

Die Hitze hält auch Anfang Juni an und führt dazu, dass ich später einschlafe und mich schwerfällig herumwälze. Manchmal wache ich nachts auf und denke an den Garten oder male mir aus, wie er sich entwickeln wird. Dann stehe ich auf und gehe in Plastikschuhen und Morgenmantel nach draußen, um zu begutachten, anzustupsen, auszuzupfen, anzubinden und zu staunen. Zu dieser Tageszeit sind nur ich und die Vögel da. Mit jeder schläfrig voranschreitenden Stunde kommen andere Geräusche hinzu – der junge Kerl von nebenan, der sich im Rappen übt, der Typ weiter unten an der Straße mit dem opulenten Soundsystem, die Nachbarn, die draußen in ihrem fensterlosen Verschlag sitzen und ohne Unterlass reden. Aber vor sieben Uhr morgens kann ich allein beobachten, wie die aufgehende Sonne in die schattigeren Ecken des Gartens vordringt; ich öffne die Hintertür und werde von der Sonne geblendet, laufe weiter, bis sich meine Augen daran gewöhnen, und sehe, was sich über Nacht getan hat. Sonnenblumensämlinge, Ringelblumensämlinge, Dillsämlinge. Eine neue orange Mohnblume, eine andere Pflanze zeigt eine erste weiße Blüte, die ihre flauschige Hülle wie einen Pillbox-Hut trägt. Eine erste Blüte an der winterharten Geranie. Ein Schwarm Blattläuse auf der *Ammi majus*, bewacht von den Ameisen, die sie beschützen. Lauch, der wie trunken herabhängt; vielleicht berappelt er sich im Laufe des Tages wieder. Ich binde die schwerfälligen Duftwicken an und knipse die Knospen ab – sie sollen noch höher wachsen.

Während sich der Tag ausdehnt, wiederhole ich diesen Rundgang, gehe manchmal in die Hocke und lasse mich von dem hohen Blattwerk überragen. Ein Freund von mir hat vor ein paar Tagen angemerkt, dass der Garten »im Moment *sehr* grün« sei, und wollte wissen, ob darin mein »Ziel« bestehe. Jetzt kommt der Garten in knalligen Regenbogenfarben daher: leuchtendes Pink, grelles Orange, überraschendes Violett. Ich hatte mich so sehr bemüht, ein bestimmtes Farbschema einzuhalten, und jetzt erblüht vor mir ein ganzer Malkasten. Wachstum prägt den ganzen Monat. Wie Freunde von Freunden auf einer Party tauchen Pflanzen auf, die ich nicht wiedererkenne.

Unter all dem ein Rasen, der lang und träge wird. Butterblumen, irgendetwas Rosafarbenes, verträumte Fruchtstände. Ich liebe die weichen Grasbüschel unter meinen Füßen. Nichts würde ich weniger gern tun als mähen. Die Schafgarbe erfüllt das Kräuterbeet mit Gelb; in der Mitte das Blauschwarz des Salbeis. Nach einer langen, friedlichen Nacktschneckenpause sind ein paar von ihnen zurück und mampfen. Zwischen den Duftwicken, die über ihre Pflanzstäbe hinausgewachsen sind, wurde ein hauchdünnes Spinnennetz gesponnen. Ein glitzernder grüner Käfer hat sich an meine Mohnblumen geheftet. Es ist in Ordnung, es ist schön; dieser Garten gehört nicht nur mir. Ich beobachte, wie sie alle eintreffen.

Die Energie, die dahintersteckt, bewirkt etwas in mir. Ein Anschwellen, ein Aufweichen, ein Loslassen. Ich spüre, wie es sich regt. Ich frage mich, ob es dieselbe Energie ist, die Frauen anspornt, Dinge zu tun, die niemand von ihnen erwartet, auf unbeachtetem Boden etwas anzubauen und zu erzeugen, etwas zu verändern.

Nur selten lässt sich Neuland ohne Verluste gewinnen. Wir stören die komplexe Bodenstruktur, wir zertrampeln die Pflanzen, die schon da sind. Wer etwas verändern will, glaubt, dass es sich lohnt, Unruhe zu stiften, um die Dinge auf eine andere Art zu tun. Ich hatte nicht vorgehabt, eine Veränderung zu bewirken, als ich aus Neugier der Frage nachgegangen war, warum sich Frauen zur Erde hingezogen fühlen, aber ich spürte, dass sie geschah – in meinem Geist und draußen im Garten. Während Eichhörnchen und Schnecken erschienen, um sich an den Pflanzen gütlich zu tun, die vorher nicht da gewesen waren, beschlichen mich Zweifel; oft war ich so sehr damit beschäftigt, ein diffuses Ziel zu erreichen, dass ich nicht merkte, dass vieles von dem, was ich gerade lernte, währenddessen einfach passierte.

Die Frauen, mit denen ich mich traf oder von denen ich las, die gärtnerten, um etwas zu verändern, schienen unglaublichen Mut zu besitzen, wie ich ihn mir selbst nie zugetraut hätte. Sie ließen sich auf etwas ein, ohne das Ergebnis vorauszusehen, und hielten trotz aller Zweifel daran fest. Manchmal ging etwas schief oder ein Projekt endete, aber die veränderten Umstände zeugten von der Courage, die alles in Gang gebracht hatte. Wir alle müssen in einer Welt leben, die auf einem tief verwurzelten System des Patriarchats, des Kapitalismus und weißer Vormachtstellung beruht; allein die Vorstellung einer Lebensweise, die sich diesen Strukturen widersetzt, ist bewundernswert, von der Umsetzung ganz zu schweigen.

Viele haben es versucht. Der Boden ist seit vielen Jahrzehnten ein machtvolles Werkzeug für Frauen: 1879, lange bevor es zur Norm wurde, erlangten Frauen in Texas finanzielle Unabhängigkeit durch Gründung des Woman's Commonwealth. Die vorgebliche Bibelstudiengruppe nutzte das Land, das die Frauen übernahmen, nachdem ihre Ehemänner gestorben waren oder sie verlassen hatten. Die Gruppe wurde zu einer Art feministischem Zufluchtsort: Unter den fünfzig eingetragenen Mitgliedern befand sich eine ehemalige Sklavin; andere waren vor gewalttätigen Ehemännern geflohen. Sie betrieben Hotels und landwirtschaftliche Betriebe und gründeten eine Bibliothek. Nach dem Tod ihrer Gründerin Martha McWhirter im Jahr 1904 verkleinerte sich die Gemeinschaft zwar, lebte aber bis zum Tod des letzten Mitglieds im Jahr 1983 fort. In Neuseeland und Japan gibt es Frauengemeinschaften auf dem Land, deren Mitglieder in Bussen leben. Das Greenham Common Women's Peace Camp bestand trotz anhaltender Anfeindungen vor Ort neunzehn Jahre lang. In den ukrainischen Karpaten befindet sich Asgarda, eine Kampfkunstschule ausschließlich für Frauen und Mädchen, in der über tausend Schülerinnen ausgebildet worden sind.

Die Women's-Land-Bewegung, die in den 1970er-Jahren in ganz Amerika aufblühte, zeigt, wie unterschiedliche Lebensweisen und der Versuch, abseits der Zwänge der konventionellen Gesellschaft eine Utopie zu schaffen, am selben Strang ziehen können. Hervorgegangen aus dem lesbischen Separatismus der späten 1960er-Jahre und einer umfassenderen Hinwendung zum Leben auf dem Land bildeten diese Gesinnungsgemeinschaften unterschiedliche Formen und Strukturen heraus, waren aber dennoch eine gemeinsame Bewegung. Es gab genug Frauen, um *Country Women* zu gründen, eine Zeitschrift, die die Filmproduzentin Carmen Goodyear, die seit 1968 in einer reinen Frauenkommune in Mendocino, Kalifornien, lebte, mit der Schreibmaschine tippte und von Hand illustrierte. *Country Women* lieferte den Frauen praktische Ratschläge, was die Installation von Solaranlagen und Tierpflege anging.

Auch heute noch bestehen Überreste dieser Gemeinschaften, aber die Politik, die zu deren Entstehung beitrug, ist fünf Jahrzehnte später zu einem heiklen Thema geworden. In einer Zeit, in der Debatten über Geschlechtsidentität und Rechte für Transpersonen so massiv geführt werden, dass sie die Titelseiten der Zeitungen erobern, und in der Menschen mit der eindringlichen Forderung nach Rechten für Transpersonen auf die Straße gehen, müssen sich die verbliebenen Gemeinschaften, die sich als rein weiblich definieren, mit ihrer Geschichte auseinandersetzen.

Keridwen N. Luis, Autorin von *Herlands: Exploring the Women's Land Movement in the United States*, erklärt, dass es ihr unmöglich war, ein Jahr in einer solchen Gemeinschaft zu leben, »wegen des gleichen Problems, das viele Frauen davon abhält: in einer stark ländlich geprägten Gegend ihren Lebensunterhalt bestreiten zu können«. Auch das Recht der Frauen auf reproduktive Selbstbestimmung hat sich während meiner eigenen Lebenszeit noch nie so bedroht angefühlt, und die Krise des Spätkapitalismus zehrt zunehmend an uns, aber die Frauen, die in den 1970er-Jahren ähnlichen Restriktionen entkommen waren, sind jetzt in ihren Siebzigern – und wir können es uns nicht leisten, in ihre Fußstapfen zu treten.

Ich weiß auch nicht, ob ich dazu in der Lage wäre. Die Projekte, auf die ich bei meiner Suche nach Frauen stieß, die sich der Natur zugewandt hatten, um eine Änderung zu bewirken, führten mir oft meine eigenen Vorurteile vor Augen. So verließ ich eine Schule, deren einzige Grenze der Waldrand darstellte, während Holzrauch an meinen Haaren und auf meinem Mantelkragen haftete, und war enttäuscht, dass es mir nicht gelungen war, mich für die Arbeit zu begeistern, die einer Gruppe von Kindern eine andere Art der Erziehung bieten sollte. Ich war frustriert und hatte das Gefühl, versagt zu haben, weil ich so weit gereist war, um so wenig mitzunehmen.

Danach fuhr ich ein paar Stunden nach Westen und steuerte auf die Küste zu. In jener Jahreszeit waren die Hecken üppig belaubt und von flinken Vögeln bevölkert. Das satte Rosa des Baldrians und die gekrümmten Spitzen der lilafarbenen Fingerhüte wogten in dem Luftzug, den die vorüberfahrenden Autos verursachten. Ich überlegte, wie viel von meinem Widerstand gegen das, was ich gesehen hatte, auf meinen Widerstand gegen Veränderungen zurückzuführen war. Ich bin eine Lehrertochter: eine neurotypische, akademisch geprägte Person, die es allen recht machen will, die gern zur Schule gegangen ist, sich aktiv beteiligt hat und zu einer Erwachsenen geworden ist, die Ordnung und Routine schätzt. Der Besuch der Waldschule erinnerte mich an die trägen, ungezwungenen Ferienlager, in die ich als Kind gelegentlich gesteckt worden war und wo ich mich danach gesehnt hatte, dass mir jemand eine Beschäftigung gab, um die Zeit auszufüllen. Aber die

Kinder, die ich gerade gesehen hatte, waren begeistert davon, dort zu sein.

Die Gründerin der Schule hatte mir erklärt, dass der ständige Wandel ein »Grundprinzip« des Projekts sei. Zu lernen, wie man mit Veränderung umgeht und in eine Beziehung zu ihr zu treten. So gesehen ergab es Sinn. In der Tat ist jede Initiative, die versucht, flexibler und aufgeschlossener mit Veränderungen umzugehen, sinnvoll. Da immer deutlicher wird, dass unsere Systeme – Kapitalismus, weiße Vorherrschaft und Patriarchat – direkt mit der Verschärfung der Klimakrise zusammenhängen, schien es mir eine gute Idee zu sein, den Wandel zu begrüßen und das Verhältnis zu unseren natürlichen Systemen zu fördern.

Ich war von meinem Besuch bei dem Projekt enttäuscht, weil es nicht den Erwartungen entsprach, die ich daran geknüpft hatte. Ich hatte eine Frau sehen wollen, die an einer tiefgreifenden, der Erde entsprungenen Lösung mitwirkt. Stattdessen hatte man mir vor Augen geführt, dass Veränderungen mitunter weder schnell noch schön vonstattengehen und dass der Versuch, etwas zum Guten zu wenden, nicht immer elegant ist. Mir wurde klar, dass ich es möglicherweise nicht verstand, weil ich nur die Konventionen einer Gesellschaft kannte, die es zu verändern galt, und dass es Zeit und reifliche Überlegung brauchte – und die großzügige Einladung, mir das Projekt anzusehen –, um es auch als Veränderung zu begreifen und nicht bloß als Unterbrechung. Nicht immer bekommen wir zu sehen, was unser Handeln bewirkt.

Carmen Goodyear ist jetzt Mitte siebzig und lebt immer noch auf – und von – demselben Hof, auf den sie gemeinsam mit ihrer Frau Laurie York aus San Francisco gezogen ist. Die Kommunen haben sich aufgelöst, aber das Vermächtnis ist geblieben, wie York der *Vogue* im Jahr 2017 erzählte: »Die Frauen haben sich gegenseitig weitergebildet und gestärkt. Es entstand ein ›Pusteblumeneffekt‹: Die frühe Bewusstseinsbildung war die Zeit, in der die Samen ausgestreut wurden. Der Wind hat sie verweht, und sie haben sich überall ausgebreitet.«

Wenn wir uns der Erde zuwenden, kann sie uns verschiedene Lebensweisen aufzeigen. Je mehr Zeit ich mit Frauen verbrachte, die im Freien nach einem Sinn und nach einer Verbindung suchten – wie Martha in ihrer Hütte oder Maya, die sich mit Kräuterkunde befasste –, desto mehr begriff ich, wie viele der Strukturen, die ich für selbstverständlich gehalten hatte, erst in jüngster Zeit entstanden waren, entworfen und erschaffen von Männern, um uns von der Erde zu entfremden, mit der wir jahrhundertelang enge Beziehungen gepflegt hatten. In der Tudorzeit wurden »alte Weiber« für ihr Wissen über Pflanzen respektiert; innerhalb eines Jahrhunderts wurden sie von Männern verdrängt, die sich ihre Kenntnisse zunutze machten und niederschrieben. Heute sagt man »Altweibergerede« und meint Klatsch und Tratsch; natürlich haben wir ihre Geschichten verloren.

*

Nach Jahrhunderten wissenschaftlicher medizinischer Entwicklung fristen pflanzliche Arzneimittel in der Heilkunde ein Schattendasein. Anne ist Kräuterkundlerin, Gärtnerin und eine Pionierin auf dem Gebiet der alternativen

Medizin, und sie hat noch viele weitere Passionen. Sie geht auf die siebzig zu und beschäftigt sich seit über vierzig Jahren mit dem Studium, und dem Anbau von Kräutern und der Arbeit mit ihnen. Während dieser Zeit, so erzählt sie mir, ist ihr in Bezug auf ihre Tätigkeit das immer gleiche Muster aus Interesse und Skepsis entgegengeschlagen. Sie scheint aber schon lange nicht mehr zu kümmern, was andere Leute denken.

Als ich über eine Freundin zum ersten Mal von Annes Einrichtung hörte, stellte ich mir ein imposantes gotisches Gebäude vor – mit, aus mir unerfindlichen Gründen, einem Türmchen. In Wahrheit ist Artemis House aus hellem Cotswold-Stein erbaut und schmiegt sich inmitten eines bezaubernden Dorfs an einen Hügel. Das Zwitschern der Vögel ist das Lauteste, was man hört. Am Eingang werden die Schuhe ausgezogen, und eine heilige Aura liegt in der Luft, als ich die offene Holztreppe zum Gartenzimmer hinuntergehe, in dem sie arbeitet. Mir ist bewusst, dass ich eine Sonderstellung einnehme: Ich bin keine Patientin und suche weniger nach Heilung, sondern möchte vielmehr verstehen, obwohl sich hier beides sicherlich überschneidet. Ich möchte etwas anderes von Anne erfahren – etwas über ihr Leben, ihre Arbeit und darüber, was Pflanzen für sie bedeuten. Ihr Aussehen und Auftreten lassen sie viel jünger erscheinen, als sie ist. Kastanienbraunes Haar umrahmt sanft ein rundliches Gesicht; braune Augen blicken mich fragend über eine Brille hinweg an. Zuerst ist Anne ein wenig kratzbürstig, verunsichert von meinem Diktiergerät und den Fragen, die ich ihr stellen werde. Ich muss erst etwas über mich preisgeben, bevor ich erwarten kann, dass sie das Gleiche tut.

Danach erfahre ich eine bemerkenswerte Geschichte. In aller Ruhe und mit zunehmender Wärme beginnt Anne, ihr Leben von Anfang an zu erzählen – von ihrer Kindheit, in der ihre Mutter sie nach draußen schickte, um Kräuter zu sammeln, die sie zum Kochen verwendete; von ihrer jugendlichen Faszination für indische Philosophie, die ihr ein buddhistischer Mönch vermittelte. Von Anne wurde erwartet, dass sie die Universität besuchte, aber sie verschob ihr Studium, indem sie mit achtzehn auf dem Landweg nach Indien reiste und ein Jahr lang wegblieb. Das Studium der Vergleichenden Religionswissenschaft in Leeds konnte nur schwer mit ihrer Rucksacktour mithalten. »Weißt du, ich hatte dort in Tempeln abgehangen, nur um dann bei meiner Rückkehr diese Wälzer zu lesen, die so trocken und langweilig waren, dass Motten rausflatterten«, erzählt sie mir. »An der Uni fanden mich die Leute seltsam, weil ich jeden Morgen meditiert habe.« Deshalb hielt sie es nicht lange dort aus. Sie teilte ihrem Tutor mit, dass sie ihr Studium abbrechen wolle – »es ist sterbenslangweilig und ich habe noch andere Dinge zu tun« –, woraufhin er sagte, dass er sie beneide und am liebsten selbst davonlaufen würde.

Eine geplante Reise nach Südamerika verschob Anne auf unbestimmte Zeit, nachdem sie etwas von John Seymour gelesen hatte, Autor des Bestsellers *Das große Buch vom Leben auf dem Lande*. »Ich spürte ganz deutlich, dass wir mehr im Einklang mit uns selbst wären, wenn wir dichter an der Natur leben würden«, sagt sie. Auf einer Insel vor der Küste von Essex wurde ein »süßes kleines Holzhaus« zur Miete angeboten. »Ich habe einfach gesagt: ›Gut, ich nehme es.‹ Also habe ich das Geld, das ich für die

Reise nach Südamerika gespart hatte, quasi in meine neue Lebensweise investiert.« Anne lebte als eine von fünf Personen auf der Insel, die nur bei Ebbe zugänglich ist. Die Gezeiten verschieben sich täglich und machten eine feste Anstellung unmöglich. Mit zweiundzwanzig Jahren entwickelte sie aus Notwendigkeit ihre eigene Überlebensstrategie: »Ich fing einfach an, den Rasen in meinem Garten umzugraben. Ich hatte ein Bestimmungsbuch für essbare Pflanzen, *Food for Free*, dabei und begab mich zudem auf die Suche nach etwas, das eine Ergänzung zu dem sein konnte, was ich anbaute. Ich hatte nicht vor, mich selbst zu versorgen, aber ich wollte herausfinden, was die Wildnis um mich herum noch so bot.« Es gab Wilde Rübe und Meerfenchel, Fisch und Herzmuscheln. »Und nur mich, ganz allein in dieser kleinen Hütte. Es war großartig.«

Während Anne mehr über Pflanzen lernte – beim Sammeln, Anbauen, Lesen und Essen –, begann sie über Ausgeglichenheit nachzudenken: Wenn wir körperlich im Gleichgewicht wären, müssten wir doch auch seelisch, geistig und spirituell ausgeglichen sein können. Sie lernte, dass Pflanzen nicht nur als Nahrung, sondern auch als Heilmittel dienen können. »Ich hatte das Gefühl, dass die Erde eine große Fülle bietet und dort alles vorhanden ist, was wir brauchen, um auf allen Ebenen unseres Seins gesund zu werden – wir müssen nur etwas darüber lernen.« Und das tat sie mit der Zeit: Als ihr auf der Insel irgendwann das Geld ausging, nahm Anne einen Job auf einer Kräuterfarm an. »Und schließlich bin ich mit einem Freund doch noch nach Südamerika gereist«, berichtet Anne. »Und als ich auf den Gipfeln der Anden saß und Zeit zum Nachdenken hatte, kam mir der Gedanke, dass das vielleicht das war, was ich mit meinem Leben anfangen wollte: zurückgehen und mich in Pflanzenheilkunde ausbilden lassen. In Südamerika habe ich einige Zeit damit verbracht, *curanderos* und Medizinmänner und so weiter zu treffen. Und ich hatte die Möglichkeit, im Urwald zu bleiben und bei einem *curandero* in die Lehre zu gehen. Und dann dachte ich: Ich komme aus England, ich muss es auf meine Art machen.« Nach vier Jahren Ausbildung und vierzig Jahren Praxis in Pflanzenheilkunde ist Anne zu einer Pionierin auf ihrem Gebiet geworden, sagt aber, sie wisse immer noch nicht, ob sie die richtige Entscheidung getroffen habe.

Anne bezeichnet Kräuter als ihr »Medium«. Sie bilden eine Komponente ihrer vielschichtigen und fachübergreifenden Heilpraxis. Ihre Liebe zu Pflanzen führt sie jedoch auf etwas anderes zurück: »Ich bin süchtig nach Schönheit. Wirklich süchtig. Mein Haus ist zwar nicht gerade schön, aber ich finde Pflanzen bezaubernd. Zum Beispiel Rosen.« Sie deutet auf einen kleinen Strauß, der in einem Glas auf ihrem Schreibtisch steht. »Sieh dir dieses perfekte Blumenarrangement an. Jemand hat mir das heute mitgebracht. Es ist wunderbar künstlerisch, nicht wahr? Von dieser Art Schönheit fühle ich mich angezogen. Ich gehe nicht unbedingt in Kunstgalerien, ich bin keine Malerin. Mein Ding sind Kräuter. Ich kann mir nicht vorstellen, ohne einen Garten Naturheilkunde zu betreiben.«

Anne hat schon immer schöne Gärten angelegt, vielleicht angefangen mit ihrem Garten auf jener Insel damals. Jetzt stehen wir vor dem, der sich hinter Annes

Rücken, jenseits der Glasschiebetüren, über die Terrasse und darüber hinaus erstreckt. Früher war sie mal verheiratet – mit einem anderen Kräuterexperten – und legte in ihrem Haus in den Cotswolds einen so prächtigen Kräutergarten an, dass er »im Fernsehen zu sehen war und in den Zeitschriften *Gardeners' World* und *Country Living* und wer weiß wo sonst noch«. Vor zwanzig Jahren verließ sie Haus und Mann und zog mit ihren drei Töchtern in das Haus, in dem wir jetzt sitzen. »Deshalb nenne ich es Artemis House, denn Artemis ist die Mondgöttin. Und sie ist die Beschützerin der Frauen. Also ist das hier Artemis' Garten.«

Ich habe Abende in rosaroten, exklusiv für Frauen zugänglichen Klubs verbracht; in meinen späten Jugendjahren habe ich Frauen in den Umkleidekabinen einer schicken Boutique geholfen; ich habe spontane, liebevolle und kurzlebige Freundschaften geschlossen, indem ich auf Nachtklubtoiletten mit betrunkenen Mädchen Lippenstifte ausgetauscht habe. Aber ich bin noch nie an einem Ort gewesen, der so instinktiv weiblich ist wie Annes Garten. Ich spüre es bis ins Mark, dieses untrügliche Gefühl der Weiblichkeit. Ihre Gerüche – nach Kräutern, Blumen, Feuchtigkeit und Blüten – und die Verheißung der Wildnis erfüllen die Luft. »Als wir hierherkamen, waren wir vier Frauen«, berichtet Anne. »Meine jüngste Tochter war sieben, und ich hatte das Gefühl, dass es ein Garten für Frauen werden sollte. Artemis ist kämpferisch. Das war mir nicht klar, aber sie ist wirklich kämpferisch. Nur ein ziemlich mutiger Mann traut sich, die Tür zu diesem Garten zu durchschreiten.« Die Klinik wird von Frauen geführt, erzählt sie weiter, von ihrer Assistentin Jayne, von ihren drei Töchtern, die immer noch aushelfen und zu Arbeitsaufenthalten vorbeikommen, von Katie, die eine Riesenhilfe im Garten ist, und Anna, die Annes Kurse leitet. »Es ist ein Frauen-Powerhouse«, sagt sie. So machtvoll, dass sie ihre Position nicht demonstrativ zur Schau stellen müssen: Man spürt ihre Präsenz überall.

Wir stehen in einem Tunnel aus Laub. Er ist nicht viel größer als ich: Die kleinen, duftigen Blüten einer blassrosa Kletterrose streifen meine Haare, abenteuerliche Ranken drücken auf ihrer Suche nach Licht gegen meine nackten Arme. Mit den Knien stoße ich gegen violette Zierlauchköpfe, die sich schwankend neigen, meine Füße treten über ungestüm blühendes Ruprechtskraut. Himbeerblätter, wachsam und spitz, säuseln auf meiner Haut. Es ist dunkel hier drinnen, der saisonale Pflanzenwuchs verschluckt das trübe Weiß eines bewölkten Hochsommertags, aber der Geruch ist anders als alles, was mir je begegnet ist: dicht, berauschend und kraftvoll. Nach Rosen, aber auch nach etwas Tieferem und Erdigerem. Animalisch und fruchtbar, ungeniert durchdringend. Behutsam zupft Anne ein paar kleine Blätter von einer niedrig wachsenden Pflanze, reibt sie zwischen den Fingerspitzen und hält mir die Hand hin. »Kamille«, erklärt sie. Ich erzähle ihr, wie sehr das hier meine Sinne überwältigt, und sie sagt lachend: »Es ist ein Geburtskanal!«

Nur die Hälfte der Rosen ist gerade erblüht, erklärt Anne, als wäre mein Empfinden nicht schon intensiv genug. Und sie sind dort, weil sie bei der Entbindung hilfreich sind. »Sie sind amphoter, das heißt, sie können sowohl auf die eine als auch auf die andere Weise reagieren – wenn die Gebärmuttermuskulatur zu entspannt ist, ziehen sie diese zusammen, und wenn sie zu verkrampft ist, entspannen sie sie«, erklärt sie. »Und trotzdem sind sie ein Symbol für die außerordentliche Freude und Wonne, für die verblüffende Perfektion, ein Kind zu gebären. Aber es ist schmerzhaft«, fasst Anne mit einem wissenden Lachen zusammen, »deshalb haben sie Dornen.«

»Als ich damals herkam, war hier nichts, nur eine abschüssige Rasenfläche mit einem Pfad in der Mitte«, sagt Anne, als wir den Tunnel verlassen und auf die Hügel blicken, die sich dahinter erheben. »Unten befand sich ein Schwimmbecken. Für mich bedeutete das, eine leere Leinwand zu haben.« Sie deckten den Pool ab, und die Fläche um das Becken herum wurde zum Fundament für das »Dorf«, das sich heute dort befindet – eine Ansammlung von Holzhütten, in denen Anne unterrichtet und wo die Kursteilnehmenden unterkommen können. Auf dem Rasen wurde eine große Spiralform abgesteckt und genau vermessen, Grasstücke wurden entfernt, und Anne legte ihre verschiedenen Beete entlang dieser Spirale an, jedes eine Etappe auf »der Reise durch das Leben einer Frau, ausgedrückt durch Kräuter«.

Anne zeigt auf die Kräuter, während wir um die Spirale herumgehen: Kletterjasmin symbolisiert ineinander verschlungene Liebende; Borretsch verleiht »den Mut, den man zum Heiraten braucht«; es gibt Echten Eibisch in Zartrosa für die Stillzeit; »dunkle Gewächse – Rotwurzel-Salbei und Helmkraut« für die Wechseljahre; und »Fingerhüte, die jedes alte Weib, das etwas auf sich hält, im Garten haben sollte«. Die riesigen schirmartigen Blüten der Engelwurz überragen uns und stehen dafür, wie wichtig es ist, »uns im Alter zu stärken«. Ysop und Lavendel sollen helfen, am Ende des Lebens zu verzeihen – das, was wir getan haben, das, was wir nicht getan haben, uns selbst.

Ich war noch nie an einem vergleichbaren Ort, wo die Sprache, die Bedeutung und der Zweck der Pflanzen so mit dem Boden verwoben sind. Es ist die Art von Garten, die geschaffen wurde, um mit den Menschen – insbesondere den Frauen – im Einklang zu sein, unabhängig davon, in welcher Lebensphase sie sich befinden und was sie erlebt haben. Im Hochzeitsgarten erzähle ich Anne, dass ich im nächsten Jahr heiraten werde, und sie sagt, man solle Myrte vor dem Haus pflanzen, wenn man heiratet, allerdings wachse sie nur langsam. Während ich hier stehe, befinden sich Schwangerschaft und Stillen in einem seltsam greifbaren Hinterland; die Wechseljahre scheinen in unvorstellbarer Ferne. Aber Anne hat diesen Garten in ihrer Lebensmitte angelegt und dabei sowohl nach vorn als auch zurückgeschaut. Der Garten, erzählt sie mir, »ist der Ort, an dem ich am glücklichsten bin. Ich liebe das Gefühl, mit der Erde zu arbeiten, auch wenn ich in ein paar Jahren siebzig werde. Ich spüre, dass ich das weiterhin tun muss, um kräftig zu bleiben.«

Manchmal denkt Anne über ihre vier Jahrzehnte umspannende Tätigkeit nach; im Moment unterrichtet sie viel – »denn vielleicht ist es irgendwann an der Zeit aufzuhören. Ich weiß nicht, aber ich sollte vermutlich so viel wie möglich von dem weitergeben, was ich gelernt habe.« Derselbe Wissensdurst, dieselbe aufkeimende Energie, die sie als Teenager dazu angetrieben haben, ein Jahr in Indien zu verbringen, lodern auch jetzt noch in ihr. »Ich habe immer noch das Gefühl, dass es so viel gibt, was ich nicht weiß«, erzählt sie mir. »Ich werde nicht in einen Bus springen und auf dem Landweg nach Indien reisen. Aber die große Bühne des Lebens in meinem Garten hält noch jede Menge Abenteuer für mich bereit.«

*

Nass bis auf die Haut erreiche ich das Foyer des Hackney CVS (Council for Voluntary Service, auch wenn niemand es so nennt). Es ist ein kleines, gedrungenes, leicht deprimierendes Gebäude aus den 1960er-Jahren in der Dalston Lane. Während des zehnminütigen Fußmarschs vom Bahnhof bis hierher prasselte ein gewittriger Regenschauer auf mich nieder. Zwischendurch habe ich mich in den Eingängen der schicken Cafés und Bars entlang Dalstons Hauptstraße vor dem Wetter in Sicherheit gebracht und komme deshalb zu spät. Als ich an der Rezeption eintreffe, sehe ich Clair nicht und befürchte, sie könnte bereits nach Hause gegangen sein. Clair leitet Rainbow Grow, eine LGBTQI+-Gärtnergemeinschaft, die im Innenhof hinter dem Eingangsbereich untergebracht ist.

Dann entdeckt sie mich und erklärt scharfsinnig: »Also, nasser wirst du nicht mehr.« Wir machen einen Rundgang durch den Garten der Community. Clairs Alter ist schwer einzuschätzen, aber ich vermute, dass sie Mitte sechzig ist. Ich folge ihr kleinlaut, während sie mir im Eiltempo Thymian, Kohlgewächse und die rollstuhlgerechten Beete zeigt. Die diesjährige Anbausaison in Rainbow Grow beginnt gerade erst, aber man erkennt schon, was später alles geerntet werden kann. Seinem Namen getreu ist der Garten in Regenbogenfarben gestaltet – es gibt das dunkle Violett des Krauskohls, während die Kapuzinerkresse das

Orange beisteuert –, Nutz- und Zierpflanzen vermischen sich hier fröhlich miteinander. Dieser Ort bietet Mitgliedern der LGBTQI+-Community und ihren Verbündeten die Möglichkeit, einander zu begegnen und zu gärtnern. »Viele junge Leute, die keinen anderen Anlaufort hatten, drei von uns sind Rentner, ein paar Leute mit flexiblen Arbeitszeiten, Studenten«, rattert Clair die Mitgliederliste der Gruppe herunter. »Wir hatten auch Asylbewerber, Menschen mit verschiedenen kulturellen Hintergründen. Die Gruppe ist generationenübergreifend und bietet eine andere Art der Geselligkeit als ein Pub oder ein Klub. Es geht nicht ums Trinken.« Es ist eine offene Begegnungsstätte, wo aber ein strenges Regiment geführt wird: Clair weist auf einen Pflanzkasten voller eifriger Keimblätter hin und schnalzt missbilligend mit der Zunge, weil ein neuer freiwilliger Helfer es bei der Salataussaat etwas zu gut gemeint hat.

Clair wohnt ein Stück weiter in der Dalston Lane, und das schon seit fast vierzig Jahren. Es ist eines dieser wohlproportionierten georgianischen Reihenhäuser aus dem sozialen Wohnungsbau, die zwischen Privateigentümern mittlerweile für mehr als eine Million Pfund den Besitzer wechseln. Es regnet nicht mehr, aber die Sintflut hat sumpfige Pfützen zurückgelassen. Clair entfährt ein Aufschrei, und sie zückt ihr Handy, um die vorbeifahrenden Autos zu filmen, die das schmutzige Wasser auf den Bürgersteig spritzen: ein weiterer Beweis für die Klage, die sie wegen der neuen Verkehrsmaßnahmen zusammen mit anderen Anwohnern gegen die Stadtverwaltung erheben will. Sie ist zierlich, aber ihre Hüften scheinen beim Gehen von einer Art Energie angetrieben zu werden, als hätte sie nicht die Absicht, irgendwann langsamer zu werden.

Tropfnass werde ich in die Küche geführt, bevor sie nach oben geht, um mir eine Jogginghose zum Wechseln zu holen. Während ich warte, blicke ich in den Garten hinaus. Frisch gewaschene Blätter glänzen in der Sonne, die genau im richtigen Moment rauskommt. Obwohl es noch früh in der Saison ist, wächst und gedeiht Clairs Garten bereits prächtig: Wolken aus gelben Rapsblüten, fedriges Schwarzkümmelblattwerk und die weißen, wie angeknabbert wirkenden Blüten der Rucola. Mittendrin ein quadratisches Beet mit Dicken Bohnen, die zur Hälfte blühen, zur Hälfte Schoten tragen. An der linken Wand jeweils ein Pflaumen-, ein Birn- und ein blühender Apfelbaum. Eingerahmt von den hohen Sprossenfenstern der grünen Küche ergibt es ein wunderschönes Bild.

Wir setzen uns an einen Küchentisch, auf dem, wie mir Clair erzählt, vor meiner Ankunft schon Dutzende von Speisen, Schüsseln, Schalen und Extraportionen Platz gefunden haben, und sie zaubert einen Kuchen aus einer Tupperdose hervor. Eigentlich wollte sie ihn mit einem der ehrenamtlichen Helfer aus dem Garten teilen, aber der hat es an diesem Morgen nicht geschafft herzukommen. »Also!«, sagt sie. »Worum geht's genau? Was willst du wissen?« Clair ist in einer italienischen Familie im New Yorker Greenwich Village aufgewachsen – »Ich scherze immer, dass ich bis zu meinem siebzehnten Lebensjahr keinen Baum gesehen habe« –, und ihr Akzent klammert sich noch immer an die verwaschenen Vokale. Unter der Oberfläche liegt eine pragmatische Freundlichkeit, während sie mir von ihrem Leben erzählt: zwei Masterabschlüsse – von der University of Oxford und der London School of Economics –, eine berufliche Laufbahn als Vor- und Grundschullehrerin, der Einsatz ihrer spärlichen, autodidaktisch erworbenen Gärtnerkenntnisse mit dem Ziel, Eltern unterschiedlicher kultureller Hintergründe zusammenzubringen. Alle paar Sätze stößt sie ein lebhaftes, kläffendes Lachen aus und zeigt ein breites Grinsen zwischen ihrem adretten lockigen Bob.

Clair ist, wie andere Menschen, die ich getroffen habe, fasziniert von ihren Großeltern, »Kleinbauern auf väterlicher Seite, aus Apulien – sehr ländlich«. Sie eifert deren Verbundenheit zum Land nach, verfolgt diese kulinarische Geschichte schon ihr ganzes Leben lang. Ihre Kindheit war von Schotter, Ziegeln und Beton geprägt, von Töpfen mit Ringelblumen auf Feuerleitern, was ihr ständige Konflikte mit der Brandschutzbehörde bescherte (vielleicht eine erste Rebellion gegen die Autoritäten), doch ihr Vater zeigte ihr »Gemüsesorten, die hier jetzt sehr angesagt sind. Ich habe schon Zucchiniblüten gegessen, da waren die meisten Menschen in diesem Land noch nicht einmal geboren!« Clair erinnert sich noch gut daran, wie sie vor sieben Jahren auf der Speisekarte eines italienischen Restaurants Stängelkohl entdeckte; als sie fragte, woher sie ihn bezogen, gaben sie zu, ihn eingeflogen zu haben. »Ich glaube, bei mir kommt das Gärtnern direkt nach dem Genuss der selbst angebauten Nahrung«, erzählt sie mir.

Und sie fing relativ spät im Leben mit dem Gärtnern an. Wie nebenbei erwähnt Clair ihre beiden Kinder. Sie hat zwei, und als sie noch klein waren, gab es im Garten einen Sandkasten und ein Klettergerüst. Als sie größer wurden, fing sie an, Gemüse anzubauen. Jetzt liefert der Garten Nahrung für sie und ihren Partner Ade, der Clairs Vehemenz Sanftmut entgegensetzt. Sehr detailliert erfahre ich von der Wasserversorgung beim RHS Hampton Court Palace Garden Festival und der perfekten Parzelle, die Rainbow Grow leider nicht bekommen hat. Auf dramatische Weise erzählt sie mir von der Schwemme an Pflaumen, die geerntet werden mussten, während sie auf Reisen war, und von dem vergeblichen Versuch, Kichererbsen anzubauen. Ihr gärtnerischer Ansatz, betont Clair, stehe im absoluten Widerspruch zu der britischen Art, die Dinge zu tun. »Vielleicht kommt da meine mediterrane Seele zum Vorschein. Weißt du, du baust etwas an, gehst raus, du kochst damit, nimmst ein bisschen hiervon und davon und so weiter. Es ist wichtig, die ganze Pflanze zu verwenden.« Wir haben uns über eine Stunde lang unterhalten, und ich habe viel erfahren, aber ich weiß immer noch nicht so genau, wer Clair wirklich ist.

Im Garten jedoch bekomme ich ein besseres Bild von ihr. Die Pfützen und die vorbeirasenden Autos, die sie auf dem Weg zu ihrem Haus so geärgert haben, sind nur ein paar Meter weg, es kommt einem aber vor, als wären sie in weiter Ferne. Wir gehen um die Beete herum, und sie spricht darüber, was funktioniert hat, was nicht, welche Bäume ein Geschenk waren und wann sie was ausgesät hat. Ihr Geplauder beim Bestimmen der mehrjährigen und durch Selbstaussaat wiedergekehrten einjährigen Pflanzen ist herzlich und ansteckend – wir tauschen Geschichten darüber aus, was in unseren Beeten wächst und wie die Pflanzen heißen. Sie wirkt irgendwie weicher; weniger geschäftsmäßig, begeisterter. Viele ihrer Nahrungsmittel stammen aus diesen Beeten.

Ich sage Clair, dass ihr Garten wie eine schöne Rebellion wirkt. Zu dieser Jahreszeit sind die Beete der landwirtschaftlichen Erzeuger säuberliche Reihen voller Potenzial, eine Aussicht auf die kommende Ernte. Ein großer Teil von Clairs Beeten ist erblüht. Bei meinem Rundgang bin ich hin- und hergerissen zwischen dem Gedanken daran, wie bitter die blühende Petersilie schmecken wird, und dem Wunsch, dass mein Garten auch so aussehen möge.

Ganz zufällig besuche ich Clair zu einem Zeitpunkt, an dem sich meine Gefühle gegenüber meinem eigenen Garten zu verändern beginnen. Es war eine erfrischend regnerische Woche, unterbrochen von strahlendem neuem Sonnenschein. Der Garten wird zu etwas Aktivem, Erwachendem: Klematisblüten bedecken den Boden, die Samen der Mohn-, Ringel- und Kornblumen, die ich ausgestreut hatte, entwickeln sich zu Sämlingen. Schlummernde mehrjährige Pflanzen, die ich ganz vergessen hatte, sprießen mit aller Macht aus dem Boden. Rasch überwiegt in den Beeten das Grün über das Braun. Jeden Morgen gehe ich ein bisschen früher, ein bisschen schläfriger raus, um von dem berauschenden Geruch der regenbewässerten Erde richtig wach zu werden.

So viel Wachstum zu sehen, ist beflügelnd – und befreiend. Zum ersten Mal seit unserem Einzug vor fast einem Jahr fühle ich mich in der Lage, etwas von der Gezwungenheit abzuschütteln, die meine Zeit im Garten geprägt hat. Ich glaube, ich hatte Angst davor, dass ich etwas falsch mache, dass es nicht schön aussieht, dass die Pflanzen verwelken und sterben. Aber dieses Bestreben, die Entschlossenheit, etwas Unmögliches und Unbestimmtes zu erreichen, hat mir mein Bauchgefühl geraubt, auf das ich beim Gärtnern sonst vertraue. Ich wollte etwas Designtes und Beeindruckendes, etwas Kohärentes und Kluges. Darüber habe ich das Gespür für meine eigene Gärtnerpersönlichkeit verloren: den leicht schludrigen Enthusiasmus, der mich immer angetrieben hat, seit ich vor sieben Jahren die ersten todgeweihten Kräuter in Tomatendosen auf einem Balkon gepflanzt hatte.

Indem ich loslasse, tauchen neue Wünsche auf: nämlich etwas anzubauen, was ich essen kann. Ich möchte, dass mir der Garten mehr gibt als unnahbare Schönheit – ich möchte von ihm zehren, seine Früchte zu mir nehmen, sie mir einverleiben und auf meiner Zunge schmecken. Ich platziere Tomatenpflanzen an der hinteren Backsteinmauer und verwandle das rechte Beet in ein Kräutergärtchen. Ich drücke Zucchinisamen in Töpfe, setze Jungpflanzen in die alte Blechwanne auf der Terrasse. Ich schiebe eine Handvoll Kapuzinerkressesamen in die Erde und schmiede Pläne für Rucola, Grünkohl und anderes Blattgemüse. Das Beste daran ist, dass ich nicht darüber nachdenke, ob sie ein Misserfolg oder von Schnecken zerpflückt werden. Ich möchte einfach das Chaos willkommen heißen. Der Garten, um den ich mich bisher allein gekümmert habe, war immer mehr zu einem Ort nach den Vorstellungen anderer geworden. Clairs Garten zu sehen, hat mir geholfen, die Regeln zu brechen, mich aufzulehnen und besser darauf zu hören, was der Garten mir beibringen kann, anstatt mich damit verrückt zu machen, wie ich ihn formen kann.

Nichts kommt aus der Erde, ohne dass es vorher dort hineingebracht wurde. Materie verrottet zu Nährstoffen, Samen werden verstreut, Niederschlag fällt. Die Macht einer Handvoll Erde liegt verborgen und schlummert, bis die optimalen Bedingungen – der Druck und die Alchemie –

gegeben sind, damit Wachstum und Veränderung zutage treten können. Annes Garten war vom Lebenszyklus einer Frau inspiriert worden, spiegelte aber auch ihren eigenen wider: die Kräuter, die während eines vierzig Jahre andauernden Lernprozesses gewachsen waren, während eines Lebens, das von derselben Entschlossenheit geprägt war, die sie als Teenager zum Reisen angespornt, in ihren Zwanzigern zum Rückzug auf eine Insel bewogen hatte und in den darauffolgenden Jahrzehnten dazu, auf ihrem Grundstück ein »Powerhouse der Frauen« zu schaffen. Clair war eine wahrhaftige Lehrerin gewesen, und ihre Energie, die sie dazu angetrieben hatte, eine Community zu leiten und einen Raum für ausgegrenzte Menschen zu schaffen, war ungebrochen. Deshalb war es ihr auch so wichtig, die Schlaglöcher vor ihrem Haus zu beseitigen.

Aber diese Frauen hatten ihre Kraft genutzt, um sich dem Boden zuzuwenden, hatten sie in die Erde fließen lassen, sie weitergegeben, damit andere davon profitieren. Wir können Pflanzen anbauen, um Menschen zu ernähren oder zu heilen, aber Anne und Clair haben mir gezeigt, dass wir auch pflanzen, um zu lehren.

Im Garten vollzieht sich ein Wandel. Ich bin nicht mehr die Frau, die eine Saison lang auf verdrießliche, kahle Erde gestarrt hat. Das Kompostieren, Aussäen, Pflanzen, Parzellieren: Vor mir liegt das Ergebnis, und trotz all meiner Vorstellungen davon ist die Realität anders, als ich es mir je hätte ausmalen können. Wir haben uns gemeinsam entfaltet. Der widerspenstige Sommerauftakt des Gartens zeigt mir, dass die Schönheit im Unerwarteten liegt. Die Farben passen nicht zusammen, manche Pflanzen sind temperamentvoller als andere, es ist nicht viel »Design« zu erkennen. Vielmehr bin ich beim Anlegen des Gartens meiner Eingebung und Neugier gefolgt, und jetzt beginne ich zu sehen, was dabei herauskommt. Meine Eingebung und Neugier waren es auch, die mich durch das ganze Land gelotst haben, zu den Häusern anderer Frauen, zu ihren Rückzugsorten und ihren Lieblingsparkbänken. Ich beginne zu verstehen, warum, ich beginne zu verstehen, was ich lerne: dass Frau zu sein komplex und machtvoll ist, etwas, das man durch die Praxis lernt, und dass wir unsere Geschichten lauter zu Gehör bringen müssen.

# 8

## *Blackfriars*

Vielleicht lag es daran, dass ich anfing, auf Balkonen zu gärtnern, die üblicherweise mit maschinengeschriebenen Mietvereinbarungen bezüglich der Vorschriften für Pflanzgefäße daherkamen, oder dass ich zu einer Zeit mit dem Gärtnern begann, in der es schien, als sollten Leute meines Alters andere Dinge mit ihrer Jugend anfangen, jedenfalls hat sich das Gärtnern für mich immer wie eine Rebellion angefühlt. Anfangs war mir nicht vollständig bewusst, wie politisch das Gärtnern ist: Ich hatte nicht bedacht, was für ein bedeutendes Privileg es war, dass ich unbeschwert etwas in die Erde pflanzen konnte, dass es für mich so einfach war, Dreck unter die Fingernägel zu bekommen. Ich hatte nicht anerkannt, welche Rechte ich als selbstverständlich vorausgesetzt hatte, indem ich auf dem Land groß geworden war, mit einem Körper, der herumtollen, spielen und buddeln konnte, ohne dass jemand es hinterfragte. Es hat Jahrzehnte gedauert, bis ich den Erdboden für mich entdeckte und das befreiende Gefühl, ihn zu bearbeiten, aber als ich damit begann, war meine Identität kein Hindernis, denn in diesem Land war es gesellschaftlich schon immer akzeptiert, dass weiße Leute gärtnern.

Je mehr ich über das Gärtnern lernte, desto klarer wurde mir, dass ich mich in dieser Welt frei bewegen konnte und dass dieses Privileg nur wenigen vergönnt war. Im Gartenbau fühlte ich mich ein wenig wie eine Außenseiterin; ohne einen Mitgliedsausweis stahl ich mich in die Lindley Library der RHS; ich hätte den Unterschied zwischen Chatsworth, Gravetye und Sissinghurst nicht erklären können, weil ich ihre berühmten Gartenanlagen nie besucht hatte; Wisley ließ – und lässt – mich ehrlich gesagt kalt. Ich verfüge über keine Gärtnerausbildung, ich kenne mich nicht mit botanischer Taxonomie aus und zweifle ständig an meiner eigenen Arbeitsweise. Ich ordne mich immer noch außerhalb des gärtnerischen Establishments ein, auch wenn man mir den Zugang zur Chelsea Flower Show gewährt und mich gebeten hat, darüber zu schreiben.

Aber das Entscheidende ist: Niemand fragt mich, warum ich Zeit in diesen Gärten und Institutionen verbringe; niemand zweifelt offen an meiner Zugehörigkeit, daran, dass ich mit einem Spaten in der Hand im Freien sein darf. Ich habe nie am eigenen Leib erfahren, was es heißt, sich auf diesem Boden unerwünscht oder fehl am Platz zu fühlen. Meine Vorfahren haben das Land anderer für sich beansprucht, ihre Pflanzen geplündert und daraus Kapital geschlagen. Niemand hat meine Vorväter gezwungen, als Sklaven oder auf gestohlenem Boden Viehzucht zu betreiben oder Pflanzen anzubauen.

Einen Garten zu besitzen, ist ein erstes Privileg, die Zeit, die Mittel und das Selbstvertrauen zu haben, sich darum zu kümmern, ist ein zweites, und die politischen Strukturen ignorieren zu können, die beides ermöglicht haben, ein drittes. Unsere Gärten können Zufluchtsorte sein, Orte, um zu feiern und zu trauern, um Trost und Entspannung zu finden, aber zu leugnen, dass es sich dabei um Privilegien handelt, heißt, ihre Macht zu leugnen. Wer dem Gärtnern den Aspekt der Rebellion und des Widerstands abspricht, beschneidet seine Bedeutung. Auch nach Jahren finde ich den Begriff »Gärtnern« immer noch unpassend für das, was ich dort draußen tue – meine Hände in der Erde zu versenken, zu beobachten, wie sich aus den aufgeplatzten Samenschalen die Wurzeln und Stiele herauswinden, und in den frühen Stunden eines Sommermorgens zu entdecken, dass etwas Neues erblüht ist. Der Begriff klingt nach etwas Niedlichem, nach Sauberkeit und Sorgfalt; nach einer Zimperlichkeit, die meilenweit von dem pulsierenden Verlangen entfernt ist, das mich nach draußen zieht, von der Sexualität, vom Leben und Sterben, das sich in jedem wachsenden Ding zeigt. Wenn wir gärtnern, verändern wir die Funktionsweise eines kleinen Teils der Welt. Unsere Entscheidungen – ob wir unseren Rasen sprengen oder nicht, ob wir zugunsten des Ökosystems gärtnern oder nicht – haben Auswirkungen. Selbstverständlich sind unsere Gärten politische Räume.

Das habe ich vor allem dank der Großzügigkeit anderer, die weniger Glück hatten, gelernt. Als Kind streifte ich durch das Dorf, in dem wir lebten, hatte wie selbstverständlich Zugang zum Land und hielt mich unbekümmert dort auf, aber als ich als Erwachsene in mehreren Städten lebte, wurde mir klar, dass Land etwas ist, das aufgeteilt und parzelliert wird. Öffentliche Spazierwege waren zwischen dem Asphalt und Beton weniger sichtbar; stattdessen gab es andere Grenzen wie Postleitzahlen, Baugrundstücke und private Gärten. Und manche verliefen noch tiefer und schmerzlicher. Diese Grenzen konnte ich nur erkennen, indem ich mein eigenes Privileg hinterfragte: Klasse, Herkunft und Zugehörigkeit.

Ich erfuhr, dass Parks eine radikale Geschichte haben, die von politischen Protesten, Petitionen und der Entschlossenheit geprägt ist, dass alle Menschen in den Genuss von Grünflächen kommen sollten, nicht nur diejenigen, die es sich leisten können. Meine liebsten Grünanlagen – die Gemeinschaftsgärten, in denen ich als Freiwillige gearbeitet hatte, die Wohnsiedlungen voller Baumfarne und Kletterpflanzen –, waren von Hausbesetzern gerettet und zum Allgemeinwohl verschönert worden.

Als ich mich zu fragen begann, warum Frauen gärtnerten, fand gerade ein wesentlich lauteres Aufbegehren statt: eine Bürgerrechtsbewegung in Gestalt von Black Lives Matter. BLM war nicht neu – die Bewegung war sieben Jahre zuvor nach dem Freispruch von George Zimmerman, der den siebzehnjährigen Trayvon Martin erschossen hatte, gegründet worden –, aber nach dem Mord an George Floyd im Mai 2020 fand sie neuen, weltweiten Widerhall. Im Juni gab es Proteste gegen eine Pandemie, die unverhältnismäßig viele People of Color betraf. Die Menschen gingen auf die Straße, demonstrierten für Gerechtigkeit und Gleichheit und forderten, dass man sie zur Kenntnis nahm. Institutionen begannen ihre eigenen rassistischen Vorurteile zu hinterfragen und zu untersuchen, in welchem Maße sie weiße Privilegien aufrechterhielten. Die Welt des Gartenbaus in Großbritannien geriet weitgehend in Panik. Denn in diesem Land beruhen die Prunkstücke der Botanik und Pflanzenkunde auf Plünderung, Kolonialismus und Versklavung: Botanische Gärten wurden gegründet, um aus Kolonien gestohlene Pflanzen für den industriellen

Anbau in anderen Kolonien zu kultivieren und weiterzuentwickeln, oft unter Einsatz versklavter und ausgebeuteter Menschen. Auch heute noch besitzen viele der Pflanzen in unseren Hausgärten eine beschönigte Geschichte: Sie wurden von den Kolonialherren »entdeckt«, ihres einheimischen Namens und ihrer Verwendung beraubt und als Trophäen in britischen Boden gesteckt. Mitglieder der Gartenbaubranche verwenden immer noch fröhlich den Begriff »Pflanzenjäger« und scheinen sich nicht bewusst zu sein – oder sich nicht daran zu stören –, dass damit traditionell Plündern gemeint war.

Im selben Monat, in dem George Floyd ermordet wurde, kam eine Studie von Ordnance Survey zu dem Ergebnis, dass einer von fünf Haushalten in London während der Pandemie keinen Zugang zu einem privaten oder gemeinschaftlichen Garten hatte, landesweit war es einer von acht. Eine Umfrage von Natural England ergab, dass Schwarze viermal häufiger als weiße Personen von ihrer Wohnung aus keinen Zugang zu Freiflächen hatten. Parks und öffentliche Räume bekamen eine gleichzeitig neue und jahrhundertealte Bedeutung: Sie waren lebenswichtige, wertvolle Orte, um mit der Außenwelt in Verbindung zu treten.

Diskussionen über Zugänglichkeit, Benachteiligung und Rassismus hielten in den oft verklärten Mainstream des Gartenbaus Einzug – inmitten der von einem warmen und sonnigen Frühling begünstigten Ernte. In den sozialen Medien wurde eine Debatte entfacht, bei der die Menschen – oft privilegierte Personen, die ihren Garten nur selten als etwas vom Schicksal Begünstigtes ansahen – nicht anerkennen wollten, dass ihren Gärten auch eine politische

Bedeutung innewohnte. Dass zwischen den Gartenpflanzen und den Schnittblumen, den Gemüsebeeten und den Reihen aus Bohnenstangen oftmals hässliche Geschichten und Erblasten vergraben lagen, die besagten, wer was wie und warum anbauen durfte.

Ich bin immer noch dabei, die politischen Aspekte des Gärtnerns zu erlernen, so wie ich immer noch etwas über die Pflanzen, die Naturwissenschaft und die Jahreszeiten lerne. Ich glaube, viele von uns gärtnern, weil man sich dabei ständig weiterbildet. Kaum ein Jahr gleicht dem anderen; die Pflanzsaison kann gut oder schlecht ausfallen, die Ernte fehlschlagen oder erfolgreich sein. Würden unsere Gärten jedes Jahr auf die gleiche Weise wachsen, wären sie für uns irgendwann unsichtbar; die unzähligen winzigen Veränderungen sind es, die uns anhaltend bezaubern und neugierig machen. Je mehr ich über die tiefe Bedeutung der Gartenarbeit lerne, desto mehr schätze ich ihre Schönheit: nicht nur die Ästhetik dessen, was aus dem Boden erwächst, die Farben und Formen, sondern die der Tätigkeit selbst. Wie mutig und großartig es ist, die Welt zu verändern, indem man eine Entscheidung trifft, was den Erdboden um einen herum angeht. Wie machtvoll es ist zu wissen, dass man durch die körperliche Tätigkeit des Gärtnerns – sich zu bewegen, Mulch zu verteilen, Samen auszustreuen – einen Beitrag zu etwas leistet, das über den eigenen Garten hinausgeht. Wie viel mehr Sinn dieses Wissen all dem verleiht.

Aber wenn man weniger Hürden zu überwinden hat, ist es einfacher, etwas zu verändern. Ich habe den Garten – unseren Garten, unseren ersten Garten – in dem Bewusstsein übernommen, was es bedeutet, ihn zu haben. Am nationalen Standard gemessen ist er klein, aber für städtische Verhältnisse groß. Abgesehen davon sind wir zwei Weiße aus der Mittelschicht in einem ursprünglich von Schwarzen Bewohnern geprägten Viertel, das von Leuten wie uns rasch gentrifiziert wird. Dieser Ort war eine Erweiterung des Privilegs, das ich mein Leben lang genossen hatte. Ich wollte hier behutsam vorgehen, wollte diesem Grundstück gerecht werden, seine Geschichte und seine Umgebung erforschen. Ich wollte es in einem besseren Zustand hinterlassen, als ich es vorgefunden hatte, nicht nur zu meinem eigenen Nutzen – um Pflanzen zum Bewundern und Schnittblumen für die Vase zu haben –, sondern auch darüber hinaus. Ich wusste, dass es Frauen gab, die mit ihrer Gartenarbeit das Gleichgewicht von Macht und Privilegien verschoben. Ich wollte mich mit ihnen treffen.

Carole hatte ich kennengelernt, als sie kurz nach unserem Einzug vor meiner Haustür aufgetaucht war. Über die sozialen Medien hatte sie das neue Viertel, in das wir gezogen waren, erkannt – sie war in der Wohnsiedlung aufgewachsen, von der aus man in unseren Garten blickte. An einem schattigen Fleckchen hatten wir kühles Kokosnusswasser getrunken, während sie von ihren Erinnerungen an Brixton in den 1970er- und 1980er-Jahren berichtete und von dem Dokumentarfilm über den benachbarten Angell Town Estate sprach, an dem sie mitgewirkt hatte. Wir waren in Kontakt geblieben: Carole ist die Art Person, die Dinge in Gang bringt. Sie berät und ist kreativ tätig, kooperiert mit Kunstinitiativen und gründet Stiftungen, um junge Schwarze Menschen für die Natur zu begeistern. Als ich sie um ein Interview bat, stimmte sie zu. Wir treffen uns an einem frischen Samstagmorgen auf dem Grundstück ihrer Wohnsiedlung, nicht weit von der Blackfriars Bridge entfernt.

Bei unserer ersten Begegnung war Carole nach einer langen Wartezeit beim Friseur eingetroffen, wo sie ihren Fade Cut hatte auffrischen lassen. Jetzt ist er unter einer Mütze verschwunden, und eine Maske ist bis zum Nasenrücken hochgezogen. Ihre Brillengläser werden je nach Wolkendichte heller oder dunkler.

Obwohl so viel von ihrem Gesicht verdeckt ist, habe ich keinen Zweifel, was ihre Mimik angeht – abwechselnd fröhlich und eigensinnig, aufgeregt und wachsam. Ihre überschäumende Energie fühlt sich an, als gehörte sie zu einer größeren Person. Sie kennt sich mit Imkerei aus und trägt bei der Arbeit einen Imkeranzug in leuchtendem Pink. Ihre Geschichten schweifen ab und überlagern sich, schwanken zwischen Erzählungen über die Vergangenheit und Vorsätzen für die Zukunft. Noch mehr als die Gartenarbeit, noch mehr als ihren Aktivismus liebt Carole meinem Empfinden nach Spaziergänge, bei denen sie die Spuren der oft übersehenen und nicht erzählten Geschichten jener Menschen abschreitet, die die Stadt, in der sie aufgewachsen ist, ebenso geprägt haben wie ihr eigenes Leben hier – das einer Schülerin, die sich in Pflanzen verliebte, als sie im Kennington Park durch den Rosengarten streifte; der Teenagerin, die über die Aufstände in Brixton und den Domino & Social Club in der Coldharbour Lane berichtete; der Frau, die diesen ehemals anonymen kargen Stadtparzellen ihre eigene Note verliehen hat.

Wir beginnen auf dem Grundstück ihrer Siedlung. Carole rasselt herunter, wer sich um die Beete des gemeinschaftlichen Gartens kümmert: »Also, wir haben Leute mit marokkanischen Wurzeln, mit jamaikanischen, englischen – aus dem Norden Englands, die mir das ständig unter die Nase reiben, und ich sage: ›Ja, ich bin verweichlicht, ich komme aus dem Süden, ich hab's verstanden. Aber fordere mich lieber nicht heraus.‹ Wir haben welche mit amerikanisch-englischen Wurzeln und mich – meine liegen in Ghana, Syrien und Jamaika. Wir haben nordafrikanisch-britische. Und kroatische. Und spanisch-englische. Wir haben russisch-spanische. Wir haben portugiesische. Wir haben englische. Wir haben südafrikanische. Wir haben kanadische. Das sind wir. Das sind wir hier drinnen.«

Der Garten besteht seit zehn Jahren und ist einer von mehreren bepflanzten Flächen im Umkreis von eineinhalb Quadratkilometern, die Carole im Laufe der letzten zwei Jahrzehnte angelegt hat. Man übersieht sie leicht, weil sie zwischen Wohnsiedlungen und Hochhäusern versteckt sind. Ich bin schon unzählige Male durch dieses lauschige Dreieck zwischen dem Fluss und der Bahnstrecke geradelt, aber es ist, als würde mir Carole das Viertel einer ganz anderen Stadt zeigen, in dem Musik und Protest, Kunst und sozialer Wohnungsbau, Kämpfe mit Bauunternehmern und die Jugendlichen aufeinandertreffen, denen sie das Gärtnern beigebracht hat.

Der Peabody-Garten ist ein kleineres Dreieck innerhalb dieses Dreiecks, ein schwieriges Stück Asphalt, das Carole als ehrenamtliche Gartenbeauftragte seit seiner Entstehung betreut. Sie spricht gleichermaßen mit Stolz und Widerwillen über ihre Aufgabe. Seit sie vor einem Jahrzehnt in die Siedlung gezogen ist, hat Carole dazu beigetragen, sie umzugestalten, indem sie sich bei der Gemeinde für neue Bäume und Bepflanzungen, Spielgeräte und Beschilderungen eingesetzt hat. Sie murrt über das Drama in der Whatsapp-Gruppe des Viertels; ich vermute, sie duldet keinen Ärger im Kreis der Community-Gärtner: »Ich sage: ›Kommt einfach und macht euer Ding, solange ihr euch nicht prügelt.‹ Ich will nichts davon hören, ich kann auf aggressives Gehabe verzichten.«

Es gibt Bänke und Kisten mit Outdoorspielen; die Sonne scheint durch die Blüten der Narzissen, die das Pflaster säumen. Wir befinden uns in Hörweite einer der Hauptverkehrsadern Londons, Hubschrauber kreisen über uns, aber die Grünflächen hier lassen all das weit weg erscheinen. »Es ist wirklich hübsch«, gibt Carole zu. »Selbst bei diesem Wetter, wenn der Wind pfeift – einfach die Möglichkeit zu haben, rauszukommen, herumzuschlendern und zu sehen, was in den Beeten der Leute wächst, und in den Schuppen zu gehen. Das ist unglaublich.« Während der wärmeren Monate frühstückt Carole gern im Garten oder im Schuppen, einen Regenmantel über den Schlafanzug geworfen und mit Gummistiefeln an den Füßen. Auf ihrem Stück Land befindet sich eine riesige Kiwipflanze, die ihr große Freude bereitet. »Hier stehe ich am liebsten«, sagt sie. »Ich schleiche mich einfach hier rein, und niemand kann mich sehen.«

Carole sagt, sie habe die Liebe zur Gartenarbeit von ihrer Mutter geerbt, die in Jamaika auf einem Bauernhof aufwuchs, wo Rinder, Hühner und Ziegen gehalten wurden. Während ihrer eigenen Kindheit in einer mit Zimmerpflanzen gefüllten Wohnung in Kennington hörte Carole immer wieder Geschichten über das Leben ihrer Mutter auf dem Land, wo sie spazieren und schwimmen gegangen war und geangelt hatte. Carole erfuhr, wie ihre Ziegen hießen und was mit dem Hund geschah, der die Hühner erlegte. »Von meiner Mutter habe ich die Liebe zum Land – und zum Anbau von Pflanzen«, sagt sie. »Sie hat mir die Geschichte der Nahrungsmittel erzählt.« In den Sommerferien bekamen Carole und ihr Bruder die Hausschlüssel und ein Lunchpaket ausgehändigt und durften im Süden Londons umherstreifen, während ihre Mutter arbeitete. Sie pflückten Brombeeren in Lambeth und wanderten bis nach Bermondsey. Auch Caroles Großvater baute Gemüse an und bewirtschaftete in Lewisham zwei Kleingärten, nachdem er von Jamaika nach England gezogen war. Wenn Carole ihn in den letzten Jahren seines Lebens zu seinen Krankenhausbesuchen fuhr, bat er sie, bei seiner alten Parzelle anzuhalten, und beklagte, dass sich der Standard während seiner Abwesenheit verschlechtert hatte. Erst nach seinem Tod entdeckte sie die Urkunden, die ihn drei Jahre in Folge zum »Kleingärtner des Jahres« auszeichneten. »Er hat das einfach für sich behalten«, sagt sie. »Es war unglaublich.«

Wir spazieren durch die Anlage, Caroles Geschichten werden von Bemerkungen über die Verwalter der Wohnungsbaugesellschaft unterbrochen, die zu ihrem Ärger mit Glyphosat gegen den Efeu vorgehen, und über den schicken Basketballplatz, wo die Polizei Schwarzen Teenagern nur ein Jahr zuvor Platzverweise erteilt hatte, bloß weil sie sich nicht zu Hause aufhielten. »Diese erhöhte Polizeipräsenz im Umfeld von Kindern und Jugendlichen, die sich während der Pandemie im Freien aufhalten, ist etwas Neues«, sagt Carole. »Sie sind dort genauso verwurzelt wie die Londoner Platanen. Sie sind wie die Möbel und die Einbauschränke, denn sie leben dort«, sagt sie über die

Jugendlichen in ihrer Siedlung. »Wo sollen sie denn sonst hingehen? Die Jugendklubs sind alle geschlossen, schon vor Covid haben hier in der Gegend drei dichtgemacht.« Sie hat Initiativen ins Leben gerufen, damit sich die Jugendlichen in den Außenbereichen ihrer Stadt wohler und anerkannter fühlen; indem sie diese jungen Männer in ihren Gartenklub aufgenommen hat, hat sie sich gewissen Respekt verschafft. Sie helfen ihr, Pflanzkübel und Blumenkästen zu bauen. Carole fordert die Polizei häufig heraus – sie erzählt eine großartige Geschichte darüber, wie sie einen Undercover-Polizisten beschämt hat, der sich durch sein »scheußliches« Outfit verriet. »Die Beamten aus der Krimiserie *Die Füchse*, die ich früher gern gesehen habe, waren besser gekleidet. Gehen wir weiter.«

Sie zeigt mir die elegante Ziegelpflasterung, die Tischtennisplatten und den Fitnessparcours im Freien und rattert die Förderanträge herunter, die dafür gestellt wurden. Sie schimpft über die Planungsbeamten, die für die Bauherren arbeiten, bezeichnet sie als Wendehälse. In einem Blumenbeet befindet sich eine Gedenktafel für die verstorbenen Anwohner. Darüber reihen sich auf einer Fensterbank im Erdgeschoss mit Erde und Samen gefüllte Joghurtbecher auf, in denen beschriftete Eisstiele stecken. Carole erklärt, dass sie Peter gehören, einem pensionierten Lehrer. Sie betätigt den Summer, drückt die Tür zu seinem Wohnblock auf und hinterlässt ihm Saatgutpäckchen auf der Fußmatte. Ihre Liebe zu dieser Wohnanlage, die mit ihrer georgianischen Symmetrie ansprechend aussieht, wirkt ansteckend. Ich sage Carole, dass ich verstehe, warum es ihr hier so gut gefällt. »Ja, ich liebe es, durch die Gegend zu laufen, zu plaudern und Aushänge zu machen«, sagt sie. »Aber ich mache das nicht allein. Ich gehöre jetzt zum alten Eisen; ich bin vierundfünfzig.« Sie sagt, sie mache sich »das Mitgefühl zunutze«, um Hilfe bei ihren Projekten zu bekommen.

Der Rundgang durch Peabody ist beendet, und vor mir liegt eine lange, wenn auch noch nicht klar definierte Route. Carole zeigt mir den Gemeinschaftsgarten von Brookwood Estate, der vor vierzehn Jahren ursprünglich als Teil einer Fritz-Haeg-Ausstellung in der nahe gelegenen Tate Modern entworfen wurde, seither aber von Carole betreut wird. Vor Kurzem hat sie Fördermittel erhalten, um das Gelände in einen Waldgarten umzuwandeln, damit es dem Klimawandel standhält. Sie erklärt, dass der Boden in diesem Postleitzahlengebiet stark verseucht ist – jahrzehntelang haben Fabriken, Gefängnisse und Cholera ihre Spuren hinterlassen. Carole hat für alle Gärten, die sie bepflanzt hat, Erde aus anderen Postleitzahlgebieten beschafft. Wir laufen weiter und bleiben an ihrem Lieblingsbaum in der Stadt stehen. »Sieh dir seine Form an«, fordert sie mich auf. »Und wenn er Blätter hat, ist er zum Sterben schön!« Carole erzählt mir die Geschichte von einem Mädchen, das den Baum ebenfalls liebte und ihren Gartenverein in Brookwood besuchte. »Eines Tages sah ich sie hinter dem Old Vic, wo sie mit einem Kumpel auf einer Mauer saß und eine Rote Bete in der Hand hielt«, beginnt sie die Erzählung. Das Mädchen – damals etwa fünfzehn Jahre alt und, wie Carole sagt, »ein Grufti« – trug stundenlang diese Rote Bete mit sich herum, die sie am Morgen geerntet hatte, und zeigte sie ihren Freunden. »Das hat mir den Tag versüßt«, sagt Carole und sieht mit einem Lächeln hinter ihrer Maske zu mir auf.

Wir sind auf dem Weg zu dem ersten Gemeinschaftsgarten, den Carole entdeckt hat – und dem ersten, in dem sie gearbeitet hat. Es ist ein hübsches kleines Gelände, offensichtlich sehr beliebt, mit einem Teich und niedrigen Backsteinmauern. Ein gepflasterter Pfad führt zu einer Holzlaube. Anonyme und glänzende moderne Wohnblocks ragen auf drei von vier Seiten in die Höhe; auf der letzten Seite befindet sich ein rotes Backsteingebäude mit Maisonettewohnungen, in dem früher Caroles Großeltern lebten. Als sie diesen Ort vor fünfzehn Jahren entdeckte, standen dort die letzten Fertighäuser im Zentrum Londons, insgesamt vier. Sie wurden von den Leuten besetzt, die später den gemeinnützigen Verein Bankside Open Spaces Trust gründeten. Hier haben sie den »Diversity Garden« angelegt, mit finanzieller Unterstützung der Bengali Women's Group. »Deshalb haben Mrs. Begum und einige der ursprünglichen Gründungsmitglieder des Bankside Open Spaces Trust hier immer noch Hochbeete.« Carole war aus einem Frauenwohnheim in Lewisham in die Gegend gezogen, und als sie an dem Garten vorbeilief, kam sie mit einer der Frauen, die dort arbeiteten, ins Gespräch. »Sie fragte: ›Hast du Lust auf ein Hochbeet?‹, und das war mein Einstieg ins Community-Gärtnern.« Ein paar Jahre lang kümmerte sie sich zusammen mit ihrem Neffen um ihre Parzelle. Als der Bankside Open Spaces Trust einen Job in einem Gemeinschaftsgarten ausschrieb, bewarb sich Carole und wurde genommen. »Und seitdem kümmere ich mich um gemeinschaftliche Grünflächen«, sagt sie.

Carole hat schon immer auf irgendeine Art Gemeinwesenarbeit geleistet, erklärt sie. Vor dem Diversity Garden engagierte sie sich für Angell Town, die berüchtigte soziale

Wohnsiedlung in Brixton, die dank des unermüdlichen Einsatzes von Dora Boatemah 2001 saniert wurde. »Ich bin einfach in ihrem Büro aufgetaucht und habe gefragt, ob ich ihre Arbeit fotografieren darf«, erklärt Carole. In den folgenden sieben Jahren verfolgte Carole den Kampf und den Wandel in der Siedlung, die ihrem Elternhaus gegenüberliegt und auf die ich von meinem Wohnzimmerfenster aus blicke. Sie sagt, Dora habe ihren Wunsch, etwas für die Gemeinschaft zu tun, gefestigt.

Seit ich Carole zum ersten Mal begegnet war, hatte ich damit gerechnet, dass sie die zügellose Gentrifizierung kritisieren würde, die das Viertel, das sie geprägt hat, von Grund auf verändert. Als weiße Frau aus der Mittelschicht, die woanders aufgewachsen ist, bin ich Teil des Problems; ich bin bereit, mir ihre Gedanken dazu anzuhören, auch wenn ich weiß, dass ich nichts zu meiner Verteidigung vorzubringen habe. Ich empfinde tiefe Schuldgefühle für das, was Leute wie ich mit den Gegenden anstellen, die die Menschen, die schon vorher hier gelebt haben, als ihre Heimat betrachten.

Doch als das Thema Gentrifizierung schließlich zur Sprache kommt, gibt Carole Margaret Thatcher die Schuld: Caroles eigene Mutter kaufte das Haus, das ehemals zum sozialen Wohnungsbestand gehörte. »Sie hat darauf beharrt, dass sie kein Eigentum besitzen wollte, aber mittlerweile hat sie zwei, denn es war eine gute Gelegenheit. Man muss realistisch sein.« Dann schwenkt sie wieder auf den Diversity Garden um, an dessen Rand wir immer noch stehen. Seine Ursprünge sind in ihr verankert; sie war auf der Beerdigung des letzten Fertighausbewohners, der hier lebte, und hat sein Grab vor ein paar Monaten auf einem ihrer ausgedehnten Spaziergänge besucht. »Heutzutage hätte die Stadtverwaltung ihnen nicht mehr so viel Platz zugeteilt«, sagt Carole; vor einigen Jahrzehnten war Bankside noch nicht die begehrte Gegend mit Nobelhotels und Apartments am Flussufer, die sie heute ist. »Gut gemacht«, sagt sie abschließend, »gut, dass sie bei den Verhandlungen nicht nachgegeben haben.«

Ich frage Carole, woher ihr unermüdlicher Wille komme, für Grünflächen zu kämpfen – in einer Stadt, die so versessen darauf ist, endlos zu bauen, zu erweitern und zu verkaufen. Sie antwortet, ihr Vater sei »ein echter Aktivist« gewesen und habe mit Steve Biko, dem Widerstandskämpfer gegen die Apartheid, zusammengelebt. »Ich brauche nicht lange nachzuforschen, um zu verstehen, woher meine Einstellung, die Dinge anzupacken, kommt«, sagt sie. Aber Carole hat diesen Aktivismus schon seit Langem zu ihrem eigenen gemacht. Sie hat vielschichtige Ansichten zum sozialen Wohnungsbau. »Warum glaubst du, dass du weniger wert bist, weil du hier wohnst?«, fragt sie. »Aber umgekehrt – warum sollen die Leute einem einfach alles schenken? Warum erwartet man nicht nur, dass ich meinen Einsatz und meine Zeit zur Verfügung stelle, sondern warum glaubt jemand, dass Peabody einem etwas schuldet? Das ist eine sehr patriarchalische Sichtweise.« Trotz all ihrer Bemühungen um die Landschaftsgestaltung gibt Carole zu, dass die Siedlung eine Herausforderung darstellen kann – es gibt Menschen, die frühmorgens schreien, und in einigen Gebäuden wohnen Leute, die ihr Angst einjagen: »Da schmeiße ich nur schnell mein Flugblatt ein und verschwinde sofort wieder.« Caroles Arbeit, den Spielplatz zu verschönern und neue Bäume zu pflanzen, ist Teil eines umfassenderen, sehr praktischen Ziels: »Wir alle müssen uns diesen Raum teilen. Also, wie gestalten wir ihn? Wie können wir hier miteinander auskommen? Welche kleinen Sachen können wir tun, die uns zugutekommen, ohne eine Erlaubnis einholen zu müssen?«

Sie beschreibt ihre Entschlossenheit. »In mir lodert einfach dieses kleine Feuer und sagt: ›Das lasse ich mir nicht bieten, wie soll das funktionieren? Nee, das ist nicht in Ordnung, wir müssen etwas unternehmen‹«, erklärt sie lachend. »Wir müssen die Dinge verbessern. Wir dürfen uns nie mit etwas Zweitklassigem zufriedengeben.« Der Sinn dieses Feuers, erklärt Carole, liege darin, dass es auf andere überspringt und sich ausbreitet: Sie will, dass die Menschen der Gemeinschaft etwas zurückgeben; die Leute sollen den gemeinsamen Lebensraum verschönern und wissen, dass sie sich aufeinander verlassen können. »Ich bin voller Tatendrang. Aber ich setze die Sache nur in Gang, und dann muss ich weiterziehen und sie anderen überlassen. Die Frage ist, was die jungen Leute, die mit mir arbeiten, durch diesen Prozess gewinnen werden. Denn ich weiß, was ich dabei gewinne. Ich habe vor, mich Schritt für Schritt zurückziehen.«

Wir landen wieder dort, wo wir angefangen haben, im Gemeinschaftsgarten am Rand von Caroles Wohnsiedlung. Weitere Umgestaltungen sind in Planung: neue Bänke, bessere Bepflanzung, ein Ausstellungsbereich in der Nähe der Obstbäume. »Das ist es, was mich wirklich antreibt«, sagt sie. »Wenn ich durch dieses Tor reinkomme und weiß, dass das hier früher bloß eine Asphaltfläche war, mit etwas Erde dort drüben und einer kahlen Mauer. Und sieh es dir an, es ist wunderschön«, fordert sie mich auf. Ich schaue es mir an und kann ihr nicht widersprechen.

In diese Art von Gärten habe ich mich schon vor Jahren verliebt, in die Gärten, die mir wie eine Sprache erschienen, die ich lernen wollte. Die Gärten, die in Teamarbeit aus Holzpaletten und Milchflaschen zusammengeschustert worden sind, die Balkone voller Blumentöpfe, die stolzen Blumenkästen, die einen Wohnblock zum Leuchten bringen, als wären sie eine Schicht roter Lippenstiftfarbe. Auch jetzt mag ich sie noch am liebsten. Ich kenne mich nach wie vor nicht gut mit den berühmten Gartenanlagen aus, die von Aristokraten gepflegt und mit der Beute des Empire bestückt wurden, um ihre Landsitze zu schmücken, aber ich kann von der baumhohen Duftpelargonie in einem Vorgarten um die Ecke erzählen; von den Maiglöckchen, die ein Guerillagärtner in die Beete meiner früheren Wohnsiedlung geschmuggelt hat; von den winzigen, in Parklücken gequetschten Gemeinschaftsgärten im Süden Londons. Ich erkenne Geschichten in diesen Gärten, in den mit Gräsern und Zierlauch gefüllten Metallkästen; dort, wo einst nur Pflaster war, sehe ich guten Willen und Hoffnung.

Nachdem wir hierhergezogen waren, erstellte ich anhand der Vorgärten in unserer Straße eine mentale Karte unserer neuen Nachbarschaft, bewunderte die Blumenkübel am Ende der Straße, in denen Kohl, Ranken und Dahlien wuchsen, und die vorwitzigen Gartenmelden, die sich unter dem Eingangstor hindurchschlängelten und selbst im tiefsten Dezember noch blühten. Ich entdeckte den Gemeinschaftsgarten, der neben dem Myatt's Fields Park versteckt liegt. Ich unterhielt mich mit Nachbarn, die Kübel mit Setzlingen und Optimismus bepflanzten, und nahm ihnen eine überzählige Zucchinipflanze ab, mit dem Versprechen, meinerseits Ableger weiterzuverschenken. Ich überlegte, ob ich das sonnenverwöhnte Grundstück vor dem Haus jemandem überlassen sollte, der es pflegte – meine eigene Art zu teilen, jemandem einen Platz anzubieten, der keinen hat –, aber ich ließ mich von Nachbarrechtsgesetzen und der Sorge über die vorbeifahrenden Autos abhalten. Alles fühlte sich ziemlich umständlich und kleinbürgerlich an: ein Einstiegslevel im verantwortungsvollen Gärtnern. Es erschien mir nicht annähernd radikal genug.

*

Es ist ein ruhiger, grauer Tag in North Norfolk, und ich blicke auf saubere bauschige Reihen, die sich bis zum Horizont erstrecken. Dies ist eine Blumenfarm, mit einem knappen halben Hektar nach den meisten Maßstäben bescheiden, aber dennoch Teil einer Revolution. Die Blumen – zu dieser Jahreszeit sieht man hohe Stängel der tiefroten *Sanguisorba*, auberginefarbene Skabiosen und Strahlenkränze aus hellrosa Scheinsonnenhüten – werden auf nachhaltige Weise angebaut, wobei besonders auf Wassereffizienz und den Verzicht auf Chemikalien geachtet wird. Einer Studie von Rebecca Swinn von der Lancaster University zufolge verursacht der Anbau eines Straußes dieser Blumen nur fünf Prozent der $CO_2$ -Emissionen eines Straußes aus industriell oder im Ausland angebauten Blumen, wie es bei der überwiegenden Mehrheit der hierzulande gekauften Schnittblumen der Fall ist. Blumen und Blumenanbau haben Auswirkungen auf die Umwelt, über die die meisten ihrer Bewunderer entsetzt wären: Ein Strauß aus fünf importierten holländischen Rosen, drei holländischen Lilien und drei Stielen Schleierkraut aus Kenia (eine der Hauptquellen für Schnittblumen, die in unseren Haushalten landen) weist eine $CO_2$-Bilanz von zweiunddreißig Kilogramm auf – mehr als die Hälfte eines Economy-Flugs pro Person von London nach Paris. Darüber hinaus hatte die Branche lange Zeit den Ruf, ein reines Hobby zu sein – eine nette Beschäftigung für müßige Damen. Diese Annahme bewegt sich in den trüben Gewässern zwischen Fakten und Meinungen; wie jede Art der Landwirtschaft ist auch der Blumenanbau harte Arbeit. Aber die meisten Blumenkleinerzeugerinnen, die bei Flowers from the Farm, Großbritanniens wichtigstem Blumenzüchterverband, registriert sind, besitzen das Land, auf dem sie anbauen, wodurch der Druck verringert wird, mit ihrer Ernte Gewinn zu machen.

Das ist Cels Farm. Sie baut hier seit 2013 auf gepachtetem Land an. Cel ist klein, fröhlich und kräftig. Ich entdecke sie am Rand der Landstraße, die um das Grundstück herumführt, von wo sie mich herbeiwinkt. Sie trägt eine Arbeitsjacke, ihre dichten Locken sind auf Höhe der Wangenknochen gestutzt. Neben ihrem Kopf weist ein Schild auf Erdbeeren hin, ein Überbleibsel aus der Zeit, als auf diesem Grundstück noch Bioobst für die schickeren Hotels entlang der nahe gelegenen Küste angebaut wurde, was mittlerweile Jahrzehnte zurückliegt. Der Hof bildet ein adrettes, von Bäumen umrahmtes Rechteck. Man betritt ihn durch Cels hübschen dunkelblau gestrichenen Arbeitsschuppen, an dessen Seite ein elegant rostiges Schild mit einem Zitat von Monet prangt: »Ich brauche Blumen, immer, immer.« Es gibt einen Arbeitsbereich, wo die Schnittblumen und die Aussaat vorbereitet werden, und daneben eine kleinere, offenere Plattform mit einem Tisch und Stühlen, wo wir Platz nehmen. Im Hintergrund plärrt das Radio, bis Cel es ausschaltet und mir ein Getränk reicht. Farbenprächtige, in braunes Papier eingeschlagene Blumensträuße und Lavendelbüschel stehen in Eimern auf dem Boden; von der Decke hängen Wolfsmilch und noch mehr Lavendel. Die Luft ist erfüllt von jenem reinen, guten Geruch nach Blütenstaub und frisch geschnittenen Stängeln.

Cel ist in East London aufgewachsen, was man immer noch leicht an ihrer Aussprache hört. Sie stand kurz vor ihrem Schulabschluss, als die Arbeiten an der Verbindungsstraße M11 begannen, »zehn Minuten von dem Ort entfernt, an dem meine Eltern lebten, und direkt neben dem Schulhof meiner Highschool«. Anfang der Neunzigerjahre führte die Baustelle zu Straßenprotesten. Cels Vater ist Guyaner, ihre Mutter kommt aus dem Norden Londons. Sie sagt, als Kind sei sie nicht viel mit der Natur in Berührung gekommen. »Wir gingen nicht im Wald spazieren, weil es in der Nähe keinen gab, wir hatten kein Auto und kein Geld, um Tagesausflüge zu machen«, aber die Begegnung mit den Umweltschützern vor ihrer Haustür »öffnete mir die Augen für eine mir bis dahin unbekannte Welt«. Es war die Welt des Nahrungsanbaus und der regionalen Lebensmittelsysteme. »Damals gab es in den Supermärkten so gut wie keine Bioprodukte zu kaufen«, sagt sie. »Ich habe einfach eine Menge neue Erfahrungen gemacht.«

Und sie wurde von ihren Eltern »gedrängt, ein Studium aufzunehmen«, an der Universität Kunstgeschichte zu studieren, anstatt eine Kunstschule zu besuchen, so wie sie es wollte. »Von mir wurde immer erwartet, dass ich auf die Universität gehe«, erklärt Cel. »Aber als ich dann dort war, fühlte es sich vollkommen künstlich an. Mir kam das alles wie Zeitverschwendung vor. Also habe ich das Studium abgebrochen, was schrecklich war, und bin abgehauen, um auf einem Biobauernhof in Kent zu leben.« Der Anbau von Lebensmitteln war für sie besonders interessant, denn, so sagt sie leise: »Als ich jünger war, gab es Zeiten, in denen wir Hunger gelitten haben. Und ich glaube, damals habe ich unter anderem gedacht: *Warum* sollte jemand Hunger leiden? Wir haben doch so viel freie Fläche in diesem Land. Niemand sollte Hunger leiden müssen. Niemand«, wiederholt sie, »sollte Hunger leiden müssen.«

Diesen ganzen Prozess, »die Samen tatsächlich in die Hand zu nehmen und in die Erde zu bringen, die Pflanzen zu pflegen und sich dann davon zu ernähren, diesen ganzen Prozess fand ich einfach faszinierend«. Cel studierte schließlich Gartengestaltung und ökologischen Gartenbau, besuchte zum ersten Mal öffentliche Gartenanlagen und arbeitete bei der Chelsea Flower Show ehrenamtlich an einem Stand. »Damit habe ich mir eine völlig neue Welt erschlossen.« Bei dem Studiengang über ökologischen Gartenbau lernte sie zudem ihren Mann kennen. »Und all die Jahre später sind wir immer noch zusammen – er sagt immer, ich hätte Pech gehabt, in seinem Collegejahrgang gelandet zu sein!«, sagt sie mit einem liebevollen Lachen.

Die Geburt ihrer Kinder war der Auftakt zu Campingurlauben und Waldspaziergängen sowie zur Gründung einer Firma für Gartengestaltung und eines Unternehmens für Landschaftsbau. Ihnen wurde klar, dass sie ihre Kinder nicht in London aufwachsen lassen wollte, und sie zogen nach North Norfolk, wo sie schon immer gern Urlaub gemacht hatten. Eigentlich, so sagt Cel, wollten sie dadurch ihr Leben vereinfachen, aber ihr Mann pendelte noch jahrelang nach London, während Cel in einem örtlichen Gartencenter so viel Arbeit wie möglich annahm. Als sie den Hof pachteten, war er völlig verfallen. Es folgten achtzehn Monate zermürbender Arbeit: Tagsüber reinigte, düngte und bepflanzte Cel die überwucherten Beete, nachts räumte sie bei Tesco Regale ein. An den Wochenenden brachten Cel und ihr Mann die Blumen, die sie angebaut hatte, zu Bauernmärkten auf beiden Seiten Londons. Ich merke an, dass sie durchgehend erschöpft gewesen sein musste. »Ja, das war eine Menge Arbeit«, sagt sie schlicht.

Cel führt mich über die Blumenfarm. Vom Arbeitsschuppen aus gesehen ist das Feld wunderschön: weiche Reihen aus Farbe, über denen Insekten schwirren. Aus der Nähe wirkt es eher wie ein Maschinenraum; es gibt Laufstege und Pfosten, die Parzellen sind nach Jahreszeit und Bedarf getrennt. Für die Farm hatten sie von Anfang an einen Plan: innerhalb von fünf Jahren Produkte im Großhandel zu verkaufen – hauptsächlich an lokale Blumenläden. Außerdem wollen sie irgendwann Eigentümer des Lands sein, auf dem sie anbauen. Aber das, woran sie beteiligt ist und wonach sie strebt, geht weit über diese Fläche von einem halben Hektar hinaus. »Die globale Blumenanbauindustrie richtet verheerenden Schaden an, nicht nur in der Natur, sondern auch bei den Menschen«, erklärt Cel ruhig. »Dabei geht es nicht nur darum, wie die Menschen behandelt werden, sondern auch darum, welchen Chemikalien sie ausgesetzt sind. Und wenn man dann die weiteren Auswirkungen dieses weltweiten Handels bedenkt – der $CO_2$-Fußabdruck ist unglaublich und hat langfristige Auswirkungen auf unsere Zukunft.« Sie hält inne. »Es muss eine nachhaltige Alternative geben. Wir werden immer Blumen kaufen. Wer eine nachhaltige Alternative sucht, muss sich an die kleinen lokalen Erzeuger wenden, die saisonale, umweltverträglich angebaute Blumen anbieten, die nicht mit Chemikalien getränkt sind und außerdem die lokale Artenvielfalt erhalten. Das ist unser Ziel für die Zukunft. Aber das geht nur, wenn es sich auch rentiert. Denn wir leben nun mal in einer kapitalistischen Gesellschaft, und um ein solches Unternehmen betreiben zu können, muss ich Eigentümer des Lands sein, auf dem ich anbaue, was bedeutet, dass ich Geld verdienen muss. Wenn sich dein Betrieb finanziell nicht trägt, kann er sich auf Dauer nicht halten. Und wenn wir nicht auf Dauer hier sind, wer bietet dann eine nachhaltige Möglichkeit?«

Ich frage Cel, was sie, abgesehen von diesem Entschluss, antreibt. Es ist keine einfache Art, seinen Lebensunterhalt zu verdienen: Was hält sie davon ab aufzugeben? »Ich möchte einfach nur Pflanzen anbauen«, sagt sie. »Ich sehe mich wirklich als Erzeugerin. Ich bin keine Floristin. Ich mache keine Floristik, ich habe kein Interesse daran, Blumenarrangements zu gestalten. Ich will Pflanzen anbauen. Ich mag es, wenn die Ernte reif ist. Ich gehe einfach gern dazwischen hindurch. Ich schneide ein paar Blumen ab und schnüre sie zu Zehnerbündeln, sie verlassen den Laden, und ich werde bezahlt. Und dann kann ich einfach weiter anbauen.« Sie hält einen Moment inne, und ihre runden Wangen heben sich: »Ich finde Molche im Kompost und muss sie umsiedeln. Ich schneide den Lavendel. Und dabei kann ich mir einfach eine Minute Zeit nehmen, um durchzuatmen und die Sonne auf meinem Gesicht zu spüren. Das könnte ich nicht, wenn ich an einer Kasse oder in einem Büro säße. Ich will draußen sein und das tun. Und ich muss mich an diese Vorstellung klammern, mit dem Lavendel in der Sonne zu sitzen, wenn mitten im Januar der Wind heult und wenn sich der Regen auf meinem Gesicht wie Eis anfühlt. Und wenn ich karrenweise Kompost auf die Erde wuchte, um sie zu mulchen. Ich bin selbst an einem eiskalten Wintertag lieber draußen als in einem Büro.«

*

Ich hatte versucht, diejenigen Frauen, die gärtnern, um die Welt zu verbessern, in eine Schublade zu stecken, die grob mit »politisch« oder »sozial verantwortlich« beschriftet werden kann; ich hatte mit meiner eigenen Kurzsichtigkeit gerungen und mit dem, was mich selbst zum Gärtnern antrieb. In Zeiten der Klimakrise und der Bürgerrechtsbewegungen, in denen die Privilegien des Gärtnerns so offenkundig hervortreten, erschien mir alles, was ich in meinem Garten tat, naiv, wie ein Luxus. Ich vermute, ich wollte etwas von den Frauen hören, die gärtnerten, weil sie darin eine Möglichkeit sahen, größere gesellschaftliche Strukturen infrage zu stellen. Ich dachte, das sei der Impuls dahinter: dass die Hinwendung zum Boden einen Wandel an der Basis ermöglicht. Stattdessen stellte ich fest, dass ein Verlangen dahintersteckte. Das Verlangen, sich verantwortungsvoller zu verhalten, die Umstände zu verbessern, der Erde die Nährstoffe zurückzugeben, die der Mensch ihr entzogen hat, geschützte Bereiche zu schaffen, um in einer Welt, die so viel Wut und Gewalt erzeugt, Veränderungen anzustoßen. Aber dieses Verlangen entstand auch aus dem Bedürfnis heraus, im Freien zu sein und mit der Erde in Kontakt zu treten. Uns auf den Boden zu begeben und mitten hinein, nachdem wir so lange achtlos darauf herumgetrampelt sind. Wenn wir innehalten und aufmerksam wahrnehmen, erkennen wir, was wir haben – und ab diesem Moment wird es viel schwieriger, nicht für dessen Erhalt zu kämpfen. Alles führt immer wieder zur Erde zurück.

Ich fahre nach Kent, um Sui zu besuchen, eine Gärtnerin, Schriftstellerin und Künstlerin. Sui hat in den letzten Jahren einen neuen Weg eingeschlagen, um die Natur, die sie so liebt, für ausgegrenzte Menschen zugänglicher zu machen. Sie startete den Instagram-Account »Decolonise the Garden«, um auf die Altlasten des Kolonialismus im britischen Gärtnerwesen und in der Gartenbauindustrie aufmerksam zu machen. Sie spricht auf Podiumsdiskussionen und bei Veranstaltungen, setzt sich für die Belange von Randgruppen ein und prangert den mangelnden Elan vieler großer Gartenbau- und Kulturerbeeinrichtungen an, Diversität zu fördern. Ich habe viel durch Suis Arbeit gelernt und möchte mit ihr darüber sprechen, und zwar nicht nur über den Bildschirm meines Handys oder in einem Onlineseminar. Wir sitzen auf ihrer Terrasse, und während sie spricht, koste ich die frischen Magnolienblüten, die sie vor Kurzem eingelegt hat, und spüre die sanfte Tiefe des Brennnesseltees in meiner Speiseröhre.

»Für mich ist die Freude an Pflanzen, am Anbau und an der Gartenarbeit wie Essen oder Musik«, sagt sie. »Sie ist uns einfach angeboren, schon seit Anbeginn der Menschheit. Die Vorstellung, dass sich nur bestimmte Menschen dafür begeistern können, basierend auf einem nicht haltbaren Rassenkonstrukt, macht mich völlig sprachlos. Es haut mich jedes Mal um.«

Wir sprechen über *race*, über Rassismus, über die Strukturen, in denen wir leben, und darüber, wie diese Dinge für verschiedene Menschen auf unterschiedliche Weise mit der Außenwelt interagieren. »Ich kann mir nicht vorstellen, wie es ist, rauszugehen und herumzulaufen, ohne die leiseste Ahnung zu haben, wie es sich anfühlt, wenn jemand deine Hautfarbe bemerkt«, sagt sie ruhig. »Oder dass man sich fragt, was du dort willst, oder davon ausgeht, dass Englisch nicht deine Muttersprache ist ... all diese Dinge, die aus Vermutungen aufgrund deines Aussehens entstehen. Ich kann mir nicht vorstellen, wie es sich anfühlt, das nie erlebt zu haben oder nicht zu wissen, wie sich das anfühlt.« Sui erzählt mir das nicht aus Mitleid, sondern um es mir zu erklären: Als Person of Color hat sie nie erfahren, wie es ist, sich durch die Welt zu bewegen, besonders durch das ländliche England, ohne als anders wahrgenommen zu werden – etwas, worüber ich mir glücklicherweise nie Sorgen machen musste.

Fast direkt nach ihrem Umzug hierher vor sieben Jahren beschloss Sui, in ihrem Garten behutsam vorzugehen. Es ist ein wunderschönes Grundstück, das dazu einlädt, darin umherzuschlendern. Purpurne Kamelienblüten verblassen auf dem Rasen zu Rosa und dann zu Senffarben; eine Handvoll Narzissen blüht unter einem dahinschwindenden alten Magnolienbaum, dessen rötliche Blüten kürzlich vom Frost überrascht wurden. Als Sui und ihr

Mann den Garten übernahmen, war er von seinen beiden Vorgängern zwar gewissenhaft gepflegt, aber wenig geliebt worden. Sie entdeckte Giersch und Adlerfarne, die kühnen Ausläufer der Gewöhnlichen Goldnessel – hartnäckige Pflanzen, die oft als Unkraut angesehen werden. »Ich dachte mir: Entweder mache ich mich verrückt, indem ich versuche, dieses Zeug in den Griff zu bekommen, und es so behandle, als müsste ich es ausrotten, oder ich kann einfach drum herumgärtnern und damit leben«, erzählt Sui, während sie mich zwischen den Bäumen hindurchführt, um die Lorbeeren herum und an den Komposthaufen dahinter vorbei. Vogelgezwitscher erfüllt die Luft. »Ich wusste, dass ich diese Schlacht nie gewinnen würde, also beschloss ich, mich einfach damit abzufinden.«

Ihr Pragmatismus führte zu einem neuen Verständnis von Schönheit. Vor ein paar Jahren beschloss sie, den Rasen nicht mehr zu mähen – eine Aufgabe, die den größten Teil eines Tages in Anspruch nahm –, und stattdessen nur noch Pfade auf der Rasenfläche zu schaffen. Es war ein Akt des Widerstands gegen das, was Sui als »dieses überwältigende Bedürfnis oder den Drang, etwas zu *tun*« bezeichnet. Anstatt ständig den Rasen zu mähen, beschloss sie, es nur noch einmal im Jahr zu tun; »ihn so zu belassen und zu genießen«. Bald wuchsen auf der Wiese Knabenkräuter, Glühwürmchen schwebten in der Sommerdämmerung, Blindschleichen tauchten auf. Dieser Garten, sagt Sui, besticht nicht auf den ersten Blick, aber es zahlt sich aus, ihn täglich zu beobachten. »Das Schöne daran, Zugang zu einem solchen Garten zu haben, ist, dass man ihn das ganze Jahr über betrachten kann, in jedem Licht und wenn die Gräser leuchten«, sagt sie. »Ich glaube, eine solche Beziehung lässt sich nicht in vereinzelten kurzen Momenten herstellen.«

Sui hat ein offenes Gesicht, trägt einen gepflegten dunklen Bob und spricht mit ruhiger und wohlüberlegter Überzeugung, wenn sie nicht gerade sanft ihre Hunde schilt, die wegen meiner Ankunft aufgeregt sind. Sie sieht ihre Rolle hier nicht als Besitzerin oder Bewohnerin, sondern als Hüterin – der Garten umgibt ihr Haus, dessen ältester Teil aus den 1750er-Jahren stammt. »Die Menschen haben diesen Boden seit Jahrhunderten bearbeitet. Ich hatte immer das Gefühl, hier nur auf der Durchreise zu sein. Ich kümmere mich nur um diesen Ort, erfreue mich daran und werde ihn hoffentlich gut behandeln, so lange ich hier bin.«

Dieses Vermächtnis fortzuführen – sich um das Land zu kümmern, zu gärtnern –, war etwas, das sie für sich entdeckte, nachdem sie ihren Bürojob in London aufgegeben, sich beruflich umorientiert und eine Ausbildung zur Gärtnerin gemacht hatte. Nach der Ausbildung erhielt sie zeitlich begrenzte Arbeitsverträge auf herrschaftlichen Anwesen und in gepflegten Ferienhäusern; eine Zeit lang arbeitete sie im Windsor Great Park und wohnte in einem Arbeiter-Cottage auf dem Gelände. »Dabei wurde mir klar, dass man eigentlich nicht viel braucht«, sagt sie. »Ich wohnte in diesem winzigen Häuschen, und es war der schönste Ort, an dem ich je gelebt habe. Ich hatte Zugang zu unglaublicher Schönheit.«

Als Kinder hatten Sui und ihr Bruder das Dorf in Lincolnshire erkundet, in dem sie aufgewachsen waren. »Wir schnallten uns unsere Gürteltaschen um, nahmen einen Notizblock und einen Stift mit und jagten Schmetterlingen nach«, erzählt sie mir. Dadurch gewann sie eine starke

Verbindung zur Tierwelt, wenn auch noch kein wissenschaftliches Verständnis. Die Familie ihrer Mutter hatte in Hongkong einen Bauernhof bewirtschaftet, aber nachdem ihre Eltern nach England übergesiedelt waren, arbeiteten sie dort in chinesischen Restaurants und Take-aways; ihre Schichten ließen ihnen nicht viel Zeit, um sich um den kleinen Vorgarten der Familie zu kümmern. »Ich kann nicht behaupten, in einer Familie aufgewachsen zu sein, in der alle gegärtnert haben, denn das war nicht so«, sagt sie schlicht. »Mich ärgert es dermaßen, wenn die Leute sagen: ›People of Color mögen keine Gartenarbeit‹, denn viele von ihnen können sich den Luxus nicht leisten zu gärtnern, zumal sie ja oft nicht einmal einen Garten haben.« Was sie zu ihrer Umschulung bewogen hat, erzählt sie mir, war weniger der Wunsch zu gärtnern als vielmehr die Sehnsucht nach einer sinnerfüllten Tätigkeit. Die entscheidende Wende kam, als sie auf ihrer Terrasse in London einen Stieglitz sah und weder ihn noch die Gräser benennen konnte, auf denen er gelandet war. »Ich dachte: Wie kann ich nicht wissen, was das ist? Ich fand einfach, dass ich mehr davon in meinem Leben brauchte.«

Suis Engagement für soziale Gerechtigkeit ging ihrer Gartenarbeit nicht voraus, und auch ihre Einstellung zu ihrem Garten hat sich im Laufe der Zeit verändert. Sie haben sich wechselseitig beeinflusst. Sui hatte schon immer ihre eigene Meinung, erzählt sie mir, und ein klares und ausgeprägtes Gespür für ihre Überzeugungen, aber mittlerweile fühlt sie sich auch in der Lage, diese zu artikulieren. »Du kannst von etwas fest überzeugt sein, aber dann kommt dir jemand blöd, und du weißt nicht, wie du reagieren sollst«, sagt sie. »Und ich glaube, jetzt kann ich differenzieren. Ich kenne die Worte, ich habe die Worte, ich verstehe, was da passiert, und ich lasse mich nicht mehr herumschubsen. Und das stärkt mich ungemein.«

Sui und ich unterhalten uns mehrere Stunden lang, bis in den späten Nachmittag hinein und über das Piepsen der Kohlmeisen hinweg. Bevor ich mich auf den Weg mache, um mich in den Freitagabendverkehr auf der M25 einzufädeln, stellt sie eine unsichtbare Verbindungslinie zwischen uns her. Wir beide sind auf dem Land aufgewachsen, haben als Kinder nicht viel gegärtnert und uns dann in unseren Zwanzigern dem Erdboden zugewandt, stellt sie fest. »Es gibt etwas in uns, was diese Verbindung sucht«, sagt Sui. »Es steckt einfach in uns. Und ich glaube, das gilt für die meisten Menschen, nur dass man nicht immer die Möglichkeit hat, die Schichten abzuziehen, um es zu entdecken.« Während ihrer Kindheit hat sie viele belastende Situationen erlebt, sagt sie. »Ich hatte immer das Gefühl, dass ich Frieden brauche. Die Gartenarbeit und das Leben in der Natur vermitteln mir diesen Frieden wie nichts anderes: Einer der Vorteile ist, dass es keine Menschen gibt, keine Urteile.« Wie nah Frieden und Politik beieinanderliegen können – wie sehr die Menschen sie trennen wollen. Suis Garten treibt sie zu Aktivität an, aber das schließt nicht aus, dass er gleichzeitig ihr Rückzugsort ist.

Die Dinge, die uns zu dem gemacht haben, was wir sind – wo wir als Kinder gespielt haben, wer uns Geschichten erzählt hat, die Strecken, die unsere Familien zurückgelegt haben, um uns an einem bestimmten Ort aufzuziehen –, kommen in unseren Gärten zum Vorschein. Carole gärtnert für ihre Gemeinschaft, aber der Keim dafür wurde durch die Geschichten gelegt, die ihre Mutter ihr erzählte, und durch den Aktivismus ihres Vaters. Jetzt, wo Suis Eltern im Ruhestand sind, gärtnern sie ebenfalls, aber da sie es während Suis Kindheit nicht tun konnten, hat sie ihren eigenen Weg zur Natur gefunden. Selbst wenn die Menschen, die uns großziehen, uns das Gärtnern nicht beibringen können, begegnen wir ihnen manchmal, wenn wir das Land selbst entdecken.

Ich begann zu verstehen, was für ein Privileg ich genoss – bei der Gartenarbeit, beim Spaziergang durch den Park und bei meiner Sehnsucht nach einem weiteren Himmel –, aber mir war immer noch nicht klar, wie sich meine Herkunft auf meine Begeisterung für den Boden ausgewirkt hat. Vielleicht würde ich es herausfinden, wenn ich versuchte, meine Spuren zurückzuverfolgen.

# 9

## *Brockley*

Menschen, die aus eigenem Antrieb gärtnern, ohne sich auf das Wissen von Verwandten oder Freunden zu stützen, sind eine Seltenheit. Bei den meisten von uns, die Pflanzen kultivieren, ist das Interesse an jemand anderen geknüpft, häufig an eine ältere Person, die uns zeigt, was wir tun müssen. Die überwiegende Mehrheit der Frauen, die ich interviewt habe, gab als Antwort auf die Frage: »Was hat dich zum Gärtnern gebracht?« ihre Mutter oder ihre Großeltern an. Bei meinen Gesprächen wurde oft Platz für Verstorbene geschaffen – für die Großeltern und Eltern, für geliebte Tanten und manchmal auch Schwestern: ältere Personen, die ihre erworbenen Kenntnisse weitergegeben hatten – und damit ihre Leidenschaft für das Gärtnern. Die Lektionen waren oft informeller Natur – ein Rundgang durch den Garten an der Hand der Großeltern, ein erster Biss in frisch geerntetes Gemüse, der Duft von Schnittblumen auf dem Küchentisch –, aber sie reichten aus, um eine Erinnerung zu schaffen, der wir im Erwachsenenalter nachspürten. »Die Großmutter eines Gärtners hat diese oder jene Rose gezüchtet, und der Duft dieser Rose in der Abenddämmerung (denn Blumen scheinen gegen Ende des Tages immer am stärksten zu duften, als wäre das Duften das Letzte, was sie vor dem Schlafengehen tun), wenn der Gärtner seiner Großmutter als Kind bei der Gartenarbeit über die Schulter schaute – die Erinnerung an den Duft dieser Rose zusammen mit der Erinnerung an den Geruch des Rocks seiner Großmutter wird das Leben eines Gärtners für immer beseelen und beeinflussen, egal ob innerhalb oder außerhalb des Gartens«, schreibt Jamaica Kincaid in ihrem Essay »The Garden I Have in Mind«. »Die Erinnerung ist die wahre Palette eines Gärtners; die Erinnerung, die die Vergangenheit heraufbeschwört, die Erinnerung, die die Gegenwart formt, die Erinnerung, die die Zukunft bestimmt.«

Unsere Erinnerungen beseelen unsere Gärten tatsächlich; wir bauen Pflanzen an, um uns an Menschen zu erinnern, um bestimmte Momente in unserem Leben zu markieren. Im Norden Londons sprachen Rhiannon und ich über ihren Garten als einen Ort der Genesung. Ursprünglich hatte ich den Kontakt zu ihr aber wieder aufgenommen, nachdem ich einen Artikel von ihr gelesen hatte, in dem sie berichtete, wie sie sich plötzlich in ihrem Garten an Familienmitglieder erinnert fühlte, die sie nie kennengelernt hatte. Gespenstische Zufälle wie der, als ihr Mann ihr eine preiswerte Rose von der Caledonian Road mitbrachte und es sich dabei um dieselbe seltene Sorte aus den 1960er-Jahren handelte, die ihr Großvater geliebt hatte, stellten die Verbindung zu einem gärtnerischen Erbe her, das sie erst entdeckte, nachdem sie selbst zum Gärtnern gekommen war.

Aber Rhiannon erinnerte sich auch an ihre Großmutter in deren eigenem Garten, eine Frau, die sie als kleines Kind an die Hand nahm und ihr zeigte, was dort wuchs, und sie mit Kompott aus den Äpfeln darin verwöhnte. »Sie wuchs unter sehr schwierigen Bedingungen auf: Sie wurde als illegitimes Kind geboren, wie man es damals nannte, in einem Mutter-Kind-Heim und dann von einer schrecklichen Familie aufgezogen, die sie sehr schlecht behandelte, sodass sie mit vierzehn von zu Hause auszog«, erzählte Rhiannon. »Die Gartenarbeit war für sie vermutlich eine Möglichkeit, mit den schwierigen Gefühlen zurechtzukommen, mit denen sie ihr ganzes Leben lang zu kämpfen hatte. Das Einzige, was sie über ihren Geburtsort wusste, war, dass sie aus Llandaff stammte, und so pflanzte sie die Dahlie ›Bishop of Llandaff‹ als Verbindung zu ihren Wurzeln, nehme ich an.«

In Gärten stoßen wir auf Erinnerungen, aber sie bieten uns auch einen Ort, an dem wir uns selbst verstehen lernen. Diese Verbindungen stelle ich mir schlüpfrig und gewunden vor, ineinander verschlungen. Wie Winden lassen sie sich selbst nach vielen Jahren nur schwer aus den Gärten entfernen, die wir angelegt haben. Im Süden Londons wurde das karge Stück Erde, das Louise umgestalten wollte, von den Rosen im Garten ihrer Großmutter inspiriert, die sie als Kind verzaubert hatten. Für Louise ging es über die bloße Erinnerung hinaus: Sie und ihre Großmutter standen sich sehr nahe, und Louise spürte, dass die ältere Frau etwas an ihrer Enkelin bewunderte, die in den Genuss von Freiheiten kam, die ihrer Generation verwehrt geblieben waren.

Marchelle wiederum besuchte den Botanischen Garten in Cambridge, wenn sie Heimweh hatte und sich nach Halt sehnte. Als Jugendliche hatte sie Trinidad verlassen, um hier zu studieren. Die Pflanzen in den Gewächshäusern waren ihr vertraut; sie genoss es, ihren Duft einzuatmen.

»Die hohe Luftfeuchtigkeit und der Geruch erinnern mich stark an zu Hause«, erzählte sie mir. »Es war einfach etwas, das ich instinktiv tat.« Jahre später, in einem Garten in Somerset, erkannte sie die Spuren ihrer anglophilen Großmutter in den Rosen, die hier viel besser gedeihen als in Trinidad, und fühlte sich mit ihrer chinesischen Großmutter väterlicherseits, die Hühner gehalten hatte, verbunden, indem sie die Gaben des Bodens noch mehr zu schätzen lernte. Obwohl dieser Garten so weit von ihrem Heimatland entfernt war, stellte er dennoch eine Verbindung zu den Frauen her, die sie großgezogen hatten.

Wir müssen nicht mit den Menschen verwandt sein, an die wir in unseren Gärten denken. In North Norfolk saß ich mit der Künstlerin, Schriftstellerin und Musikerin Cosey Fanni Tutti, die als Mitglied der provokativen 1970er-Jahre-Avantgardeband Throbbing Gristle bekannt geworden war, im Garten hinter ihrem Haus. Sie hat schon immer gegärtnert, selbst während sie in einer Gegenkulturkommune in Hackney wohnte, und sprach über die Pflanzen in ihrem Garten – ein ehemaliger Schulhof, den sie vor dreißig Jahren umgestaltet hatte – anhand der Personen, die sie ihr geschenkt hatten: eine rosafarbene Rose, benannt nach ihrer verstorbenen Nachbarin Barbara, weitere Rosen von einem Freund namens Les, eine Klematis von ihrer Schwester und Storchschnabel von einer Frau, die sie während eines Krankenhausaufenthalts kennengelernt hatte.

Als ich mit Mitte zwanzig zu gärtnern begann, dachte ich an meine Großväter. Ihre Gärten waren mir aus meiner Kindheit am stärksten in Erinnerung geblieben, auch wenn ich viel mehr Zeit in dem Garten verbracht hatte, den meine Eltern bepflanzten. Als meine Großmütter starben, war ich noch jung, und in den Jahren seither habe ich anhand von Erinnerungen und Hinterlassenschaften – Kleider, Postkarten und Fotos – versucht, mir ein Bild von den Frauen zu machen, die sie gewesen waren. Meine Großväter standen mir deutlicher vor Augen – die Farben ihrer Pullover, die Mahlzeiten, die sie kochten, wie sie ihre Haustüren öffneten. Und weil sie Gärtner gewesen waren, nahm ich an, dass mein Drang zu gärtnern von ihnen stammte. Ich verfolgte meine Familiengeschichte zurück, stieß auf botanische Künstler und Landwirte und versuchte mich zwischen diesen Fremden auf körnigen Fotos einzuordnen.

Aber jetzt begann ich diese Geschichte infrage zu stellen. Die Begeisterung meiner Großväter für die Gartenarbeit hatte sich nie mit meiner eigenen überschnitten; sie starben, bevor ich mit dem Gärtnern begann. Ich versuchte auf der Grundlage von Kindheitserinnerungen und Vermutungen, von Familienberichten und Schnappschüssen eine Antwort zu finden. Das letzte Mal war ich vor fünf, zehn oder fünfzehn Jahren in diesen Gärten gewesen. Wenn ich wissen wollte, wie sie mich geprägt hatten, musste ich zurückreisen.

In den letzten Jahren seines Lebens hatte sich mein Großvater von seinem ehemaligen Musikzimmer aus auf Ahnensuche begeben. Vor der orangen Tapete, rund um das Klavier, stapelten sich die Unterlagen. Mein Vater wurde in die Recherche mit einbezogen, bei der sie Volkszählungsdaten und Geburtsurkunden durchstöberten; sie kontaktierten wildfremde Leute und beriefen sich dabei auf einen gemeinsamen Verwandten. Das Ergebnis waren zwei umfangreiche Familiengeschichten: eine über die Familie meiner Großmutter und die andere über die meines Großvaters, die beide gedruckt und in der Familie verteilt worden waren. Ich holte beide aus dem Regal, ging die Namen meiner unbekannten Verwandten aus dem 19. Jahrhundert durch und sah mir alte Fotos an. Auf den letzten Seiten hatte mein Großvater über meine Großmutter geschrieben und erklärt, dass es ihr aufgrund der finanziellen Situation der Familie nicht vergönnt gewesen sei, »sich in ihrer ersten Leidenschaft, der Botanik, weiterzubilden«.

Meine Großmutter war gestorben, als ich sieben Jahre alt gewesen war. Ich erinnere mich an ihre farbenfrohen Kleider und ihre verkürzte, präzise Sprechweise, an die dampfenden Schüsseln mit buttrigen Nudeln, die sie ihren Enkelkindern bei den Familienessen auftischte, und, in glasklarer Schärfe, ihre Begeisterung für meine Polly-Pocket-Sammlung. Dieser beiläufige Halbsatz fühlte sich wie ein geheimer Schatz an: Die ganze Zeit über hatte ich meine verwaiste Vorliebe für Gartenarbeit auf meinen Großvater zurückgeführt, ohne zu ahnen, dass es in meiner Verwandtschaft eine Frau gab, die seit ihrer Kindheit von Botanik fasziniert gewesen war.

Ich schrieb meinem Vater eine E-Mail, weil ich unbedingt mehr erfahren wollte. »Deine Oma hat Botanik/Blumen usw. geliebt«, antwortete er und fügte hinzu, sie habe ihre Kenntnisse in der Schule erworben und an ihrem Wissen festgehalten, konnte die Pflanzen den jeweiligen Pflanzenfamilien zuordnen. Als ich einige Wochen später mit meinen Eltern eine Grünanlage besuchte, erwähnte er es wieder. »Deine Oma hätte sich gefreut zu erfahren, dass du dich so sehr für Pflanzen interessierst«, sagte er, während wir zwischen den Gräsern hindurchgingen, die sich über unseren Köpfen wiegten. Ich erwiderte, dass ich gar nichts von ihrer Begeisterung für Pflanzen gewusst und die Gartenarbeit immer meinem Opa zugeschrieben hatte. »Oh, nein, er hat sich später um den Garten gekümmert, aber sie war die wahre Liebhaberin«, antwortete mein Vater. Meine Oma habe den Garten entworfen, sein Aussehen erschaffen. Eine winzige Enthüllung, die alles zu verändern schien. Wie voreilig und unreflektiert ich davon ausgegangen war, dass die Männer in meinem Leben für diese Dinge verantwortlich gewesen waren. Wie leicht wird die Arbeit einer Frau geschmälert – und damit ihre Weisheit, ihre Begeisterung, ihre Kenntnisse.

Monatelang hatte mich der Wunsch nicht losgelassen, die Spuren meiner Kindheit in den Gärten zurückzuverfolgen, in denen ich aufgewachsen war. Pflanzen und ihre Wachstumszyklen waren wie aus dem Nichts in mein junges Erwachsenenalter eingedrungen. Ich wusste immer noch nicht genau, warum ich mit dem Gärtnern begonnen hatte, und die einfachste – vielleicht auch bequemste – Antwort war gewesen, dass es mich mit meinen Großeltern verband. Mir wurde zunehmend klar, dass das nicht zutraf; der Impuls war stärker und vielschichtiger als das. Ich wollte etwas tief Verschüttetes freilegen. So viele Frauen, von denen ich las oder mit denen ich sprach, begannen ihre Erzählungen mit den Gärten, die sie als Kinder kennengelernt hatten; das schien mir ein guter Ausgangspunkt zu sein.

Ich kannte die Menschen nicht, die jetzt in dem Haus lebten, in dem ich aufgewachsen war, in den Häusern, in denen meine Großeltern gewohnt hatten. Über einige kalte, dunkle Wochen schob ich es vor mir her, den aktuellen Bewohnern einen Brief zu schreiben. Das Konzept erschien mir zu einfach, fast zu skurril: dass ein Fremder einen handbeschriebenen Briefumschlag erhalten und darin eine Bitte vorfinden würde. »Ich bin in diesem Haus aufgewachsen, dürfte ich mir den Garten ansehen?« Als ich mich schließlich hinsetzte, um die Briefe zu schreiben, dachte ich an die Briefkästen, durch deren Schlitz sie gleiten würden. Ich fragte mich, ob der kleine schwarze Briefkasten, den mein Vater an die Wand montiert hatte, den Umschlag auffangen würde. Ich dachte an den schweren Samtvorhang, der die Zugluft von der Tür fernhielt. Und dann warf ich die Briefe mit zu viel Porto frankiert ein und vergaß die Sache.

Ein paar Abende später, ich war gerade eingenickt, erhielt ich eine Nachricht von Graham. »Ich habe deinen Brief erhalten«, schrieb er, »und ich bin letztes Jahr Ende Oktober auf die Ivy Farm gezogen.« Es war eine freundliche, förmliche Antwort, in saubere Absätze unterteilt. Es wäre schön, schrieb er, wenn ich zu Besuch käme und ihm erzählen würde, was vor seiner Zeit in dem Haus, in dem ich aufgewachsen bin, passiert war. Aber er war besorgt – der »Garten wurde anscheinend eine Zeit lang nicht besonders liebevoll gepflegt«; er befürchtete, dass ich aus London anreisen würde, nur um dann meine Erinnerungen zu zerstören.

Ich blieb hartnäckig. »Der untere Teil war schon während meiner Jugend die meiste Zeit ziemlich verwildert«, erklärte ich ihm wahrheitsgemäß. »Mach dir bitte keine Sorgen über den Zustand des Gartens.«

Nachdem ich die Nachricht abgeschickt hatte, stellte ich mir alle möglichen Stadien der Verwahrlosung vor: taillenhohes Unkraut und Fuchslöcher; die Apfelbäume, die gelegentlich Früchte trugen, von Obstbaumkrebs befallen. Aber es war nie ein makelloser Garten gewesen: geliebt und leicht gefürchtet, glaube ich. Er war weitläufig und voller Geschichten, ein Stück Land voller Verheißungen für diejenigen, die es in den Griff bekamen. Meine Eltern packten die Dinge an, die zurückgelassen und ignoriert worden waren – den ständig undichten Teich, der einen fauligen Geruch verströmte; die Müllberge, durchsetzt von Maschendraht und antiken Medizinflaschen –, und schufen Schönheit auf den Rasenflächen. Trotzdem wurde das Gelände mit einem Aufsitzmäher und dem Verbrennen von Gartenabfällen instand gehalten. Mein Vater erntete eifrig die Früchte von den Apfel-, Birnen- und Pflaumenbäumen – Letztere in solchen Mengen, dass ich ein ganzes Jahrzehnt lang die Nase voll von Pflaumen hatte. Meine Mutter pflanzte direkt vor dem Hintereingang Kräuter, Duftwicken und Fackellilien. Meine beste Freundin bezeichnete ihn als »Garten Eden«. Für mich war er mein Zuhause, ein Ort, zu dem es meinen in die Höhe schießenden Körper an lauen Spätfrühlingsabenden und während der langen Sommerferien hinauszog, rastlos und voller Ungeduld, dass mir das Leben passierte.

Graham antwortete schnell. Eine Stunde später sprachen wir über FaceTime; er wollte mich direkt durch den Garten und die untere Etage des Hauses führen. Eigentlich wäre ich wirklich lieber zuerst persönlich dorthin zurückgekehrt als mittels dieser gut gemeinten Pixel in meiner Handfläche, während ich an einem Samstagmorgen im

Bett saß. Auf dem Bildschirm wirkte der Garten größer, als ich ihn in Erinnerung hatte, aber ansonsten unverändert, und Graham berichtete mir im Austausch gegen meine Erinnerungen von seinen Plänen, während er den Garten der Länge nach durchschritt und dann wieder zurückging. Dort, wo er ein Rankgerüst bauen wollte, befanden sich die Abdrücke des Festzeltes, das zur Hochzeit meiner Schwester aufgebaut worden war; dort, wo er einen Obstgarten plante, beschwor ich die trägen Sommerwespen herauf, betrunken vom Birnenmost. Es war eine großzügige Geste, und ich war ihm dankbar dafür. Aber die Begeisterung beruhte durchaus auf Gegenseitigkeit: Er wohnte erst seit fünf Monaten in dem Haus, und ich spürte, dass Graham ein aufmerksames Publikum, das sich für sein neues Zuhause interessierte, schätzte.

Wir machten Pläne für einen Besuch ein paar Wochen später, und ich berichtete meiner Familie per SMS von dieser ganzen seltsamen Geschichte. Nostalgie ist eine starke Droge, und für kurze Zeit ließen wir uns davon berauschen. Bei einem Videotelefonat mit meinen Eltern beobachtete ich, wie auf ihren Gesichtern die Erinnerung aufblitzte, als ich Grahams Bemerkung wiederholte, er habe sich beim ersten Betreten des Hauses sofort heimisch gefühlt. Später schickte mir mein Vater Fotos von dem Garten, so wie sie ihn seinerzeit gestaltet hatten, und ich nahm einen Ort, den ich intuitiv kannte, mit einem ganz neuen Bewusstsein wahr – Blumenrabatten und Bepflanzungskonzepte, die ich nicht nur vergessen hatte, sondern noch nie gesehen zu haben glaubte. Der Anblick war mir vertraut, ich hätte ihn aus dem Gedächtnis zeichnen können, aber dort waren Pflanzen, die ich eher aus meiner Zeit als erwachsene Gärtnerin kannte als aus Kindheitserinnerungen. *Lamium, Digitalis, Scabiosa*: Begriffe, die ich mir in der Erwachsenensprache angeeignet hatte. Das waren die Pflanzen, die ich fünfzehn Jahre später auf meinem winzigen Balkon am Waldrand im Süden Londons in Kübel gesetzt hatte; Pflanzen, die ich selbst entdeckt zu haben glaubte. Vielleicht fühlte ich mich von einer tieferen Kraft zu ihnen hingezogen, fand sie schön, weil sie die Wege begrenzt hatten, über die meine heranwachsenden Füße gelaufen waren.

Acht Jahre zuvor hatten meine Eltern Ivy Farm verlassen; Graham war der zweite nachfolgende Betreuer des Grundstücks. Das weitläufige, zusammengewürfelte Haus, das über die Jahrhunderte hinweg erbaut worden war, war die Art von Heim, um das sich die Bewohner nur eine Zeit lang kümmerten, anstatt es zu besitzen. Meine Schwester und ich hatten unsere Jugendzeit in die Kaminecke um den AGA-Ofen eingebrannt, in die rostrote Farbe der Wohnzimmerwände und das spezielle Knarren und Ächzen der alten Holzplanken. Das Haus schluckte die Stimmen, wenn man nach jemandem rief, aber ich erkannte immer am bloßen Geräusch, wer auf der Treppe war oder im oberen Stockwerk entlangging.

Graham bot mir auch an, mir das Haus zu zeigen, aber das wollte ich nicht. Meine Befürchtung, dass der Anblick der Möbel einer anderen Person, die Wandfarbe einer anderen Person meine Erinnerungen trüben könnte, siegte über meine Neugierde. Er bot mir an, mich stattdessen selbst durch das Tor auf der Rückseite einzulassen, wann es mir passte – was ich an einem Samstagmorgen Ende April tue, als es warm genug ist, um mir die Jacke, die ich dabeihabe, unter den Arm zu klemmen.

Mit dem Anheben des Riegels und dem Aufschieben des Gartentors – das schwergängiger ist als früher – bewege ich mich auf zwei Zeitebenen zugleich: in der Gegenwart, als Frau Anfang dreißig, und in der Vergangenheit, als Teenager auf dem Heimweg von der Schule. So war es gewesen, durch den Garten zu gehen: mich an Dinge zu erinnern, die ich vergessen zu haben meinte, auf eine mächtige Wand der Erinnerung zu prallen. Wo ich in den Sommerferien gelegen und gelesen hatte, wo wir mit der Familie am Picknicktisch zu Mittag und Abend gegessen hatten, wohin ich zum Kräuterschneiden rausgeschickt worden war, wo ich gestanden und immer wieder aus voller Kehle nach meinem Vater gerufen hatte, der von dem Rasenmäher vorübergehend taub geworden war. Der Ausblick – unspektakulär auf offene Felder und Häuserrückseiten – war nichts gewesen, worüber ich nachgedacht hatte, aber er ist trotzdem derselbe. Ich spüre die Trägheit und Sehnsucht meiner Jugend ebenso deutlich, wie ich mir mein erstes Handy vor Augen führen oder riechen kann, wie mir der süße Duft meines ersten Parfüms in die Nase steigt. Nach dem Auszug meiner Geschwister bot dieser Garten Platz für meine Einsamkeit. Damals verging die Zeit langsam, war etwas, das ausgesessen werden musste. Ein Überrest davon klingt noch nach, jetzt, wo ich zurück bin. Ich frage mich, welchen Sinn es hatte, diese Reise zu machen, hierherzukommen und zu sehen, was passieren mag. Ich frage mich, was ich damit anfangen soll, nachdem ich auf der Jagd nach Erinnerungen ein bisschen auf und ab gelaufen bin.

Ich sehe den Garten als Erwachsene, als Erwachsene, die selbst gärtnert, vor dem Hintergrund dieser Erinnerung an mein jugendliches Selbst. Im Geist unterteile ich dieses weitläufige Stück Land in Dutzende Londoner Gärten; ich staune über seine schieren Ausmaße – die meisten Beete sind frisch geräumt, Boden, den ich noch nie betreten habe. Ich sehe Goldnesseln und Ochsenzungen; ich entdecke die verwelkten Blüten des Wiesenkerbels; ich bemerke Stängellose Schlüsselblumen und dicke Hummeln und höre in der Ferne das Krächzen eines Fasans. Vogelgezwitscher überdeckt das gelegentliche Brummen eines altmodischen Sportflugzeugs, das den schönen Tag nutzt, die Geräuschkulisse meiner Kindheit bleibt bewahrt. Neidisch betrachte ich die Bündel Rankstäbe und frage mich, ob ich sie im Zug mit nach Hause nehmen könnte. Ich stelle mir vor, wie ich das Gelände bepflanzen und gestalten würde. Ich sehe mehr Potenzial als Verlust.

Auf meinem Weg zurück durch den Garten setze ich mich unter den einzigen noch blühenden Apfelbaum – weiße Blütensprenkel auf dem Rasen und an den Ästen. Eine Sirene ertönt im Vorbeifahren, und ich stelle mir vor, wie meine Mutter in der Küche dazu eine Bemerkung gemacht hätte. In dieser Gegend hört man nur selten Sirenen. Den Garten hatte ich immer als das Reich meines Vaters betrachtet. Er war derjenige, der am Wochenende die Nachmittage hier draußen verbrachte, in einem blauen Overall Lagerfeuer entzündete, die Gartenabfälle zerkleinerte, die sich im Laufe der Jahre angehäuft hatten. Jahrzehnte später ist seine Arbeit immer noch erhalten: In den Beeten sprießen dunkelviolette Nieswurzen, die zu seinen Lieblingsblumen zählten; der von ihm errichtete Mähschuppen ist noch intakt, und der Teich, den er zugeschüttet hatte, nach wie vor mit Gras bewachsen.

Und doch spüre ich, während ich hier sitze, am stärksten meine Mutter – oder besser gesagt ihre Abwesenheit. Ich vermisse das Sammelsurium aus Töpfen vor dem Hintereingang, die Funkien, die sich um den Schuppen geschart haben. Die Terrasse ist nicht mehr mit den Steinen dekoriert, die sie von unseren Ausflügen mitgebracht hat; die Bank, die sie zum Andenken an ihre Eltern ausgesucht hatte, ist umgezogen, die Ecke, in der sie stand, ist leer geräumt worden. All die Dinge, die ich an diesem Garten geliebt habe – die hochgewachsenen Duftwicken, den Wald-Scheinmohn, das Frühbeet hinter dem Garagentor –, sind verschwunden, und sie waren das Werk meiner Mutter. Mir fällt es schwer, die Beete jenseits der Hintertür zu betrachten, die jetzt ein struppiges Schlamassel sind, wo ich weiß, wie liebevoll sie sie pflegte. Ich erkenne ihre Kunstfertigkeit, ihr Geschick in den festen Elementen ihrer Gartengestaltung, die immer noch existieren.

Dieser Garten hat mich nicht zur Gärtnerin gemacht, aber er hat mich angespornt, meinen eigenen Weg zu finden. Vielleicht hat er mich, nachdem ich in die Städte gezogen war, nach denen ich mich so gesehnt hatte, dazu bewegt, andere Grünflächen ausfindig zu machen, und die ständige Suche nach Vogelgezwitscher in mir ausgelöst.

Als ich über den Kiesweg zum Tor laufe, überrascht mich Graham; eigentlich hatte ich vorgehabt, noch durch das Dorf zu schlendern. Stattdessen lernen wir uns persönlich kennen, und er schildert mir seine Pläne für den Garten – ehrgeizige Pläne, die gute Zeiten verheißen. Wenige Minuten bevor mein Taxi eintrifft, sagt er: »Ich habe etwas gefunden, das vermutlich deiner Mutter gehört«, und beschreibt ein handgemaltes Hausnummernschild.

Als er zur Hintertür herauskommt und mir ein Keramikschild zeigt, dessen saubere kursive Beschriftung unverkennbar der Hand einer ehemaligen Lehrerin entstammt, weise ich es mit der Bemerkung zurück, das habe sie ganz sicher nicht gemacht. Er dreht das Schild um, und auf der Rückseite eingeritzt steht »S. Vincent«. Verschämt gebe ich zu, dass es von ihr stammen muss, und verstaue es in meinem Rucksack. Auf der Rückfahrt nach London – eine lachhaft einfache Reise im Erwachsenenalter im Vergleich zu dem großen Abenteuer zu Schulzeiten – ringe ich mit dieser Offenbarung, traurig und beschämt darüber, dass ich meiner Mutter nie die Anerkennung für die Schönheit gezollt habe, mit der sie mich umgeben hat.

*

»Sie hat Motten gehalten und ihre eigene Seide gesponnen. Die Temperatur auf Zypern war ideal dafür. Im Garten gab es Dattelbäume, und so ernährte sie die Motten mit Dattelblättern und verwendete ihre Seide dann für ihre Stickereien und Strickarbeiten. In zyprischen Haushalten gibt es häufig einen Nebenraum, der der wärmste Raum im Haus ist und in dem man Motten hält, Minze und Muskrautblätter trocknet, ihn auf irgendeine Weise dazu nutzt, Lebensmittel zu lagern oder zu trocknen.« Şifa erzählt mir von ihrer Großmutter mütterlicherseits; die Geschichte wurde von ihrer eigenen Mutter überliefert. Im schwachen Londoner Junisonnenschein erinnert sie sich an die Sommer auf Zypern: »Weißt du, wir sind einfach in den Garten gegangen und haben Feigen von den Bäumen gepflückt – und Trauben. Das war sehr romantisch«, erklärt sie mit wissendem Lächeln.

Şifa ist etwa in meinem Alter und lebt seit fünf Jahren mit ihrem Partner in einer Erdgeschosswohnung in Südlondon. Ihre Augen sind dunkel und schimmernd wie Käferrücken, und die Haut drumherum wirft beim Lächeln Fältchen; sie hat einen Heiligenschein aus dunklen Locken. Wir sitzen uns auf niedrigen Gartenstühlen gegenüber, durch eine Bambuswand von ihren Nachbarn getrennt, mit denen sie sich den langen, schmalen Garten teilt. Durch die großen Türen blicke ich in ein Wohnzimmer, das mit ihrer farbenfrohen Kunst gefüllt ist.

Im Gegensatz zu vielen anderen Menschen, mit denen ich gesprochen habe, hat Şifa schon immer gegärtnert. Sie hat als Kind gegärtnert, sie hat als Teenager gegärtnert, und jetzt, in ihren Dreißigern, gärtnert sie als Erwachsene. Sie träumt davon, aufs Land zu ziehen, um Hühner zu halten, selbst anzubauen, was sie isst, und das, was sie nicht gleich isst, einzulegen und zu lagern. Şifa sehnt sich danach, sich wie ihre Großmutter selbst zu versorgen, steckt aber gleichzeitig in einem beruflichen Umbruch und arbeitet als Künstlerin. In dem Gemüsebeet hinter ihr vegetieren nach einem schwierigen, schneckenreichen Frühjahr die Kohlgewächse dahin. »Der Großteil unseres Kohlrabis wurde aufgefressen«, erklärt sie leicht resigniert. Die Gartenarbeit in ihrer Kindheit, die drei Meilen entfernt ausgeübt wurde, jenseits der zerzausten Hügel im Südosten Londons, war eine praktische Angelegenheit. Sie half ihrem Vater dabei, während ihre Mutter drinnen »herumtöpferte«. Sie sagt: »Wir haben Unkraut gejätet und aufgeräumt, wussten dabei nicht immer, um welche Pflanze es sich handelte, aber wir wussten, wie man sie am Leben erhielt.« Während sie noch zu Hause wohnte und die Universität besuchte, begann Şifa »die Gartenarbeit wirklich zu lieben«. Der Garten hatte etwas »Therapeutisches«, wenn sie während der Arbeit eine Pause einlegte. In ihrem zweiten Studienjahr nutzte sie einen Teil des elterlichen Gartens, der, wie sie mir erzählt, »voller Bäume und einfach wunderschön« sei, um ein Gemüsebeet anzulegen. »Neben dem Haus befand sich ein Pfad, der nicht viel genutzt wurde, aber die beste Sonne abbekam«, sagt Şifa. »Also fing ich an, Stangenbohnen und Tomaten und alles Mögliche anzubauen. Denn obwohl meine Eltern sehr viel anpflanzten, bauten sie nur wenig Gemüse an. Ich habe damit angefangen, und meine Schwester und ich haben großes Interesse daran entwickelt.«

Ich frage, was ihre Eltern von dem neuen Beet hielten, um das sich Şifa kümmerte. »Sie zogen mich damit auf, dass es nicht genug abwarf, sie sagten immer: ›Oh, meinst du, das reicht für eine Mahlzeit?‹«, erzählt sie und lacht bei der Erinnerung daran. »Aber sie fanden es wirklich gut. Und es brachte sie dazu, Geschichten über ihre eigene Kindheit zu erzählen und über die selbst angebauten Lebensmittel, die sie gegessen haben.« Das Kultivieren von Pflanzen zum Verzehr schien eine Generation übersprungen zu haben, aber als Şifa und ihre Schwester damit begannen, lebte die Familientradition wieder auf: Sie erzählt mir, dass ihre Schwester ihren Kindern beigebracht hat, wie man etwas anbaut – »sie streiten sich, wer von ihnen der nächste Monty Don wird!« –, und Şifa ist fest entschlossen, ihren potenziellen Kindern ebenfalls das Gärtnern beizubringen. »Ich habe das Gefühl, dass dieses Wissen immer weiter und weiter vererbt wird«, sagt sie mir.

Şifa hatte nie wirklich eine Beziehung zu ihren Großeltern, erzählt sie. Ihre Großeltern sind auf beiden Seiten Zyprer; ihre Großeltern mütterlicherseits starben vor ihrer Geburt, und ihre Großeltern väterlicherseits hat sie nur wenige Male getroffen. »Ich glaube, mir gefällt einfach die Vorstellung, auf gewisse Weise wieder eine Verbindung zu meinen Großeltern herzustellen«, sagt sie. »Ich wäre liebend gern wie meine Großmutter.«

Ein Jahrzehnt ist vergangen, seitdem Şifa während ihres Studiums das Gemüsebeet angelegt hat, aber ihre Schwester und sie kümmern sich immer noch darum; der Gesundheitszustand ihres Vaters ist nicht mehr so gut wie früher. »Meine Schwester und ich besuchen unsere Eltern und erledigen die Gartenarbeit für sie, wann immer es geht«, sagt sie. Letztes Jahr hat er endlich sein eigenes Gemüsebeet im Garten angelegt, nachdem er eine Fläche freigeräumt hatte, auf der vorher ein baufälliger Schuppen gestanden hatte. Şifa brachte ihm Setzlinge und Ableger. Jenseits der Hügel entstand im Garten ihrer Eltern ein Doppelgänger ihres eigenen Gemüsebeets: »Er baut praktisch die gleichen Sachen an wie ich«, sagt sie. »Abends sitzt er dort im prallen Sonnenschein und liest, es ist sein Lieblingsplatz im Garten.«

Während unseres Gesprächs erwähnt Şifa verschiedene Ableger und Pflanzen: Da sind die *yeni dünya-Bäume* – die Japanischen Wollmispeln –, die im Garten ihrer Eltern wachsen – »ein zyprisches Haus erkennt man daran, dass es viele *yeni dünyas* gibt« –, und der Brokkoli, der im letzten Sommer bei ihr so üppig wuchs; einen Jasmin, der in ihrer Familie weitergereicht wurde, und die »Mustafa-Minze«, die in ihrem Garten hoch und aufrecht wächst und duftet. »Minze ist für mich etwas sehr Wichtiges«, erklärt sie. Şifa benutzt Minze zum Kochen und trocknet sie; die Sorte, die sie in ihrem Garten hat, wird seit Generationen in ihrer Familie weitergegeben; ihr Vater hatte von einem Verwandten einen Ableger davon geschenkt bekommen. »Ich habe sie überall, wo ich gewohnt habe, eingepflanzt«, sagt sie. Beim Abschied überreicht sie mir einen Pflanztopf in einer Plastiktüte, die wir behutsam in meinem Rucksack verstauen. Die ganze Rückfahrt über werde ich Minze riechen, deren Duft die Abgase der doppelspurigen Schnellstraße durchdringt, und das Gewicht eines Vermächtnisses zwischen meinen Schulterblättern spüren.

Şifa spricht über die Rolle des Vorgartens in der zyprischen Kultur: »Dort sitzen alle beisammen, dort stehen die Tische und Stühle, dort nimmt man zum Abendessen Platz und unterhält sich mit den Leuten, die vorbeikommen.« Ich habe das Gefühl, dass ihr Garten den gleichen Gemeinschaftssinn ausstrahlt. Pflanzen, die an Menschen erinnern, Pflanzen, die man essen kann, Pflanzen, die man bewundern kann. Şifa ist eine der wenigen Frauen, mit denen ich spreche, die sich nicht für den Zustand ihres Gartens entschuldigt oder erklärt, dass er besser ausgesehen hätte, wenn ich früher oder später gekommen wäre. Stattdessen scheint sie ihn – mitsamt seiner Schönheiten und Fehler – ganz genau zu kennen, denn sie hat ihn erschaffen. »Im Leben gibt es viele Dinge, die einen ein wenig einschüchtern können«, sagt sie. »Man sieht, was jemand anderes getan oder geschaffen hat, und beneidet die Person darum. Aber bei der Gartenarbeit passiert mir das nie. Bei der Gartenarbeit wirklich nie. Mir ist egal, ob mein Garten den ästhetischen Vorstellungen anderer entspricht oder nicht, er macht mich glücklich und gibt mir das, was ich brauche. Ich habe nicht den Anspruch, dass er perfekt sein muss. Für mich muss er auch nicht unbedingt voller Blumen sein. Die Leute scheinen Grün nicht besonders zu mögen, aber ich liebe Grün. Sie finden das nicht interessant genug. Aber für mich ist es das.«

Während Şifa über ihre Leidenschaft für Grün sprach, begann ich ihren Garten in einer anderen Tiefe wahrzunehmen. Die verschiedenen Zeichnungen der Bambusblätter, die ihre Terrasse wie ein Vorhang umgaben. Die stolz aufragende »Mustafa-Minze«. Die Skabiosen, die sich durch Selbstaussaat ausgebreitet hatten, und den Schnittlauch; die erwartungsfrohen Fingerhüte kurz vor der Blüte. Grün wird im Garten so oft zur Hintergrundfarbe degradiert, bleibt auf den Rasen und namenlose Sträucher beschränkt. Diesen elementaren Bestandteil, die Zellen und die Chemie dessen, was wir anbauen, übersieht man leicht. Als ich nach Hause kam, betrachtete ich meinen sehr grünen Garten, den andere infrage gestellt hatten, mit neuer Wertschätzung. Auch Monate später denke ich noch an Şifa, wenn ich sehe, wie überwältigend *grün* der Garten ist. Mit einer beiläufigen Bemerkung hat sie mir ein neues Verständnis von Schönheit vermittelt.

Etwas steckt in diesen Grundbausteinen, in den Dingen, die uns ausmachen, und in den Geschichten, die wir verscharren und wieder freilegen. Auch wenn Şifas Garten aus Grünpflanzen bestand und sie ihn nach ihren eigenen Kriterien von Schönheit angelegt hatte, war er zugleich das Ergebnis ihrer Abstammung: ihres Vaters und der Erfahrungen, die er an sie weitergegeben hatte, und das Vermächtnis ihrer Großmutter, die sie nie kennengelernt hatte.

Ich erkenne unsichtbare Bindeglieder zwischen Şifa und mir, zwischen unseren Gärten, die eine stille Sehnsucht nach den Großeltern und Menschen in sich tragen, die wir nicht mehr kennenlernen oder treffen konnten, während sie gleichzeitig unsere ganz eigene Kreativität bergen.

*

Wenn wir jemanden verlieren, wenden wir uns der Erde zu. Wir begraben unsere Verstorbenen, wir verstreuen ihre Asche an ihren Lieblingsplätzen. Wir pflanzen Bäume, um ein Baby willkommen zu heißen, und wir pflanzen Bäume zum Zeichen unserer Trauer. Aber wir wenden uns auch der Erde zu, um mit Vergangenheiten in Verbindung zu treten, die wir nicht enträtseln können, um einen Teil unseres Erbes aufzuspüren, der nicht auf dem Papier oder in den Körpern anderer existiert, um zu verstehen, wer wir sind. Manchmal wirkt der Wunsch zu gärtnern so weit hergeholt, dass wir ihn nur begreifen können, wenn wir einen Blick zurückwerfen, auf die Menschen mit einem grünen Daumen, die uns am nächsten sind.

Im Regent's Park bin ich mit Aimee verabredet, Auszubildende im Gartenbau, die seit achtzehn Monaten dort arbeitet. Es ist ein schöner Tag, die Kirschbäume entlang der Chester Road blühen, zeitweise erscheinen zartrosa Wolken am blauen Himmel. Ich radle an Leuten vorbei, die Fotos machen. Aimee treffe ich im Rosengarten an, wo sie auf mich wartet, erkenne sie schon vom Eingangstor aus an ihrer grünen Arbeitskleidung und ihrer leichten Schüchternheit. Sie spricht leise, aber mit einer sanften Vehemenz. Aimee gehört zu den Menschen, die sich nicht scheuen, dich während des Gesprächs beim Namen zu nennen, und sie spricht Klartext, ohne sich selbst herabzusetzen oder zu prahlen. Sie lacht, als sie erklärt, dass sie »auf die vierzig zugeht« – ich sage ihr, dass sie wie dreiundzwanzig aussieht. Zwei Dreadlocks schlängeln sich aus ihrem Haarknoten heraus.

Bei einem Rundgang durch den Park zeigt sie ihn mir so, wie sie ihn sieht. Sie weist mich auf die Nannies' Lawn hin, wo die Kindermädchen betuchter Familien früher mit ihren Schützlingen hingingen, auf die versteinerten Bäume, die Beete und Rabatten, an denen sie gearbeitet hat. Sie ist eine von nur einem Dutzend Parklehrlingen in London; es ist einer der seltensten – und wahrscheinlich unbekanntesten – Berufe in der Stadt. Während ihrer Arbeit hier hat Aimee die »Stammgäste« des Parks kennengelernt – die Menschen, die diesen Ort so nutzen wie andere einen Tante-Emma-Laden oder einen Bahnhof. »Ich sehe fast jeden Tag zur gleichen Zeit dieselben Gesichter, das ist recht nett«, erklärt sie, während wir über die breiten Wege gehen. Auf der Aussichtsplattform im japanischen Garten singt jeden Tag frühmorgens dieselbe Person. Es gibt Jogger und Hundeausführer, einen Kollegen namens Phil, dem Aimee den Spitznamen »Taubenmann« verpasst hat, weil er einigen Vögeln Namen gibt und sie füttert. Sie landen auf seinem Körper, erzählt Aimee, auf seinem Kopf und seinen Armen. »Ein toller Anblick«, sagt sie.

Seit eineinhalb Jahren arbeitet Aimee im Regent's Park, ob bei brütender Hitze oder klirrender Kälte. Ihr Lieblingsmonat ist der Mai, wenn alles wächst. »Für mich könnte es das ganze Jahr über Mai sein«, erzählt sie mir in diesem kalten April. Bei der Arbeit bekommt sie von den Besuchern oft dankbare Worte oder sehnsuchtsvolle Bemerkungen über ihre Tätigkeit zu hören, die idyllischer scheint, als sie oft ist. Ab und zu, was seltener vorkommt, fragen die Leute sie, woher sie stamme. Aimee kommt aus Norfolk, aber als Woman of Color hat sie diese Frage ihr Leben lang erdulden müssen.

Aimee begann ihre Gärtnerinnenlaufbahn, nachdem sie bei der Royal Horticultural Society (RHS) einen Job als Telefonistin in der Mitgliederbetreuung übernommen hatte. Die Stelle war zunächst befristet; sie war von Northampton nach London gezogen und hatte sich über eine Zeitarbeitsfirma dort beworben, aber später wurde eine Festanstellung daraus. Bei einem Community Gardening Day, den die RHS auf dem Gelände des Angell Town Estate organisierte, machte es bei ihr klick. »Ich stellte fest, dass mir die Arbeit gefiel und es nette Leute gab, mit denen ich mich austauschen konnte, und dass sie sehr stressfrei war.« Über eigene Nachforschungen erfuhr sie nach und nach mehr über das Ausbildungssystem; es war nicht sofort ersichtlich, wie man Gärtnerin wird. »Ich erinnere mich, wie ich im St. James's Park einen Gärtner gesehen habe«, erzählt Aimee. »Ich dachte: Wie kommt man bloß an diese Arbeit? Ich hätte ihn gern gefragt, habe mich aber nicht getraut.« Später stellte sie fest, dass es genügen kann, sich mit wenig oder gar keiner Erfahrung bei einer Agentur zu melden und um einen Job zu bitten, erzählt sie mir. Das hat sie bei einem oder zwei ihrer Nicht-Azubi-Kollegen erlebt. Abgesehen von den praktischen Aspekten hatte Aimee anfangs nicht den Eindruck, dass die Ausbildung »für jemanden wie mich gedacht ist, sondern für Menschen aus privilegierten Verhältnissen mit Geld im

Hintergrund«. Sie wagte den Schritt, nachdem sie auf der Royal-Parks-Website »ein paar Beispiele für Diversität« gesehen hatte. »Da sagte ich mir: Okay, mach es!« Sie merkt aber an, dass sie das Glück hatte, einen Partner zu haben, mit dem sie sich die Mietkosten teilen konnte.

Gartenbau, so erzählt sie mir, war Teil ihrer Kindheit. Aimee wuchs unter einem weiten Himmel auf einer Schweinefarm in Norfolk auf. Ihr Vater arbeitete in den Ställen, und ihre Mutter hatte in einer örtlichen Baumschule gearbeitet, bevor sie Aimee und ihren Bruder zur Welt brachte. »Wir bekamen kostenlosen Dung für das Gemüse; Mum und Dad bauten immer Obst und Gemüse in unserem Garten an.« Als Kind liebte sie es, als Teenager weniger. Mit Mitte zwanzig stellte sie fest, dass ihre kindliche Begeisterung »ganz echt« gewesen war: »Ich wollte meine eigene Nahrung anbauen.« In Northampton gab es eine Kleingartenanlage, aber kurz darauf machte ihr ein gebrochener Knöchel einen Strich durch die Rechnung. Aimee zog nach London, obwohl sie sich geschworen hatte, nie wieder dorthin zurückzukehren, nachdem die hohen Lebenshaltungskosten sie einige Jahre zuvor von dort vertrieben hatten. Aber, so sagt sie, »beim zweiten Anlauf hat die Stadt es sehr gut mit mir gemeint«. Trotzdem ist das Leben dort manchmal ein Kampf: Aimee ist frustriert, dass sie und ihr Freund sich mit Ende dreißig mit einem anderen Paar eine Wohnung im ersten Stock teilen müssen. Sie hat das Gehalt eines Bürojobs gegen das einer Auszubildenden eingetauscht. Ihr Ziel ist es, in ein Haus mit einem Stück Land zu ziehen, erzählt sie mir. »Ein paar Tiere zu halten und unser eigenes Essen anzubauen. Daran halte ich mich fest.«

Ich bemerke, dass ihre Eltern stolz sein müssen, weil sie, nachdem sie in verschiedenen Büros im ganzen Land gearbeitet hat, das Leben nachahmt, mit dem sie aufgewachsen ist. »Ja«, stimmt sie mir mit zögerlichem Lachen halb zu. »Für mich ist es die natürliche Art, als Mensch zu leben, allerdings bin ich auch voreingenommen.« Ihre Eltern waren überrascht, als Aimee ihnen vor ihrer Ausbildung erzählte, dass sie an einem Kurs der RHS teilnehmen wollte: »Ich interessiere mich jetzt für Gartenarbeit«, erklärte sie. »Ich möchte meine Nahrung selbst anbauen.« Aimee hat ihre Verbundenheit zur Erde sogar noch weiter zurückverfolgt, bis zu einer ihr unbekannten Großmutter. »Erst vor Kurzem – etwa vor sechs bis acht Monaten – habe ich erfahren, dass sie eine begeisterte Gärtnerin ist«, erklärt sie. »Aber ich habe sie nie kennengelernt. Es ist eine wirklich seltsame Aneinanderreihung von Ereignissen. Willst du, dass ich dir die Geschichte genauer erzähle?«

Aimee wandte sich an eine Ahnenforscherin, die sich auf barbadische Vorfahren spezialisiert hatte, und gab ihr die Informationen, die sie über ihre Großmutter mütterlicherseits besaß, woraufhin die Ahnenforscherin leicht überrascht antwortete, sie hätten einen gemeinsamen Verwandten. »Mir ist schon klar, dass Barbados eine kleine Insel ist«, sagt Aimee belustigt, »aber das ist doch verrückt.« Die Ahnenforscherin sprach mit Aimees Großmutter. »Sie hat mir erzählt, dass sie leidenschaftlich gern gärtnert. Dann habe ich weiter recherchiert und festgestellt, dass Gartenarbeit auf Barbados weitverbreitet ist.« Als Aimee ihrer Mutter davon erzählte, war auch sie verblüfft. »Ich glaube, sie war sehr überrascht. Wirklich sehr überrascht.« Aimees Mutter war von London nach Norwich gezogen, um

Gartenbau zu erlernen, nachdem sie als Jugendliche mit dem Gärtnern angefangen hatte. »Wäre ich dazu gekommen, wenn [meine Eltern] nicht so viel gegärtnert hätten? Ich denke, vermutlich schon«, sagt Aimee. »Vielleicht wäre es immer so gekommen.« Ihre Sehnsucht nach dem Erdboden ist Bestandteil ihres »Ahnengedächtnisses«, wie sie es nennt. So vieles wird ihrer Meinung nach vererbt – oft, ohne dass wir uns dessen bewusst sind. »Mich fasziniert die erstaunliche Natur des genetischen Gedächtnisses.«

*

Die Haselnussblätter leuchten frisch, als ich an einem Sonntagmorgen in den Wald hinter meinem ehemaligen Baumhaus zurückkehre. Ich bin dort – recht früh, der Wald ist noch ruhig –, um Bethany zu treffen, eine Künstlerin, die mit einer Geschichte über ihren Großvater auf meine Umfrage reagiert hat. Er wohnte im Zentrum von Belfast in einem winzigen Haus mit einem kleinen Hinterhof, »der mit wackeligen Regalen voller Joghurtbecher und Dosen gesäumt war, in denen Kräuter und Blumen wuchsen«, schrieb sie. »Aus scheinbar nichts hat er so viel geschaffen.« Ich bin seit ein paar Monaten nicht mehr im Wald gewesen. Bethany und ich laufen die verschlungenen Pfade ab, die ich erkundete, als ich noch dort in der Nähe wohnte. Sie erzählt mir von ihrer Arbeit, die sich mit der Weltraumbergbauindustrie befasst, und von ihrer bevorstehenden Ausstellung bei der Architekturbiennale Venedig. Als wir eine Bank gefunden und darauf Platz genommen haben, holt sie behutsam zwei Brigidakreuze aus ihrer Handtasche hervor. Die zerbrechlichen geometrischen Kreuze besitzen dieselbe quadratische Form wie die Hunderte von Kreuzen, die ihr Großvater während der Wintermonate immer flocht – aus Schilfgräsern, die im nordirischen Marschland wild wachsen und die ihm seine Freunde aus den ländlicheren Gegenden oft bündelweise mitbrachten. Er ist vor vier Jahren gestorben, erzählt sie mir, am Feiertag der heiligen Brigida. »Um ehrlich zu sein, weiß ich nicht einmal, warum er sie hergestellt hat«, sagt Bethany. »Ich besitze einfach die Erinnerung daran, und es ist ein seltsamer Zufall, dass er ausgerechnet an diesem Feiertag gestorben ist. Sein ganzes Haus war voll mit diesem Zeug, mit den Schilfgräsern und den Kreuzen, die er gemacht hat. Es ist seltsam, es ist einfach so besonders.«

Ich liebe es, solchen Geschichten zu lauschen, von den Marotten der Menschen zu erfahren, an die man sich erinnert, wenn sie nicht mehr unter uns sind. Die Pfiffigkeit, einen ganzen Rosenbusch aus dem Stiel einer Supermarktstrauß-Rose zu züchten; die Notizblöcke, Fotos und Vogelnester, die man in einem Arbeitszimmer findet. In der Woche nach dem Tod meines eigenen Großvaters entdeckte ich in seiner über lange Zeit nicht genutzten Werkstatt eine Bleistiftdose. Darin befanden sich elf Plastikröhrchen, nicht länger als mein kleiner Finger, die mit einem Korken verschlossen waren. Einige waren nummeriert, andere trugen nur weiße Etiketten, deren Aufschrift im Laufe der Jahre verblichen war, aber auf einem war immer noch zu lesen: *BETA VULGARIS, GROSSE RUNDE GELBE KNOLLE*. Gelbe Bete. Manchmal spiele ich mit dem Gedanken, die Samen darin auszusäen, aber in den sechs Jahren, die seither vergangen sind, habe ich es immer noch nicht getan. Ich glaube, ich habe Angst vor der Enttäuschung, falls sie nicht keimen; vor dem vergeblichen Versuch, etwas aus dem Boden zu zaubern, das schon vor langer Zeit verloren gegangen ist.

Während sich der Garten mit der Ankunft des Sommers füllt, verwende ich kleine Gegenstände der Menschen wieder, die mich dorthin geführt haben. Ich richte Salate in Schüsseln an, die meiner Großmutter gehört haben, und stelle sie auf die unebenen Falten, die sich in ihre Tischdecken gegraben haben. Die Enttäuschung über mein vergebliches Bemühen im ersten Jahr, Duftwicken aus Samen zu ziehen – zu viel Regen, zu wenig Nährstoffe, gedrungene kleine Stängel und nach drei Wochen alles verwelkt –, wird durch das Gefühl verstärkt, dass ich mit dem Anbau eine Gewohnheit fortsetzen wollte, die mein Großvater Jahrzehnte zuvor begonnen hat. Hinten im Kleiderschrank habe ich eine Latzhose meines Großvaters gefunden und sie zu einer Schneiderin im Norden Londons gebracht, die sämtliche Nähte auftrennte und sie passend für mich wieder zusammenfügte. Nun trage ich sie in allen Jahreszeiten, im herbstlichen Regen und über mehreren Schichten im eisigen Winter. Wenn ich sie anhabe, denke ich an ihn, aber ich denke auch an meine Großmutter und an ihre Neigung zu Botanik. Auch meine Mutter ist mit all dem verwoben. Seit ich in den Garten meiner Kinder- und Jugendzeit zurückgekehrt bin, fällt es mir leichter zu erkennen, was ich von ihr gelernt habe: wie man eine große Gruppe von Menschen verköstigt, ohne die Nerven zu verlieren; wie wertvoll ein guter Blumenkübel aus zweiter Hand ist; das Wissen, dass man seine Küche einfach rosa streichen sollte, falls einen die Lust dazu überkommt, und sich daran zu erfreuen. Das mag nach kleinen häuslichen

Dingen klingen, aber sie dringen in und um das Zuhause ein, das ich hier geschaffen habe. Früher habe ich diese Lektionen einfach abgetan, weil sie so tief in mir verwurzelt waren, dass ich Jahre gebraucht habe, um sie zu würdigen, aber sie haben mich geprägt. Sie haben mir beigebracht, wie ich einen Raum für mich selbst schaffen kann – eine der untergründigsten feministischen Handlungen, die es gibt.

# IO

## *Canary Wharf*

Einige Monate nach meinem Besuch in den sanften Ausläufern von Suis Garten fielen mir ihre Worte wieder ein. Sie hatte mich auf einen Teil des Waldes hingewiesen, in dem ein stattlicher Bambus neben einer knorrigen hübschen Eiche emporwuchs. »Ich mag die beiden«, hatte sie zu mir gesagt, »denn ich habe das Gefühl, dass sie mich verkörpern: ein chinesischer Bambus und eine englische Eiche, die zusammenkommen.«

Ich hatte über unser Erbe im Garten nachgedacht; was wir vergraben, was wir freilegen, was wir von uns selbst im Boden suchen, aber auch unsere Identität erwächst dort. Beide sind wie Geschwister und doch verschieden. Während wir mit einem Erbe zur Welt kommen, das wir bewusst oder unbewusst in uns tragen, erschaffen wir unsere Identität selbst. Vielleicht hatte ich meine Liebe zum Gärtnern geerbt – von einer Großmutter, deren jugendliche Begeisterung für Botanik nicht gefördert worden war, von Großvätern, die Blumen für die Frauen anpflanzten, die sie liebten, von einer Mutter, die die Erziehung ihrer Kinder durch Aroma und Schönheit bereichern wollte –, aber ich spürte, dass ich mir diese Leidenschaft immer mehr zu eigen machte.

Der Garten beginnt mich zu überraschen. Ich hatte so lange darüber gegrübelt, wie er aussehen sollte, dass ich nicht auf die Realität vorbereitet war. Ein Jahr nach der Schlüsselübergabe erleben wir hier einen regelrechten Ausbruch. Die kahlen Flecken Erde, die ich so deprimierend fand, tauchen in geheimnisvolle schattige Bereiche ab, die ich monatelang nicht wiedersehen werde. Der Garten ist zugleich unbekannt und vertraut. Diese Flut aus Wachstum, üppigem Grün und Leben ist mein Werk. Vor einem Jahr waren diese Beete eine struppige Grasfläche; jetzt sind sie voller Wunder. In all den Stunden, die ich damit verbracht habe, darauf zu starren und zu planen, hätte ich mir nie etwas so Schönes ausmalen können.

Jeden Morgen schält sich Matt aus dem Bett, um Wasser heiß zu machen. Kaffee für ihn, Tee für mich. Sobald er ihn fertig hat, gehe ich nach draußen, um mir den Garten anzusehen, und wenn ich zurückkomme, ist mein Tee so weit abgekühlt, dass ich ihn trinken kann. Jegliche Kontrolle, die ich über das Gelände hatte – durch den Bau des Schuppens und das Vermessen –, ist passé. Ich habe sie abgestreift so wie meinen Mantel beim Durchschreiten der Eingangstür. Der Garten ist vom Wachstum angeschwollen, und ich betrachte ihn inzwischen ganz genau. An einem milchig zarten Morgen entdecke ich ein Rechteck, in dem Grashalme auf die Blätter von Fenchel, Dahlien, Engelwurz und Pfingstrosen treffen. Dort flackert ein Hauch der Erinnerung und des Wiedererkennens auf. Die Bewegung, das Durcheinander und das kleine Wunder des Ganzen. Ein paar Wochen später höre ich, wie Matt den Garten am Telefon als »wildes, üppiges Wirrwarr« beschreibt. Ich frage mich, was dieser sich entfaltende Ort für ihn bedeutet. Ob er überrascht ist und ob er versteht, dass dies mein Werk, meine Schöpfung ist; dass diese

Wildnis von seiner zukünftigen Frau geschaffen wurde. Der Borretsch, der unelegant über den Rand des Beetes hinauswuchert, beeindruckt ihn nicht gerade. »Das ist alles aus einem einzigen Samen entstanden«, erzähle ich ihm, und er staunt. »Es sollte immer eine Art Chaos entstehen«, füge ich hinzu und spüre diese Gewissheit ganz tief in mir.

*

Die Schrift auf der Verpackung erkannte ich nicht. Das Packpapier wich weißem Seidenpapier und Zwirn, und darunter kam ein Buch mit verblichenem Leineneinband und einer Art-déco-Prägung in schmutzigem Weiß zum Vorschein. Es stammte von einer Cousine väterlicherseits, mit der ich seit Jahren nicht gesprochen hatte; sie gehörte zur Generation meines Vaters, und es hatte lange kein Familientreffen mehr gegeben. Das Buch war wunderschön: *Plant Form & Design* von W. Midgley und A. E. V. Lilley. Ein schlichtes Exlibris aus braunem Papier besagte, dass Dorothy Pring das Buch 1902 als Auszeichnung für ihre Zeichenkunst gewonnen hatte. Es war eine Mischung aus einem edwardianischen Bildband und einem Lehrbuch, das veranschaulichen sollte, wie man die Schönheit der Natur in ein vom Menschen geschaffenes Ornament verwandelt. Es enthielt Strichzeichnungen von Seegras und Mohnblumen, Querschnitte von Löwenzahn. Zwischen den Seiten, die den Hasenglöckchen gewidmet waren, lag ein frisch gepresstes Exemplar, dessen Blütenblätter sich leuchtend von dem dezent rauchgrauen Papier abhoben. Das Werk meiner Cousine, vermutete ich.

Diane hatte es geschickt, weil sie mich im Radio über meinen Garten hatte sprechen hören und weil sie, wie mir einige Familienmitglieder später erzählten, ein Händchen dafür hatte, anderen Menschen ungewöhnliche Dinge zu schenken, von denen sie – oft zu Recht – annahm, dass sie ihnen gefallen könnten. Noch bevor ich ihr schreiben konnte, um mich zu bedanken, erreichte mich eine weitere unerwartete Nachricht: eine weitergeleitete E-Mail von Pauline, der Schwester der Cousine, die seit sechs Jahren in meinem Viertel lebte, wovon ich nichts gewusst hatte. Ich rief sie an, während ich die Pflanzen im Garten wässerte, und wir unterhielten uns über ihr Leben. Pauline war inzwischen achtzig Jahre alt; das letzte Mal hatte ich sie als Kind gesehen, aber seit meinem Umzug nach London musste ich Dutzende Male an ihrem Haus vorbeigegangen sein. Sie lud mich ein, sie zu besuchen, und ein paar Wochen später mache ich mich zusammen mit meiner Schwester auf den Weg zu ihr, trage eine Handvoll Pfingstrosen und Schwarzkümmel über den Hügel im Süden Londons, der uns trennt. Als Pauline die Tür öffnet, fallen mir sofort ihre Wangenknochen auf – hoch und schmal wie meine eigenen, wie die meines Vaters, wie die meines Urgroßvaters. Ein seltsames Gefühl der Vertrautheit in einem Gesicht, das ich nicht erkannt hätte, wenn ich Pauline zufällig auf der Straße begegnet wäre.

Wir sitzen im sonnengelben Tiefparterre ihres »Puppenhauses«, wie sie ihre Unterkunft nennt, bei Erdbeeren und Apfelsaft, den sie aus einer Glasflasche einschenkt, und unterhalten uns über die Neuigkeiten aus der Familie. Die mitgebrachten Blumen verschnaufen in der Küchenspüle. Wir gehen durch den Garten, bewundern die Mohnblumen, die ihre Blütenblätter entfalten, und sehen uns das Loch an, durch das der Fuchs hereinkommt. Paulines Haus ist angefüllt mit schönen Dingen, Farben und Kuriositäten: Sie ist Künstlerin und klagt darüber, dass ihr der Platz ausgehe, um all die Bilder aufzuhängen, die sie im Laufe ihres Lebens geschaffen hat. Ich sehe Streifenmuster, Webarbeiten und Terrakottakrüge. Der Ort strahlt eine vielschichtige Wärme aus.

Mein Familienstammbaum ist groß, aber die Zweige sind ungleichmäßig verteilt. Vier Brüder wurden vor und während des Ersten Weltkriegs geboren, und von ihnen entspann sich ein dichtes Netz aus Kindern, Cousinen und Cousins, das sich über die Generationen und die geografische Lage verästelt. Mit einigen stehe ich in Kontakt, andere habe ich nur flüchtig kennengelernt. Geschichte, Erziehung und Verlust verschmolzen im Laufe der Jahre miteinander und hinterließen mehr Unausgesprochenes als Bekanntes.

Ein seltsames Gefühl, wenn einem die eigene Familie an einem ganz normalen Nachmittag im Mai präsentiert wird. Wie unspektakulär und gleichzeitig außerordentlich. Ein Brief, ein Buch, eine weitergeleitete E-Mail. Ich rief Pauline an, bevor ich mir überlegt hatte, was ich sagen sollte. Ich hatte nach Verbindungen gesucht, und da waren sie – nur eine knappe Meile von mir entfernt. Ich war mit dem Rad und zu Fuß an der Claverton Street vorbeigekommen, ohne zu ahnen, dass meine Vorfahren dort geboren worden waren. Als Kind waren mir meine Verbindungen nach London entgangen, zu einem Ort, den wir mit dem Zug besuchten und der voller roter Busse war, an dem die Kinderbuchfigur Mr. Benn lebte, aber nicht mein

Großvater, der in einem roten Backsteinhaus in Reading wohnte. Seit über einem Jahrzehnt nenne ich London mein Zuhause, weiß aber immer noch nicht, ob ich Teil dieser Stadt bin, obwohl ich in ihr meine frühe Jugend, meine Sonnenaufgänge und Nachtbusdämmerungen, meine Liebesgeschichten und meinen Liebeskummer erlebt habe. Auf dem Weg zu Paulines Haus durchquere ich den Park, auf den ich von der Wohnung aus blickte, in der ich mit einem Ex-Freund gelebt hatte, denselben Park, durch den ich nach heimlichen Übernachtungen bei Matt zu Beginn unserer Beziehung gegangen war, denselben Park, in den es mich jetzt zieht, wenn ich antriebslos bin oder den Horizont sehen will, denselben Park, durch den ich vielleicht auch in den kommenden Jahren spazieren werde.

In London zu leben bedeutet, die Stadt zu einem kleinen und vertrauten Ort zu machen. Aber es bedeutet auch, etwas Neues zu lernen. Matt und ich zogen zusammen an einen Ort, mit dem ich nur schwer warm wurde – und werde. Eine Ecke Londons, die sich fremd und laut anfühlte, umringt von den breiten, brummenden Verkehrsadern, über die wir in die Stadt zischten. Nur wenige Schritte von den Brücken und dem Fluss entfernt und doch ohne einen weitläufigen Park in unmittelbarer Nähe. Ich wusste, dass ich das Grün vermissen würde, an das ich mich, nur wenige Kilometer auf dem Stadtplan entfernt, gewöhnt hatte. In unserem Baumhaus waren wir davon umringt gewesen: Wälder, Gärten, Parks und Hügel. Es war abgelegen, aber diese Weite gab uns Halt. Ihre Ausmaße offenbarten sich mir im Laufe der Wochen, in denen ich täglich spazieren ging, mich durch die ruhigen Straßen mit prächtigen Häusern und blühenden Bäumen schlängelte.

Die leeren Abende dehnten sich aus und wir uns mit ihnen. Als Matt und ich gemeinsam Neuland betraten, begegnete ich Versionen meiner jüngeren Ichs: dem Mädchen, dessen erste Wohnung in der Stadt lag, an der Ecke eines Parks in Peckham; dem älteren Ich, das seinen zögerlichen Geliebten auf zögerliche Fahrradtouren über unerbittliche Hügel mitnahm. Matt und ich entwickelten eine Routine, die aus Fischhändler und Bäckerei bestand, aus dem Gerüttel zu beiden hinunter und dem anschließenden Gestrampel bergauf. Zu Hause angekommen begrüßten uns die Bäume, deren Vögel ich wie eine Seifenoper verfolgte – wie sie Nahrung suchten, wie sie sangen und wie sie sich in der Dämmerung niederließen.

Das Umland von Camberwell, Brixton und Stockwell bot nichts von alledem. Das einzige halbwegs Vertraute war der Nachtklub an der Ecke, in dem ich nur einmal einen lauten und melancholischen Abend verbracht hatte. Ich konnte das Mädchen, das vier Jahre zuvor nur wenige Meter von meiner Haustür entfernt dort in der Schlange gestanden hatte, nicht mit der Person in Einklang bringen, die davor parkte und Kübelpflanzen aus dem Auto entlud. Der Sommer verkümmerte und wandelte sich zu einem strahlenden und dann feuchten Herbst. Während des strengen Winters überlegten wir angestrengt, wohin wir gehen könnten. Von Langeweile und Klaustrophobie geplagt drängte ich darauf, dass wir rausgingen, sobald wir uns dazu überwinden konnten. Bitterkalte, zügige Fahrradtouren in die Außenbezirke, frische, frühsonntägliche Spaziergänge zum Buckingham Palace. An einem trüben Nachmittag zog ich mir einen dicken gummierten Regenmantel an und trotzte dem Sturm, nur um die Außenwelt auf meiner Haut zu spüren. Meistens drehte ich ein paar planlose Runden durch den örtlichen Park – ein hübsches viktorianisches Projekt mit einem Musikpavillon und – inzwischen – einem Basketballplatz. Ich beobachtete, wie die Blätter des Ginkgobaums vergilbten, abfielen und den harten Boden darunter golden färbten. Ich beobachtete, wie sich die Nebelschwaden wie ein Heiligenschein um die Hunde legten, die morgens durch die Kälte rannten. Ich nahm mein Unbehagen mit nach draußen und versuchte es abzuschütteln, bevor ich einen weiteren Wintertag im Haus verbrachte. Ich vertrieb meine Mattigkeit auf dem Fahrrad.

Manchmal hatte ich ein bestimmtes Ziel vor Augen, aber meist bewegte ich mich gemächlich auf zwei Rädern umher und stachelte mich zu einer Neugier an, die mein Gehirn überlistete und von der Anstrengung ablenkte. Wenn ich an einer Ampel anhielt, fragte ich mich, warum mein Atem so schwer ging. Diese Straßen wirkten nicht außergewöhnlich genug, um sie zu einem Ausflugsziel zu machen, aber sie waren neu und wollten erkundet werden. Ich trieb mich weiter an, bog in Sackgassen mit sanierten Kutschhäusern ab und schwenkte kurz entschlossen in neue Straßen ein. Ich entschied aus dem Bauch heraus und bewegte mich in konzentrischen Kreisen. Ich tastete nicht nach der Karte in meiner Tasche; ich wusste, dass ich nicht weit von zu Hause entfernt war.

Stattdessen sah ich mir die Häuser und ihre Gärten an. Eine üppige Kamelienhecke, ein Baum in Rosa und Grün; ein schmucker runder Lorbeerbaum und eine jahrhundertealte Bromelie, die das Haus aus den 1930er-Jahren dahinter in den Schatten stellte. Balkonkästen mit trunkenen

Hyazinthen und erschlafften Narzissen, Tulpen in Lippenstiftfarben und vernachlässigte Vorgärten, übersät von Vergissmeinnicht und Löwenzahn. Dahinter die Häuser: große und prächtige, stolze und untervermietete. Der anonyme Glanz der Neubauten, die geschichtsträchtigen Schnörkel viktorianischer Stuckarbeiten. London ist eine Stadt der zerbombten, überbauten, abgerissenen und erweiterten Straßen. Einwanderung und Gentrifizierung prallen direkt aufeinander. Schicke neue Nachbarn und schäbigere ältere. Man kann es am Zustand der Fensterbänke ablesen, an dem, was durch den Kies sprießt.

Während ich vor mich hin radelte, wurde mir klar, dass ich eine neue Karte erstellte. Einige Teile Londons sind als Erinnerungen in mein Gehirn eingebrannt – die Kleider, die ich dort trug, oder die Streitereien, die ich hatte. Die Personen, die wenige Meter von mir entfernt standen und sich vor Lachen krümmten, den Blick auf den Gehweg gerichtet, auf den Kopf gestellt vor Glück. Da sind die Kilometer, die ich entlanggependelt bin, die Straßennamen, die ich im Ton einer Busdurchsage hörte, die Häuserzeilen, in denen vor einiger Zeit eine Party stattfand, auf der ich den Mann kennenlernen sollte, den ich heiraten würde. Meine geistige Geografie aufgeschichtet wie eine Zwiebelschale.

Diese neue Gegend hat mir Dinge offenbart. Das Haus mit den rosenbedruckten Vorhängen und einer Mauer, auf der gepflückte Kamelienblüten drapiert worden waren, als sollten sie dort ausgestellt werden. Die rosa Winterkirsche an einer Straßenecke. Oft drehte ich eine Runde durch den Myatt's Fields Park und dachte an die Frau, zu der ich dort werden könnte: Würde ich ein Kind in die Kita bringen, die es in der Mitte des Parks gibt? Würde ich ein Baby im

Buggy herumschieben, wenn es noch klein wäre, überrumpelt von der Vorstellung, dieses neue, geliebte Wesen in die Welt hinauszubringen? Innerhalb weniger Quadratkilometer hatte sich mein Leben in verschiedenen Handlungswendungen entfaltet. Auf dem Weg zu Pauline kam ich auch an jenem ersten Balkon vorbei, auf dem ich mir das Gärtnern angeeignet und der mir Halt geboten hatte, als ich am Boden gewesen war. Obwohl seitdem fünf Jahre vergangen sind, konnte ich mich immer noch nicht dazu durchringen, den Blick nach oben zu richten, um mir anzuschauen, wie er jetzt aussah.

An diesen Balkon werde ich erinnert, als ich zu Fernandas Wohnung gehe. Fernanda ist ein Stück kleiner als ich, aber wir besitzen die gleiche ruhige, tatkräftige Energie. Sie erzählt mir, dass sie vor ein paar Tagen ihren Job in der Marktforschung gekündigt habe. Während sie noch dort arbeitete, schaltete sie bei den Zoom-Meetings immer die Kamera aus und ging nach draußen auf den Balkon. Sie wohnt im neunundzwanzigsten Stockwerk eines der anonymen Hochhäuser, die das eigenwillige Stadtbild von Canary Wharf prägen. Stahl und Glas spiegeln sich auf dem stumpfen Metall der Themse, die den Gebäudekomplex umfließt, und das Grün beschränkt sich auf Rasenflächen hinter Marmorwänden und Buchsbäume. Der Eingang zu Fernandas Wohnung befindet sich am Ende eines weißen Korridors, nur wenige Schritte von einem Aufzug entfernt, der lautlos von einer Hochglanzrezeption hinaufgleitet, aber hinter der Tür entfaltet sich Leben: Ihr Balkon ist angefüllt mit Blumentöpfen, mit Grün, mit Pflanzen, die dort trotz der Höhe gedeihen. Blätter wiegen sich im Wind, die meisten auf Knöchel- oder Kniehöhe: ein gekräuselter

Grünkohl, ein Streifen Mangold, ein Wust aus Koriander. Eine Tomatenstaude klammert sich bei dem Wind an ihre Rankhilfe. In der Ecke, die zum Fluss hinausgeht, blüht eine Schar Duftwicken – Fernandas erste, wie sie aufgeregt erzählt. Da ist der Rhabarber, ein »Spontankauf« aus dem Waitrose-Supermarkt. »Der Wachmann fühlte sich bemüßigt, mir jede Menge Ratschläge zu geben, zum Beispiel, Blattdünger zu verwenden«, sagt sie lachend, während ihr wechselnder, ozeanübergreifender Akzent in die Höhe schwingt. »Wer gern gärtnert, gibt anderen für sein Leben gern Gartentipps.«

Die Töpfe bestehen größtenteils aus Plastik, nur wenige Pflanzen sind beschriftet: Diese Art von fröhlichem Chaos ist es, die ich in den besten Gärten genieße, in denen der Wunsch und die Neugier, etwas anzubauen, den Wunsch nach Ästhetik, Ordnung oder Regeln übertreffen. Dahinter und darüber erstreckt sich die Stadt: der hoch aufragende Sendeturm des Crystal Palace zur Linken, die Wolkenkratzer und Bürogebäude von East London zur Rechten und direkt vor uns die Architektenskizze von Canary Wharf. Dieser Balkon ist ein grüner Farbtupfer in einer grauen Landschaft.

Selbst jetzt, nach einem Jahrzehnt in der Stadt, bin ich von der Aussicht überwältigt. Aber für Fernanda ist es eine Art Heimkehr: Ihre Familie lebt in Hongkong im fünfundzwanzigsten Stock. »Ich bin mit all diesen Wolkenkratzern aufgewachsen, und das hier«, sagt sie und deutet auf die Pflanzen, »ist es, was mir Freude bereitet.«

Fernanda ist erst fünfundzwanzig, aber sie hat als junge Erwachsene in vielen verschiedenen Städten gelebt und ist in den letzten fünf Jahren einmal pro Jahr umgezogen, von Amerika nach Dänemark und dann nach England. Erst seit vier Monaten ist sie hier und kümmert sich um diesen Balkon. Inmitten dieser Veränderungen brachte sich Fernanda selbst das Gärtnern bei, richtete durch zu gut gemeintes Gießen ihre Zimmerpflanzen in amerikanischen Studentenzimmern zugrunde, legte auf winzigen Parzellen in Kopenhagen adrette Kübelgärten an und experimentierte in der Old Street, in deren Richtung wir jetzt blicken, mit Kompostanlagen. Jedes neue Zuhause bot ihr neue Möglichkeiten und Herausforderungen. »Der Wind war für mich nie ein Thema – bis ich hierhergezogen bin«, sagt sie und wirft mir einen Blick zu.

Das Gärtnern in Europa hat Fernanda eine neue Sichtweise in Bezug auf kulturelle Unterschiede und Identität vermittelt. Als sie hier zu arbeiten begann, stellte sie überrascht fest, dass die gleichen Pflanzen, die in Hongkongs üppigem subtropischem Klima problemlos gediehen, auch ihr Büro schmückten. Duftwicken waren für sie dagegen »etwas ganz Besonderes und Neues«. Sie erzählt mir von ihrer Beobachtung, dass in England, Amerika und Dänemark unterschiedliche Toleranzgrenzen gegenüber Unordnung im Garten existierten und dass sich das, je nach Wohnort, auf ihre eigene Gartenarbeit übertragen hat. »Mir ist das Gärtnern auch deshalb so wichtig, weil ich lernen möchte, wo die verschiedenen Pflanzenarten *wirklich* herkommen, zum Beispiel kommen Pfingstrosen und Rosen ja ursprünglich aus China, nicht wahr?«

Fernanda findet es interessant, dass sich in den Gärten von People of Color, die bei *Gardeners' World* vorgestellt werden, oft deren Herkunft widerspiegelt. »Dein Garten verkörpert meist das, was du in nächster Nähe haben möchtest. Er ist das Frühstück der Natur, denn er ist das Erste, was du am Morgen siehst, oder vielleicht das Letzte, womit du dich am Abend beschäftigst. Und auch wenn ich an anderen Orten das Fremdartige liebe, fühle ich mich, glaube ich, im Garten wohler mit Pflanzen, die ich wiedererkenne und die mir vertraut sind.«

Als Fernanda am Ende ihrer Jugendzeit in den USA lebte, spornten zwei Erlebnisse sie zum Gärtnern an. »Ich besuchte einen Biologiekurs und dachte: Ach, ich muss dieses Pflichtfach irgendwie durchziehen. Aber letztlich hat dieser Kurs mein Leben verändert. Die Lehrerin«, erinnert sie sich warmherzig, »war ziemlich schräg, aber sehr nett.« Sie brachte Fernanda etwas über »invasive Pflanzen« bei und über die Nützlichkeit neuer Arten, sprach über die Gefährdung der Biodiversität, schickte sie auf Exkursionen und prüfte ihre Pflanzenkenntnisse, indem sie »bei einer Prüfung buchstäblich Zweige hochhielt«. Sie brachte Fernanda dazu, Pflanzen anders zu sehen: als Fortpflanzungsorgane, als Überlebenskünstler, als gefährdete Arten. Der zweite Auslöser war ein Besuch auf einem Bauernmarkt, wo sie zum ersten Mal eine »gute sonnengereifte Tomate einer traditionellen Sorte« probierte. »Sie schmeckte nach Sommer«, sagt sie. »Seitdem baue ich Tomaten an, vermutlich um diese Erinnerung wachzuhalten. Nahrungsmittel, Gartenarbeit stehen in direkter Verbindung zu der starken Sehnsucht nach etwas, das du nicht bekommen kannst, weil es an einem bestimmten Ort nicht angebaut wird oder zu weit entfernt ist.« Fernanda erläutert Hongkongs »riesiges Problem der Ernährungsunsicherheit«, als ein Ort, der auf Importe angewiesen ist, um seine Bevölkerung zu versorgen. Folglich ist das Verständnis dafür, wo die Lebensmittel herkommen, nicht besonders ausgeprägt. »Wenn ich meinen Freunden Videos und Fotos von meinem Balkon zeige, wissen sie manchmal wirklich nicht, wo ihr Essen herkommt oder wie es aussieht.« Deshalb hat Fernanda während ihres frühen Erwachsenenalters einen ganz neuen Blick für Lebensmittel und Pflanzen gewonnen. »Es klingt kitschig, aber jedes Mal, wenn ich etwas esse, fühle ich mich in den Moment zurückversetzt, als ich es zum ersten Mal probiert habe.«

Fernandas Balkon beinhaltet beides: die Suche nach selbst gezogenen Produkten, die sie im Westen zu schätzen gelernt hat, und das entschlossene Verlangen nach den Aromen ihrer Heimat, die in britischen Supermärkten nicht leicht zu finden sind. Nach dreijährigem Bemühen hat sich Fernandas Shiso – ein Würzkraut aus der Familie der Minzgewächse, das in den Bergen Chinas wächst – in diesem Frühjahr endlich entfaltet. Als ich sie frage, warum sie so hartnäckig geblieben ist, antwortet sie schlicht: »Es ist hier wirklich schwer zu kriegen.«

Aber Fernanda gärtnert auch, um zu experimentieren: Zum Ende des Sommers wird sie wieder umziehen, diesmal nach Schottland, wo sie auf einem neuen Grundstück mit weniger Sonne als hier von vorn anfangen wird. Wir stehen inmitten der Ergebnisse von Aussaatschalen und Geduld. Der Koriander, erzählt sie mir, war ursprünglich ein Samen in einem Glasbehälter aus ihrem Gewürzregal. »Ein Teil von mir versucht immer pragmatisch zu sein: Gärtnere dem Klima entsprechend, gärtnere dem Raum entsprechend, der dir zur Verfügung steht. Und dann sagt ein anderer Teil von mir: Ach, was soll's, ich mache es trotzdem. Und wieso auch nicht?«, fragt sie. »Das Schöne an der Gartenarbeit ist, dass man fast nie komplett scheitert.« Fernanda zeigt auf einen tristen Stängel in einem Topf. »Das ist ein Misserfolg. Aber da drüben wächst ein Chinesischer Senfkohl, der die volle Größe hat.«

Es ist nicht einfach, auf kleinem Raum ohne direkten Zugang zur Erde Lebensmittel anzubauen (die gewaltige Menge an Kompostsäcken, die sich Fernanda ins Haus liefern ließ, veranlasste den Pförtner zu der Frage, was sie im Schilde führe), erst recht nicht in neunundzwanzig Stockwerken Höhe und vom Regen abgeschirmt. Aber ich habe nicht den Eindruck, dass sich Fernanda viele Gedanken darüber gemacht hat, als sie mit dem Pflanzen begann. Sie wollte es einfach versuchen – den Geschmack einer sonnengereiften Tomate einzufangen, Duftwicken zum Blühen zu bringen und herauszufinden, ob sie das, was es nicht zu kaufen gibt, selbst anbauen kann. Wir sprechen über Zimmerpflanzen, über das Stereotyp ihrer Besitzer, über Burnout. Einen solchen Einsatz beim Pflanzenanbau aus bloßer Freude an der Sache habe ich vermutlich noch nie gesehen. Fernanda weiß, dass sie ihre Zelte hier abbrechen wird, noch bevor die Saison beginnt; ihre Gärten haben immer ihren ständigen Umbrüchen zum Trotz existiert.

Ich ziehe meine Schuhe an und schalte das Diktiergerät aus. Wir wechseln noch ein paar Worte, bevor ich aufbreche; Fernanda lehnt am Rahmen der geöffneten Tür, während ich im Flur stehe. Sie spricht über Boden und Ansässigkeit. Später bitte ich sie per E-Mail, genauer darauf einzugehen. »Mir fällt es schwer, über Boden zu sprechen, ohne die Frage der Zugehörigkeit zu erwähnen, die darin mitschwingt«, schreibt sie zurück. »Es besteht immer noch die große emotionale und politische Frage, wie es möglich ist, dass BIPOC so wenig Land/dem Land entstammendes Vermögen ›besitzen‹ (in Anführungszeichen, weil der Begriff Besitz eine sehr bestimmte Art ist, sich auf Land und Güter zu beziehen), obwohl ihre Vorfahren als Einwanderer, als Teil der indigenen Bevölkerung oder als versklavte Menschen das Land bestellt oder bewirtschaftet haben.« Fernanda nennt ein paar Beispiele, um ihren Standpunkt zu untermauern – das weiße Eskapismuskonzept, das dem Cottagecore-Trend in den sozialen Medien innewohnt und ein idyllisches Landleben zum Fetisch erhebt; eine Szene aus Bernardine Evaristos *Mädchen, Frau etc.*; Organisationen, die fordern, den Zugang zu Land zu einem gemeinschaftlichen Gut zu machen. An der Tür habe sie darüber geredet, »wie Land/Boden historisch gesehen im Diskurs über Staatsbürgerschaft und Zugehörigkeit instrumentalisiert wurden«. Es ist eine akademische E-Mail, während unser vorheriges Gespräch dynamisch und emotional aufgeladen war. In den Gärten, die Fernanda angelegt hat – auf einem Schreibtisch in ihrem amerikanischen Studentenwohnheim, in einem Hof in Kopenhagen oder an der Seite eines Wolkenkratzers in Londons Docklands –, entstand ein Raum, in dem sie diese historischen Entwicklungen und Widersprüche aufgreift und dagegen ankämpft. Ich sah das, was sie auf ihrem Balkon angebaut hatte, als Rebellion und als Beweis für ihre Beharrlichkeit. Das Gemüse und die Blumen waren ebenso aufsässig wie schön. Ich sah eine Frau, die jedes Stückchen Land, das ihr zugänglich war, für sich beanspruchte.

Fernanda gehörte zu den Frauen, die sich auf meine Umfrage von einigen Monaten zuvor gemeldet hatten. In ihrer Antwort schrieb sie, dass die Anschaffung einer

Pflanze nach dem Umzug an einen neuen Ort »mir metaphorisch und buchstäblich geholfen hat, Wurzeln zu schlagen«. Außerdem habe es ihr geholfen, diesen Teil ihres Erwachsenenlebens zu markieren: Beim Betrachten der Fotos der verschiedenen städtischen Gärten »werde ich an diese Zeiten in meinem Leben erinnert«.

Ich hatte mit Fernanda sprechen wollen, weil mich interessierte, wie uns Pflanzen und Gärten verwurzeln – in einer neuen Stadt, in unseren Familien, an verschiedenen Orten auf der Welt. Ich traf auf eine Frau, die einen Garten angelegt hatte, ohne zu wissen, was daraus entstehen würde. Die Pflanzen hatten Fernanda nicht unbedingt verwurzelt, aber sie hatte sich durch das Anbauen einen eigenen Raum geschaffen – einen Raum für Experimente, Nahrungsmittel, Schönheit, Freude – in einer neuen Umgebung. Das zeugte für mich von großem Mut: in Töpfe mit Erde zu investieren, ungeachtet dessen, was die Zukunft bringen mochte. Nicht Fernandas kulturelle Identität bestimmte darüber, was sie anpflanzte, sondern ihre Erfahrungen. Der Balkon spiegelte das Leben wider, das sie gelebt hatte, und die Sehnsüchte, die sie sich erfüllt hatte. Kein Wunder, dass er sich inmitten dieser Korridore so geliebt und wild anfühlte.

*

Manchmal ist der Garten wie ein Spiegel. Er zeigt mir Dinge, die ich überrascht wiedererkenne, wie zum Beispiel, als ich vor Paulines Haustür stand und der Anblick ihres Gesichts bei mir eine tiefe, unerwartete Resonanz erzeugte. Irgendwie habe ich unter Brixtons vom Beat erfüllten Himmel einen Cottage-Garten angelegt, in dem Stockrosen an Backsteinmauern stupsen und Pfingstrosen auf Mohnblumen treffen. Fenchel zieht sich sanft durch das Beet, obwohl ich weiß, dass mir seine Ausläufer und Samen in Zukunft Probleme bereiten werden. An diesem Grundstück gibt es nichts Strenges, Zeitgemäßes oder »Großstädtisches«.

Ich denke an Fernandas Bemerkung zurück, dass wir uns mit Pflanzen, die wir wiedererkennen, wohler fühlen. Ich bin den Gärten, in denen ich aufgewachsen bin, entflohen, aber ein Teil von ihnen hat mich trotzdem eingeholt. Dennoch habe ich diesen Raum, diese Blumenbeete, Töpfe und Pflanzen, die sich an der Mauer entlangranken, unabhängig von meinem Erbe erschaffen. Vieles davon kann ich nicht entwirren. Das tiefe Scharlachrot der Türkenbundlilien, die unter dem Baum glucken; eine Blume, die ich mir nie ins Haus holen würde, auf die ich im Garten aber sehnsüchtig warte. Die saftigen Farne, von denen ich nie genug kriegen kann und die nach und nach den Platz der zerrupften verblühenden Blumen einnehmen; sie erinnern mich an das Tanzen auf Festivalgeländen im Wald während meiner Zwanziger, an die erdige Verheißung des Maimonats als Studentin. Immer öfter erkenne ich die Frauen, die ich getroffen habe, in den Pflanzen in meinem Garten wieder – in den Ablegern, die ich im Tausch gegen andere bekommen habe, in den Pflanzen, die ich bewundert und später selbst gekauft habe. Irgendwann werde ich diese Pflanzen betrachten und meine eigenen Geschichten erzählen.

# II

## *Charleston*

Der durchdringende, süßliche Geruch von Kuhmist versetzt mich immer in meine Kindheit zurück. Ich nehme ihn in der Luft von Charleston Farmhouse wahr, dem gelbbraunen Bauernhaus aus dem 16. Jahrhundert in den Sussex Downs, das den Mitgliedern der Bloomsbury Group den Großteil des 20. Jahrhunderts als Zuhause und Tummelplatz diente. Wenn das Haus geöffnet ist – was heute nicht der Fall ist –, lockt Charleston Besucher aus aller Welt an, die die Wandgemälde, die prächtigen Textilien und die rustikale Keramik in der Küche bewundern. Hier befanden sich die Schlafzimmer des Ökonomen John Maynard Keynes und des Künstlers Duncan Grant, hier saßen sie mit den Kunstkritikern Roger Fry und Clive Bell zusammen, hier schwammen sie im Teich und schufen Werke, die das 20. Jahrhundert von Grund auf veränderten. Charleston ist die Art von Ort, die einen dazu verleitet, seine eigenen Türen mit Kreisen in Senfgelb und Altrosa zu bemalen. Das erste Mal war ich als wissensdurstige Teenagerin hergekommen, um für ein Abiturprojekt zu recherchieren. Fünfzehn Jahre später bin ich aus einer ähnlichen Neugier zurückgekehrt.

Damals verlockten mich die kräftigen Farben und Pinselstriche. Ich romantisierte den unkonventionellen Lebensstil des Ganzen. Mein Verständnis von den politischen und sexuellen Verstrickungen der Bloomsbury Group – und wie sich beides gegenseitig beeinflusste – war naiv, aber ich liebte Grants Gemälde und versuchte sie zu imitieren, brachte meine Freunde dazu, in Ballkleidern auf den vorstädtischen Sesseln ihrer Eltern herumzulungern, und malte sie mit rotbraunen und ockergelben Ölfarben.

Auf Grants Porträt von Vanessa Bell aus dem Jahr 1918 fesselten mich ihr wachsamer Blick und die verschränkten Hände; die Art, wie die Träger ihres roten Kleides auf ihren Schultern balancierten. Und Bell war es auch, die mich zur Rückkehr hierher motiviert hat. In den rund zehn Jahren, die seit meinem letzten Besuch vergangen sind, wurde sie von der Kunstgeschichte wiederentdeckt, die sie zuvor als Grants Lebensgefährtin, Ehefrau des Kunstkritikers Clive Bell, Mutter ihrer gemeinsamen Kinder, Geliebte des Kunstkritikers Roger Fry und große Schwester von Virginia Woolf in den Hintergrund gedrängt hatte und nun erkannte, dass sie eine Pionierin auf dem Gebiet der abstrakten britischen Kunst war.

Fast sechzig Jahre nach ihrem Tod wurde 2017 die erste große Retrospektive ihres Werks eröffnet. Endlich nahm man Bell als Künstlerin ernst und interpretierte ihren Wunsch, das Leben als Hausfrau und Mutter mit ihrer Arbeit in Einklang zu bringen, als – selbst heute noch – revolutionäre Lebensweise. Das war ein unbestreitbarer Fortschritt, aber ich wollte in weniger befahrene Gewässer vordringen. Ich wollte mehr über sie als Gärtnerin erfahren.

Charleston wird von einem ländlichen Grundstück umgeben: ein Schluck von einem See, auf dem immer noch ein Ruderboot vertäut liegt, ein Obstgarten mit knorrigen Mispeln und eine Gasse aus hohen Bäumen. Zwischen den Zweigen ragen Skulpturen von Quentin Bell, Vanessas Sohn, hervor. Von den meisten Stellen sieht man die Hügellandschaft der Sussex Downs, die sich wie eine gewellte Steppdecke darunter ausbreitet. Das Beste ist der ummauerte Garten, der sich auf der Rückseite des Hauses erstreckt. Die gescheckten Mauern aus Feuerstein und Ziegeln bergen Rosen, Apfelbäume und wolkenförmig gestutzte Buchsbaumhecken. In der Mitte befindet sich eine gepflegte Rasenfläche mit einem rechteckigen, von Kacheln umrandeten Teich, aber selbst jetzt, an einem der letzten warmen Apriltage, herrscht hier das Gefühl einer prachtvollen Rebellion vor. Angelica Garnett, Bells und Grants Tochter, schrieb über Charlestons Garten, er sei nie ein herrschaftlicher Garten oder ein Gärtnergarten gewesen, sondern immer ein Künstlergarten. Frauen legen aus vielen Gründen Gärten an, aber dieser hier schien eine Muse gewesen zu sein.

Ich gehe durch die Lücke in den Mauern, die das Haus umgeben, und entdecke Harry, den Gärtner von Charleston. Er steht vorübergebeugt, aber als er sich aufrichtet, ist sein Kopf mit den widerspenstigen Locken auf gleicher Höhe wie der obere Rand des Gartentors. Die Tulpen blühen, ebenso die letzten Narzissen, die Apfelbäume treiben Knospen, haben aber noch keine Blüten. Winter-Frühling unter klarem Himmel. Es war fast den ganzen Monat über trocken: kein Regen, keine Aprilschauer. Ein Rasensprenger rattert schuldbewusst gegen das Vogelgezwitscher an. Ich rufe Harry einen Gruß zu, und er winkt mit einem langen Arm; er hat sich bereit erklärt, mit mir über Charlestons Garten zu sprechen und über Vanessas Rolle bei dessen Gestaltung. In der sonnigsten Ecke des Gartens setzen wir uns auf eine Steinbank, wo er mit Gärtnerhänden Schriftstücke und Bücher ausgebreitet hat. Diese Unterlagen sind hier ebenso unverzichtbare Werkzeuge wie eine Schubkarre oder ein Spaten: Als nach Duncan Grants Tod in den 1980er-Jahren die Restaurierungsarbeiten in Charleston begannen, war der Garten verwildert. Die Rekonstruktion des Gartens, den Bell und Grant nach Roger Frys Entwurf von 1918 angelegt hatten, erforderte eine jahrzehntelange archäologische Spurensuche anhand von Gemälden, Briefen und verschollenen Saatgutpäckchen. Harry hat diese Herausforderung erst vor relativ kurzer Zeit übernommen: Seine Vorgängerin war Fiona Dennis, eine Pflanzenexpertin, die es sich zur Aufgabe gemacht hatte, die Sorten aufzuspüren, die Grant und Bell fast ein Jahrhundert zuvor angepflanzt hatten.

Auf der Bank, in der frühen Nachmittagssonne, wenden wir uns um und werfen einen Blick auf das Haus am oberen Ende des Gartens. Harry deutet auf die Fenster, hinter denen sich das Hauptatelier befand, auf den Dachboden, in dem Bell in späteren Jahren arbeitete, und auf ihr Schlafzimmer im Erdgeschoss. Er spricht so leise, dass ich nicht sicher bin, ob das Mikrofon seine Stimme einfangen kann. »In vielerlei Hinsicht war sie wahrscheinlich diejenige, die jeden Tag beim Aufwachen mit dem Garten in Verbindung trat«, sagt er. »So gesehen muss der Garten für sie eine echte, greifbare Bedeutung besessen haben. Vielleicht mehr als für Duncan und die anderen.«

Es ist seltsam, das zu hören, irgendwie bringt es in mir eine Saite zum Klingen. Ich bin mit der Vermutung nach

Charleston gekommen – mehr aus dem Bauch heraus als aufgrund von Indizien –, dass Bell eine tiefe und komplexe Beziehung zum Garten hatte, die möglicherweise ebenso lange übersehen wurde wie ihre Kunst, aufgrund der Arbeit, die andere in dem Haus geleistet haben, das sie mitgestaltet hat. Bell starb 1961 in Charleston. Sie führte Korrespondenz und malte ausgiebig. Ihre Enkelin Virginia Nicholson ist Charlestons Vorsitzende und erinnert sich, wie ihre Großmutter sie als Kind dazu brachte, für sie Porträt zu sitzen, indem sie sie aufforderte, Geschichten über die Bilder an den Atelierwänden zu erzählen. Aber das ist alles, womit wir arbeiten können: mit den Erinnerungen und Werken einer Frau, die sechzig Jahre – und ein paar Wochen – vor meiner Rückkehr in den Garten verstorben ist. Ich konnte sie nicht wie die anderen Frauen über ihren Garten befragen. Stattdessen würde ich Dokumente und Geschichte, Sinn und Logik zusammenfügen müssen, um etwas zu schaffen, was der Wahrheit nahezukommen scheint, so wie Harry, Fiona und die Gärtner vor ihnen es taten.

»Ich wünschte, du würdest Wissett aufgeben und dafür Charleston nehmen«, schrieb Virginia Woolf im Mai 1916 an Vanessa Bell. »Auch der dazugehörige Garten ist reizvoll, mit einem Teich, Obstbäumen und Gemüsebeeten, und obgleich im Augenblick alles ziemlich verwildert wirkt, ließe sich etwas daraus machen.« Im September setzte Bell diesen Vorschlag in die Tat um, gemeinsam mit ihrem Mann Clive, Duncan Grant und dessen Liebhaber David »Bunny« Garnett. Der ummauerte Garten war ein See aus Schlamm und Kartoffeln, die Apfelbäume, die zu Bells Entzücken im Pachtvertrag enthalten waren, trugen Früchte, aber es war trotzdem »ein trostloses Stück Land«, erinnert sich Quentin Bell. Seine Mutter hatte Wurzeln der Spanischen Artischocke eingepackt, aus denen die hoch aufragenden Kardonen hervorgingen, die sich während der kommenden Jahrzehnte sowohl durch den Garten als auch durch ihre Bilder ziehen sollten. Die Bells hatten miteinander zwei Söhne: Julian, damals acht, und Quentin, damals sechs. Der tobende Krieg hatte die Gruppe nach Sussex verschlagen: Grant und Garnett suchten Arbeit in der Landwirtschaft, um als Kriegsdienstverweigerer so ihren Zivildienst ableisten zu können. Für Bell, die in London geboren und aufgewachsen war, hatte der Anbau von Nahrungsmitteln für ihre Söhne Priorität. »Während der Kriegsjahre bedeutete das Leben in Sussex für Vanessa hauptsächlich Überleben«, erinnert sich Virginia Nicholson im Gespräch mit ihrem Vater Quentin Bell in ihrem Buch *Charleston: Ein englisches Landhaus des Bloomsbury-Kreises*. In einem Brief an Roger Fry Ende Februar 1917 schreibt Bell: »Ich versuche zurzeit mit allen Mitteln, ein Schwein, einige Hasen und anderes aufzutreiben; außerdem sollte der Garten umgestochen werden. Ich glaube, dass es keine andere Möglichkeit gibt, als für alles selbst zu sorgen.« Ihre Entschlossenheit weckt in mir die Vorstellung von gefrorenem Matsch, dreckverschmierten Knien und kurzen Tagen – das Rüstzeug einer Matriarchin, die das Haus noch vier Jahrzehnte lang am Laufen halten würde.

Kurz darauf begann Fry mit der Arbeit an einer formelleren dekorativen Gestaltung des ummauerten Gartens und legte das Fundament für die rasterartigen festen Strukturen, die noch heute bestehen. Genau wie das Haus war auch Charlestons Garten ein Gemeinschaftswerk. Während Fry für den Entwurf zuständig war, suchte Grant leidenschaftlich nach tropischen Pflanzen, die ihn an seine Kindheit in Myanmar erinnerten. Mithilfe von Gipsmodellen aus der Kunsthochschule goss er Büsten und Figuren und verteilte sie auf dem Anwesen. Er träumte von Flamingos, die aber nie eintrafen.

Zunächst gab es einen Gärtner, dann einen weiteren, um die Arbeit und die Instandhaltung zu bewältigen. Bells Rolle scheint weniger klar definiert und zugleich zentraler ausgerichtet zu sein: Sie beaufsichtigte die Gärtner, schnitt die Pflanzen zurück und jätete Unkraut, pflückte Blumen, damit man sich im Haus daran erfreuen konnte, und sie malte, malte, malte. »Charleston ist wie immer«, schrieb Woolf 1922. »Nessa taucht aus einem großen, bunten Flickenteppich aus Astern und Artischocken auf.« Angelica, Vanessa Bells und Duncan Grants Tochter, sah ihre Mutter im Garten »friedlich vor ihrer Staffelei auf und ab gehen, angetan mit dem Fummel einer französischen Schürze, um ihr Kleid zu schonen, an den Füßen Espadrilles mit flachen Absätzen und auf dem Kopf einen breitrandigen Hut, um ihre Augen vor dem grellen Sonnenlicht zu schützen. Der Geruch von Ölfarben und Terpentin verriet, dass sie da war.«

Auf Bells und Grants Gemälden sind zahlreiche Blumen zu sehen, aber auch in ihren Texten wird der Garten lebendig. »Bells Beitrag zu dieser üppigen Pracht an Blüten und Früchten findet sich auch in ihren Briefen«, schrieben Charles W. Moore, William J. Mitchell und William Turnbull in *The Poetics of Gardens*. Der Garten und ihre Liebe zu ihm sind in Bells Korrespondenz allgegenwärtig. Sie schrieb, dass sie Flieder kaufte und Blumenzwiebeln setzte, berichtete ihren Freunden die Neuigkeiten von dem Ort, den zu verlassen sie nicht ertragen würde. »Wir haben eine sehr turbulente Woche hinter uns«, schrieb sie an Julian, der 1936 in China lebte. »Das Haus war bevölkert von jungen Leuten, die [...] da und dort im Garten lagen, in dem die Blumen, Schmetterlinge und Äpfel ein Feuerwerk der Farben entfalteten«; in einem anderen Brief teilt sie ihrem Sohn mit, der Garten sei »einfach eine wogende Blumenpracht«. In einem Brief an Roger Fry schrieb sie im August 1930: »Wenn die Sonne herauskommt, kannst du dir kaum vorstellen, zu welch bezauberndem Bild die Äpfel, Stockrosen, Pflaumen, Zinnien, Dahlien miteinander verschmelzen.« Harry liest mir seine Lieblingsausschnitte aus diesen Briefen vor. Einer aus dem August 1930 klingt wie eine Farbpalette: »Der Garten [...] ist unglaublich schön [...], dicht nebeneinander finden sich hier die unterschiedlichsten Rottöne, Skabiosen & Stockrosen & Malven & jede Rotnuance von Bleirot bis Schwarz. Die Fackellilien entfalten sich gerade. [...] Natürlich habe ich auch schon einige Blumen gemalt – wie anders könnte ich hier beginnen.«

Die Wahl der Bepflanzung ist der Schlüssel dazu, dass Charlestons Garten von Künstlern und für Künstler geschaffen wurde – graues Blattwerk bringt Blumen mehr zum Leuchten als grünes –, und sie entsprach in keiner Weise den damaligen gartenbaulichen Konventionen. Es waren mediterrane Pflanzen, Ziergewächse, die mit Obstbäumen und Gemüse vermischt wurden. Ein Frevel, selbst nach den Maßstäben eines Jahrhunderts später. Die Flure und Holzverkleidungen des Landhauses sind in demselben matten Grau gestrichen – diesem Umstand ist es zu verdanken, dass »Charleston Gray« auf Farbkarten auftaucht. Der Charakter des Hauses und die Geisteshaltung seiner früheren Bewohner haben sich bis in den Garten ausgebreitet. Drinnen und draußen sind miteinander verschmolzen. In diesem häuslichen Bereich wurde alles von demselben Wunsch beseelt: eine freiere Lebensweise zu finden.

Die Freiheit in Charleston – die Freiheit der Menschen, die dort lebten, liebten und arbeiteten – ist gut dokumentiert. Es gibt Fotos von Partys und Aufführungen, von Kindern, die im See schwimmen. Vor seinem Tod in den 1990er-Jahren erinnerte sich Quentin an die zahlreichen gefährlichen und moralisch fragwürdigen Streiche, die Julian und er als Kinder ausheckten, und wie sie in dem zur Wildnis gewordenen Obstgarten ihr Unwesen trieben. Doch auch die Abgeschiedenheit war ausschlaggebend dafür, dass die Wahl auf Charleston fiel. Eingebettet in die Sussex Downs, bot es gleichzeitig Rückzugsmöglichkeiten und Zerstreuung. Oft kamen Freunde zu Besuch, aber offenbar zog Bell auch Grenzen: Als Pablo Picasso, der in Lee Millers Farmhaus in der Nähe wohnte, sie besuchen wollte, soll sie vorgegeben haben, in London zu sein.

Ihre Freunde und Familie nannten Bell »Nessa«, und ihre Geschwister tauften sie augenzwinkernd »Die Heilige«. Sie ist als eine Art häusliche Erdenmutter in die Kunstgeschichte eingegangen, die stets im Garten umherschweifte mit ihrem unverwechselbaren Hut – ein Bild, für das Woolf mitverantwortlich war. Doch wie für viele Frauen war auch für Bell die Mutterschaft kompliziert. »Manchmal habe ich ehrlich gesagt Angst vor der Verantwortung, Kinder zu haben«, schrieb sie an Woolf. »Ich bin mir nicht sicher, ob man sich damit nicht eine schreckliche Last aufbürdet.« Nessas Darstellung als unbeschwerte Matriarchin wurde auch von ihrer Tochter widerlegt. 1984 veröffentlichte Angelica *Freundliche Täuschungen: Eine Kindheit in Bloomsbury,* einen aufrührerischen Bericht über ihre Erziehung in Charlestons Umklammerung, der darauf hindeutet, dass Bells Leben chaotisch und vertrackt war und ihre Erziehung so fragwürdig, dass ihre Tochter dadurch »emotionalen Schaden« nahm.

Mitte der 1930er-Jahre brachen mehrere Schicksalsschläge über Bell herein. 1932 beziehungsweise 1934 starben ihre Freunde Lytton Strachey und Roger Fry. Ihr ältestes Kind, Julian, kam 1937 im Alter von neunundzwanzig Jahren im Spanischen Bürgerkrieg ums Leben. 1941 ertränkte sich Woolf hinter ihrem Haus im Fluss Ouse. Julians Tod traf Bell schwer. »Vanessa war völlig verzweifelt«, erinnerte sich Quentin. »Wir brachten sie nach Charleston zurück, wo sich Virginia die verbleibenden Sommerwochen über so hingebungsvoll ihrer Schwester widmete, dass sie sich, tieftraurig zwar, wieder fangen konnte. An den wenigen Tagen, an denen es Virginia nicht möglich war, nach Charleston zu kommen, ließ sie ihr ein paar tröstende Worte zukommen. Ich erinnere mich, wie ich Vanessa einmal leise vor sich hin weinend im Garten fand: ›Ein weiterer Liebesbrief von Virginia‹, sagte sie mit einem kaum wahrnehmbaren Lächeln.« Dieser Teil von Bells Leben kommt während meiner Unterhaltung mit Harry schnell zur Sprache. »Über eine Phase von fünf bis zehn Jahren hat sie sehr viel Kummer erlitten«, sagt er. »Etwa zu dieser Zeit, in den späten Dreißigern, fingen sie wirklich an, sich hier niederzulassen.«

Im Laufe der 1940er-Jahre veränderten sich Bells Briefe; sie waren nicht mehr an Fry, Julian oder Woolf gerichtet. Gelegentlich schrieb sie über ihre Trauer und ihre Genesung an Vita Sackville-West, Woolfs Geliebte und gelegentliche Muse. Bell, die lange Zeit die Fotografin der Familie gewesen war, machte nach Julians Tod keine Aufnahmen mehr. Und vielleicht veränderte sich auch der Garten. Er war nicht mehr die morastige Schwemme, auf die sie beim Gemüseanbau vertraut hatte, und auch nicht die Wildnis, die ihre Kinder für sich beansprucht hatten; er war nicht mehr das Projekt, das von ihren Liebhabern ersonnen und gemeinsam mit ihnen verwirklicht worden war, der entstehende Rosengarten, von dem sie immer geträumt und den sie in Briefen an Julian beschrieben hatte. Stattdessen spiegelte der Garten eine neue Phase der Mutterschaft wider, als Bells zweitältester Sohn, Quentin, Veränderungen daran vorzunehmen begann: Er stellte sich den Garten als ein »zweites Versailles« vor, mit einer ausgedehnten Rasenfläche, auf die Bell von ihrem Schlafzimmer aus blicken sollte, und mit Skulpturen, Pfaden und einer Piazza, die er anlegen wollte. Vielleicht wurde der Garten aber auch zu einem Ort des Trostes, einem Refugium innerhalb des Refugiums, das Charleston bereits war. Nach Julians Tod pflanzte sie zu seinem Andenken eine Reihe von Pappeln, gleich hinter der Gartenmauer. Sie haben das Land nie in Besitz genommen, sondern starben eine nach der anderen. »Es ist schwer, bei so vielen schlechten Nachrichten nicht deprimiert zu sein«, schrieb sie 1950 in einem Brief. »Die Bäume sind jetzt fast kahl und oft wunderschön – weißt du noch, wie sehr Julian die kahlen Bäume mochte? –, aber das Obst ist vollständig abgeerntet, und es gibt kaum noch Blumen. Trotzdem ist es von immenser Schönheit, sogar noch mehr, als wenn alles grün ist, wie ich finde.« Bevor sie ihre Briefe beendete, berichtete Bell oft kurz über den aktuellen Stand des Gartens: »Jetzt ist er ein Wunder an Schönheit« im Mai 1959; »Ich fürchte, der Garten wird noch mehr von Unkraut überwuchert werden als je zuvor« vor ihrer Mastektomie im Jahr 1944; »Der Garten hier ist einfach bezaubernd, aber alles erblüht zu schnell, und im Nu ist es vorbei« ein paar Wochen vor ihrem Tod.

In Bells späteren Jahren wurde das Haus immer weniger zu einer offenen Begegnungsstätte: Zwar erschien die Familie immer noch vor Charlestons blassrosafarbener Tür – alte Freunde, Enkelkinder –, aber es gab weniger junge Leute, weniger Ausgelassenheit. Bell störte sich zunehmend an der Straße hinter dem Haus, sowohl an deren Lärm als auch an den Menschen, die sie mit sich brachte. Im Jahr 2020, in der berauschenden Stille eines Sommers im Lockdown, schrieb Harry über seine einsame Gartenarbeit in Charleston: »Ich beginne immer deutlicher zu spüren, dass der Garten ein ungemein tröstliches Mittel für unsere Sorgen sein kann.« Während wir im Garten sitzen, erzählt mir Harry, dass er die Gärtnerin in Bell an dem erkenne, was sie zurückgelassen hat. »Sobald man anfängt zu recherchieren, wird einem klar, wie wichtig der Garten war, insbesondere für sie, allein schon aufgrund der Häufigkeit, mit der er in den Bildern und Briefen auftaucht, die sie hinterlassen hat. In den Briefen aus der damaligen Zeit erzählt sie ständig von dem Garten. Und ich vermute, dass er für sie ein echter Trost war. So stellt es sich zumindest für mich dar.« Andere Relikte deuten darauf hin, dass sich

Bell an diesem Ort wohlgefühlt hat. Eines der letzten Fotos von ihr wurde 1960 aufgenommen, ein Jahr vor ihrem Tod. Bell sitzt darauf auf der Terrasse vor dem Haus, ein kariertes Kleid streift ihre Knöchel, sie hat Bücher und Zeitungen unter einen Arm geklemmt.

Auf dem Dachboden richtete sich Bell ein Atelier ein, von dem sie Aussicht auf den Garten und den Teich hatte. In einem der Räume im Erdgeschoss ließ sie Verandatüren einbauen und machte ihn zu ihrem Schlafzimmer. Hierher pilgerte auch die Musikerin Patti Smith, um die »silbrige Beschaffenheit« des Lichts einzufangen, die sie dort wahrnahm. Und hier stehe ich nun mit Melissa, die mich durch das Haus führt, und blicke in den Garten hinaus. Melissa arbeitet in Charleston und gesteht, dass sie in Bells Zimmer Gänsehaut bekomme. Es fühlt sich tatsächlich atemberaubend privat an: In dem Bett, das auf die Verandatür und den Garten ausgerichtet ist, starb Bell. Auf der Steppdecke liegt ihr berühmter übergroßer Hut. An der Wand gegenüber von ihrem Kopfkissen hängen zwei sehnsuchtsvolle Porträts ihrer Jungen, die sie malte, als sie noch Babys waren. Ich antworte, dass dieses Zimmer überaus weiblich wirke; die Wände sind in einem zarten Rosa gestrichen. Hier, in einem Haus, das von den Stimmen und Leistungen der Männer erfüllt war – von Bells erwachsenen Söhnen, von Duncan und seinen Liebhabern, von Clive und John und Bunny –, gab es einen Raum, den eine Frau für sich selbst schuf, wo sie aufwachen und direkt in den Garten gehen konnte, den sie liebte.

Am späten Nachmittag führt mich Harry zu der Lücke in der Mauer, bevor er sich wieder seiner Arbeit widmet, die ich unterbrochen habe. Zufällig treffen wir dort auf

Charlestons Direktor, und ich werde ihm vorgestellt. Er fragt mich, was mich zum Farmhaus führe. Ich ringe um Worte, während ich zu erklären versuche, was ich hier gesucht habe: Spuren von Bell im Garten, Geschichten darüber, was er ihr bedeutet hat, etwas, das meine Annahme bestätigt, dass ihre Arbeit hier übersehen wurde, so wie es bei ihrer Kunst so lange Zeit der Fall war. Der Direktor bohrt nach, fragt, woher ich das wissen wolle, und sagt mir, es sei unmöglich zu beweisen. Grant und Bell hätten so viel gemeinsam geschaffen, wie sollte ich da ihre Arbeit von seiner trennen? Er empfiehlt mir, in Roger Frys Archiv nachzusehen, um mehr über den Garten zu erfahren. Die Unterhaltung ist unangenehm; ich fühle mich klein und unbedarft. Ich habe nicht behauptet, Kunsthistorikerin zu sein, und trotzdem wird mir suggeriert, dass ich mich wie eine verhalten solle. Später kommt es mir auf seltsame Weise passend vor, dass der Tag, den ich mit dem Versuch verbracht habe, die unsichtbare Arbeit einer Frau ans Licht zu bringen, damit endet, dass ein Mann mir nahelegt, mich zur Bestätigung auf die Belege für die Arbeit anderer Männer zu stützen. So vieles von dem, was wir tun – in Gärten, in Häusern, in Beziehungen – findet im Verborgenen statt, in der Erinnerung und in der Wahrnehmung. Vielleicht kann man es nur mithilfe des Instinkts aufspüren, mithilfe der Gefühle, die in einem Raum mit rosafarbenen Wänden in der Luft liegen.

*

Ein Ort kann wichtig sein. Als ich die Frauen fragte, ob sie bereit seien, mit mir über ihre Beziehung zum Gärtnern zu sprechen, erklärte ich ihnen, dass ich es gern persönlich tun würde, auf einer Grünfläche ihrer Wahl. Manchmal waren es ihre eigenen Gärten, aber meistens lagen sie außerhalb: Gemeinschaftsgärten, öffentliche Grünanlagen mit oder ohne Eintrittsgebühren. Diese Orte waren mit Erinnerungen und Bedeutungen verbunden, und die Frauen hatten das Gefühl, auf irgendeine Weise von ihnen geprägt worden zu sein. Sie waren untrennbar mit ihrer Geschichte verwoben; sie bildeten einen Bestandteil ihrer Persönlichkeit. Einige der Gärten, die uns geprägt haben, werden heute nicht mehr von uns gepflegt. Nur eine Frau lehnte meine Bitte ab, sie zu interviewen, was zum Teil daran lag, dass sie keinen Zugang mehr zu dem Garten hatte, den sie mir gern gezeigt hätte. »Er gehört mir nicht mehr«, schrieb sie, »und ich habe keine Ahnung, wie viel von mir noch in ihm steckt.«

In den Gesprächen, die ich mit den Frauen in ihren Gärten geführt habe, kam vieles auf. Entschlossenheit und Trauer, Kreativität und Rückzug, Verlust und Freude, Kontrolle und Veränderung – all das überschnitt sich in den Leben, von denen sie mir erzählten, oft innerhalb der Grenzen der Grünflächen, auf denen wir saßen. Diese Dinge lauerten zwischen den Pflanzen und in dem dunklen, komplexen Geflecht des Bodens. Ein Konzept, das sie alle verband, war Raum. Wenn man einen Garten kultiviert – ihn von Grund auf neu anlegt, die Parzelle eines anderen übernimmt, sich zurücklehnt und ihn verwildern lässt –, wird er zu einem Raum, in dem sich die Themen des Lebens darstellen und widerspiegeln. In jedem Gespräch, das ich führte, stieß ich immer wieder auf diesen Wunsch, einen Ort zu schaffen und für sich zu beanspruchen. Auch in meinem eigenen Leben habe ich diesem Bedürfnis nachgespürt. In einer Zeit, in der ich mich gleichzeitig eingeengt und sehr einsam fühlte, fand ich im Garten den Raum, um meinen Gedanken Luft zu verschaffen und eine Verbindung herzustellen. In meinen Gesprächen taucht das Konzept eines Raums immer wieder auf: ein Bedürfnis danach, die Sehnsucht danach, und was wir an diesen Orten, an denen wir etwas wachsen lassen, gesammelt, geborgt und ihnen umgekehrt dargeboten haben.

Ich denke an Abi, die ich gegen Ende des langen Winters traf. Sie erzählte mir, wie sie zwischen ihren Schichten im Krankenhaus aus dem Gestrüpp hinter ihrem Wohnblock mühsam einen Garten mit einer Terrasse angelegt hat. Sechs Wochen lang ebnete Abi den Boden von Hand, holte kostenlose Pflastersteine ab, die sie übers Internet gefunden hatte, und durchforstete die überschüssige Erde nach Kieselsteinen, um den Untergrund für die Terrasse zu schaffen. Stück für Stück strich sie, suchte Sachen zusammen und pflanzte. Als der Sommer vor der Tür stand, hatte sie einen physischen Raum geschaffen, den es vorher nicht gegeben hatte.

Im Sommer treffe ich zwei Frauen, die gemeinsam gärtnern – Ali und Sarah –, und auch hier zieht sich das Thema Raum wie ein roter Faden durch unser Gespräch. Sie erzählen mir von einem Waldstück, das zwei Freunden gehörte, die sich nicht einigen konnten, ob es bewirtschaftet werden sollte oder nicht (»Ein Ort, an dem du wirklich nur zu dem Raum gehörst, in dem du dich befindest und der dich von der Welt trennt, in der du zu sein glaubtest, und wie sollst du dich dort zurechtfinden? Und ist es nicht wunderschön?«, beschreibt Ali ihre Erfahrung, dort zu sein). Sie erzählen von einer Guerillagartengruppe in Cambridge, die sich um von Studenten und Anwohnern vernachlässigte Grünflächen kümmert. Als wir darüber sprechen, wie leicht die Geschichten über die Gartenarbeit von Frauen verloren gehen, meint Sarah, es könne daran liegen, dass das Gärtnern oft im Stillen weitergegeben werde. »Man nimmt Raum ein«, sagt sie, »und das wird Frauen eigentlich nicht zugestanden.«

Eine Saison nachdem ich Kayla zum ersten Mal in den Gewächshäusern in East Sutton getroffen habe, kehre ich dorthin zurück. In der Zwischenzeit habe ich eine schleppende Kommunikation mit den Gefängnismitarbeitern geführt, in dem Bemühen, Zugang gewährt zu bekommen, um Kayla noch einmal richtig zu interviewen. An diesem frühen Montagmorgen, einem Feiertag, ist der Ort menschenleer; Hinweisschilder für Besucher führen mich zu einem verschlossenen Gebäude. Eine der wichtigsten Anweisungen vor meiner Ankunft lautete, mein Handy im Auto zu lassen, aber es ist niemand da, der mir zeigen könnte, wo ich hinmuss. Zurück am Eingang zur Farm, weist mir eine Frau in einem grauen Trainingsanzug den Weg in das Dachgeschoss einer Scheune. Drinnen stehen abgenutzte Büromöbel, das Licht ist ausgeschaltet. Ich drücke eine Tür auf und entdecke Kayla, die mit angezogenen Beinen auf einem Stuhl sitzt, vor ihr zwei Männer an Schreibtischen, die sagen, dass sie dachten, ich hätte mich verlaufen. Vermutlich habe ich das auch.

Ich wollte noch einmal mit Kayla sprechen, weil unser letztes Gespräch trotz der Kürze einen bleibenden Eindruck bei mir hinterlassen hatte. Mich interessierte weniger, was ihr widerfahren war und was sie getan hatte, um im Strafvollzug zu landen, sondern vielmehr, wie sie in diesem System lebte. Keine der anderen Frauen, mit denen ich gesprochen hatte, war so neu mit Pflanzen und deren Aufzucht in Berührung gekommen oder hatte das Gärtnern unter so extremen Bedingungen für sich entdeckt. Keine der anderen Mütter, mit denen ich gesprochen hatte, war von ihren Kindern getrennt worden.

Aber mir ist auch bewusst, dass dies wahrscheinlich das unausgewogenste Gespräch ist, das ich bisher geführt habe: Kayla ist hier, wir tauschen Höflichkeitsfloskeln aus, aber ich habe das Treffen nicht mit ihr direkt, sondern über das Gefängnispersonal vereinbart – der Zugang zum Internet ist ihr nicht erlaubt. Ich weiß nicht, inwieweit sie über mein Anliegen im Bilde ist, über den Grund meines Besuchs. Als ich Platz nehme, fragt sie, mit wie vielen anderen Insassinnen ich mich unterhalten werde. Ich ertappe mich dabei, wie ich ein wenig unbeholfen erkläre, dass sie die einzige ist; dass ich Frauen interviewe, die eine Beziehung zur Erde haben, und dass diese in ihrem Fall zufällig in einem Gefängnis entstanden ist.

Sie erzählt mir, dass der Betrieb gewachsen ist – die Onlinebestellungen sind explosionsartig in die Höhe geschnellt, obwohl Kayla und ihre Kollegen nicht selbst die Bestellungen bearbeiten oder die E-Mails beantworten können. Mittlerweile arbeiten zwei weitere Frauen in den Gewächshäusern, die beim Verpacken und bei der Pflege der Pflanzen helfen. Kayla ist es nicht leichtgefallen, ihnen bestimmte Aufgaben zu übertragen; sie wird bald entlassen. »Am Samstag sind es sieben Monate. Ich zähle jetzt buchstäblich die Tage runter«, sagt sie und gesteht, dass es schwierig sein wird, die Betreuung der Pflanzen aufzugeben.

Kayla beschreibt ihr früheres Leben ohne Pflanzen. »Habe mich überhaupt nicht dafür interessiert. Ich wollte nicht mal Gras im Garten haben, nur Kunstrasen und eine Terrasse«, erzählt sie und macht große Augen bei der Erinnerung daran. »Es war nett, ab und zu einen Blumenstrauß zu bekommen, aber das war auch schon alles.« Warum hatte sie so eine Abneigung dagegen, will ich wissen. »Weil alles, was ich gepflanzt hätte, nur eine weitere Aufgabe gewesen wäre, die ich hätte erledigen müssen«, antwortet sie ein wenig resigniert. »Ich glaube, so habe ich früher darüber gedacht: Ich habe genug um die Ohren, ich habe einen Hund, zwei Kinder, ein Haus, das ich instand halten muss, ich brauche nicht noch etwas, worum ich mich kümmern muss. Und es jetzt zu tun, ohne dass es eine lästige Pflicht ist, sondern es sogar zu genießen – das gibt mir ein gutes Gefühl. Zu wissen, dass ich mich wirklich gut um etwas kümmere, und zu sehen, wie es blüht und gedeiht.« Die größte Überraschung daran sei, sagt sie, wie viel Spaß es ihr mache.

Die Gewächshäuser ermöglichten Kayla auch ein Entkommen aus der Enge des »Hauses«, wie sie das Hauptgebäude des Gefängnisses nennt. In einer Zeit, in der nichts mehr sicher war, bot es ihr ein Gefühl der Kontrolle. In den Gewächshäusern herrschte eine ruhige Beständigkeit, die im Haus nicht mehr existierte: Es galt, Temperaturen und Wasserstände zu kontrollieren. Inmitten der Arbeiterinnen, die Stecklinge vermehrten, fand Kayla ihre eigene Art der Entspannung. »Wenn du deine Kinder nicht sehen kannst, führt das dazu, dass du dir ständig Sorgen machst«, sagt sie. »Sobald du ins Haus zurückkehrst, denkst du: Was passiert mit den Kindern, wie geht es meiner Mutter, was ist mit den Besuchen? Aber ich habe mich bewusst bemüht, nicht in solche Gedanken zu verfallen, wenn ich draußen war. Der Garten war der Ort, an dem ich mich buchstäblich von all dem lösen konnte. Und das war großartig.«

Andere Frauen kamen und gingen, und die Gewächshäuser fingen auch diese Verluste auf. »Die einzige Konstante war ich draußen bei den Pflanzen«, sagt Kayla. Während ihre Kenntnisse wuchsen, erweiterte sie ihre Pläne für den Garten, den sie nach ihrer Entlassung anlegen will. »Ich weiß noch nicht, wo ich hinziehen werde«, erzählt sie mir, »aber ich hoffe auf einen Garten.« Sie möchte mit den Kindern Erdbeeren und Tomaten anbauen und einige der Pflanzgefäße besorgen, auf die sie aufmerksam geworden ist. Auch dieser Garten wird ihr einen notwendigen Raum bieten: In den nächsten vier Jahren wird Kayla auf Bewährung draußen sein. »Ich werde sehr nervös sein«, sagt sie, »denn du landest in Nullkommanichts wieder im Gefängnis, wenn du dich in der falschen Gegend aufhältst oder wenn jemand dich anschwärzt. Also werde ich wahrscheinlich deutlich mehr Zeit zu Hause verbringen. Und diese Möglichkeit zu haben, den Tag über draußen zu sein, mit den Pflanzen zu arbeiten und so weiter, darauf freue ich mich wirklich.«

Bevor ich hier eintraf, dachte ich, dass Kayla und ich uns über das Muttersein unterhalten würden – als Fortsetzung des Gesprächs, das wir zuvor geführt hatten. Aber die Vorstellung von einem eigenen Raum beherrscht unser Gespräch. Das Gewächshaus bescherte Kayla einen Terminplan, der ihr half, die Zeit zu überbrücken; ein Garten wird ihre Angst vor dem nächsten Stadium ihrer Haft lindern.

*

Ein Haus wie Carolines betrete ich nicht oft. Das imposante georgianische Pfarrhaus am Rande eines blassbraunen Dorfes in Somerset ist in herabfallendes Licht getaucht – Frühlingssonne auf den Dielen, Staubmotten tanzen schwerelos in der Luft. Die Wandfarben und die Kamine mit rustikaler Holzverkleidung scheinen einem Einrichtungsmagazin entsprungen zu sein, aber hier und da entdeckt man Spuren eines bodenständigen Familienlebens: pastellfarbene Kapuzenpullis und Turnschuhstapel im Flur. Ich muss meinen Kopf in den Nacken legen, um die über zwei Ebenen aufragenden Zimmerdecken zu betrachten, und fühle mich von dem gusseisernen Küchenofen angezogen. Als ich die Türschwelle überschreite, erklärt mir Caroline mit dem für sie – wie ich schnell feststelle – typischen aufrichtigen Pragmatismus, sie wohne hier, weil sie seit zehn Jahren Häuser kaufe und verkaufe, und ich spüre, dass es zwischen uns nur schamlose Ehrlichkeit geben wird.

Einige Sommer zuvor waren wir uns schon einmal begegnet, als sie mich auf das Dach eines nahe gelegenen Landsitzes mitgenommen hatte, für den sie damals arbeitete. Seitdem habe ich in unseren Gesprächen eine Wärme gespürt, die irgendwo zwischen der Zuneigung einer älteren Schwester und mütterlicher Fürsorge angesiedelt ist: Sie hatte mehrmals augenzwinkernd gefragt, ob Matt und ich uns schon verlobt hätten, und gescherzt, dass sie ihren guten Hut abstauben müsse. Als ich aus dem Zug stieg, erwartete sie mich auf dem Parkplatz – sehr schick in einem marineblauen Kleid und mit Sonnenbrille – und zog mich in eine kräftige Umarmung, während die Worte »Hallo, meine Hübsche« mein Ohr umschmeichelten.

Drei Jahre zuvor hatte ich an einem düsteren Februarmorgen erfahren, dass Caroline unerwartet Witwe geworden war. Sie betreibt einen erfolgreichen Instagram-Account, auf dem sie die Jahreszeiten und das Wachstum der Pflanzen in der nahen ländlichen Umgebung dokumentiert, und hatte die Nachricht dort gepostet: Er war auf dem Weg zur Arbeit bei einem Autounfall ums Leben gekommen und hinterließ sie und ihre drei Töchter. Seitdem hatte ich oft an sie und ihre Familie gedacht; es war solch eine entsetzlich banale Art der Tragödie.

Als ich sie kontaktiert hatte, um zu fragen, ob sie ein formelleres Gespräch mit mir führen würde, hatte ich angenommen, sie würde das Anwesen, von dem aus sie jeden Tag berichtet, als Ort dafür wählen. Stattdessen schlug Caroline ihren eigenen Garten vor, und dort sitzen wir nun und essen an einem Tisch auf der Veranda zu Mittag. Während der Stunde, die wir in etwa zusammen verbringen, stelle ich Caroline keine einzige Frage. Stattdessen höre ich zu. Sie fängt an, mir von dem Haus zu erzählen, und geht dann zu einer Art Lebensbericht über, während sie die Teetassen bereitstellt, den Salat mischt und das Besteck holt. Ihr Garten ist eben und schnörkellos; ein anmutiger Rasen, ein großes Blumenbeet, hohe Bäume, die Kirchturmspitze ragt über die Backsteinmauer, die das Grundstück begrenzt. Als sie vor fünfzehn Jahren hier auftauchte, mit einem sechs Wochen alten Säugling, zwei älteren Mädchen und einem Team aus Konstrukteuren, das sie das kommende Jahr über beaufsichtigen sollte, war der Garten »knifflig«. »Er wurde einer Gruppe von Gärtnern übertragen, aber ich wusste sofort, dass ich damit nicht glücklich würde«, sagt sie. Seitdem hat sie ihn zurückgestutzt. Wenn das Haus dann fertig ist, erklärt Caroline fröhlich, »macht man sich an den Garten für den Rest seines Lebens, es geht einfach immer weiter und weiter und frisst die gesamte verbleibende Zeit.«

Vor uns steht eine halbmondförmige Reihe aus säulenartigen Eiben, die Caroline nach dem Tod ihres Vaters gepflanzt hat, wie sie mir erzählt. Während eines Urlaubs in Portugal hatte er einen schweren Schlaganfall erlitten. »Am nächsten Tag rief man mich an und sagte mir, ich solle kommen und mich von ihm verabschieden. Der Schlaganfall hätte ihn eigentlich dahinraffen sollen, aber stattdessen war er drei Jahre lang mit einem Locked-in-Syndrom in seinem eigenen Körper gefangen«, sagt Caroline, und in ihrer Stimme schwingt noch immer ein Hauch von Empörung mit. Den Rest seines Lebens verbrachte ihr Vater in einem Pflegeheim, wo man ihn mit Medikamenten »in der Schwebe zwischen Leben und Tod hielt. Ich war so wütend über diesen Prozess und stand gleichzeitig unter Strom«, erinnert sie sich. »Es hat etwas Faszinierendes, den Boden umzugraben. Ich weiß nicht, was es ist. Also habe ich Löcher ausgehoben, diese Bäume gepflanzt und einen Kräutergarten angelegt. Ich war einfach so voller Wut, und es fühlte sich gut an, sie zu kanalisieren und auf etwas Konkretes zu richten und etwas zu erschaffen, sodass tatsächlich etwas Bedeutsames daraus wird.« Sie führt mich durch den Garten und zeigt mir die Arbeit ihres

Lebensgefährten – »er gräbt hervorragend um, aber er neigt dazu, *alles* umzugraben«, bemerkt sie mit liebevollem Lachen –, die Feuerstelle, in der sie am Wochenende ihr Essen zubereiten, eine neue Parzelle, in der Apfelbäume Früchte tragen werden, ein Beet mit Gemüse und ein weiteres, wo in ein paar Wochen, sobald die Frostgefahr vorüber ist, einjährige Blumensetzlinge gepflanzt werden sollen. Drinnen hatte ich unter den Fenstern – auf Arbeitsflächen und Bänken – Schalen mit Setzlingen entdeckt: ungeduldig anmutende Schmuckkörbchen und *Ammi*. »Ganz viel blütenreiches, schönes, duftiges Zeug«, sagt Caroline und hält dann inne, »hoffentlich für unsere Hochzeit!« Einen Moment ist sie aufgekratzt, lacht kurz auf. »Es wird eine sehr ruhige Angelegenheit«, erklärt sie dann. »Aber ich habe all diese Blumen gesät.«

Caroline ist die Art Mensch, die sich »verstört« fühlt, wenn sie länger als einen Tag nicht draußen war. »Ich hatte mein ganzes Leben lang einen Garten. Und er bewegt sich sozusagen mit mir. Er verändert sich mit mir. Du denkst, du lässt ihn wachsen, dabei lässt er dich wachsen«, sagt sie. Caroline kann die »entscheidenden« Momente ihres Lebens an ihrem Garten festmachen. Sie rattert ihr bisheriges Leben herunter: ihre Zwanziger, angetrieben von »Energie und Feuer im Bauch«; ihre Dreißiger, in denen sie »die Kinder versorgte und großzog. Und dann erreichst du die vierzig und fühlst dich einfach, ich weiß nicht, viel ruhiger.«

Der Garten war in der Zeit da, nachdem Carolines Mann gestorben war. »Ich kann es nicht erklären, aber zwei Wochen lang konnte ich buchstäblich nichts mehr sehen. Es fühlte sich an, als wäre ich unter Wasser«, erzählt sie mir.

»Wenn so etwas passiert, wirklich aus heiterem Himmel, schaltest du auf Autopilot. Du musst dich um die Kinder kümmern, mit der Polizei reden und den ganzen Papierkram abwickeln, und das zum unpassendsten Zeitpunkt. Du musst eine Menge Dinge tun und eine Menge Dinge richtig machen. Denn für andere Leute ist es so wichtig, dass du sie richtig machst. Und so gerätst du in einen Strudel, in dem du die Dinge einfach erledigen musst, ohne sie zu verarbeiten, ohne sie sacken lassen zu können.

Und es ist sonderbar. Ich erinnere mich, wie ich zwei Wochen später in der Küche stand und den Ast eines Baums betrachtete. Irgendwie begann ich in diesem Moment, die Dinge draußen wahrzunehmen. Ich fing an, kleine Spuren der Jahreszeit zu bemerken. Ich öffnete meine Augen wieder, nur um das Leben zu sehen. Und es war sehr beruhigend, so seltsam es auch scheint, dass die Natur einfach weitermachte, während diese einschneidenden Veränderungen passierten«, erzählt sie mir. »So wütend man auch darüber sein kann, dass sie es wagen kann, einfach weiterzumachen, während alles so gewaltig scheint und solche Auswirkungen auf dein Leben hat – wenn man erkennt, dass sie es tut, ist das etwas wirklich Positives.« Die Natur, sagt Caroline, holt sie aus sich heraus und rückt die Dinge in eine andere Perspektive. »Du kannst nicht neben einem Baum stehen und denken, dass deine Sorgen wichtig sind, denn dieser Baum ist schon seit Hunderten von Jahren hier und hat unter seinen Ästen viel mehr erlebt als du. Er erinnert dich sanft daran, dass es eine höhere Ordnung gibt, und dann geht es tatsächlich irgendwie weiter.«

Das Teewasser kocht, als sie über ihre Kinder und deren Erziehung spricht. Ihre Töchter wuchsen inmitten der Renovierungsarbeiten des Hauses auf. »Ich war keine von den Eltern, bei denen sich alles nur um die Kinder dreht«, erzählt Caroline. »Das Haus wurde Teil ihres Lebens, und später der Garten, als ich daran gearbeitet habe. Und das war wirklich gut so, denn so haben sie von klein auf ein Gefühl dafür bekommen, dass ich noch etwas anderes bin als nur ihre ›Mami‹.« Ich finde das sehr ermutigend und sage es ihr. Es fühlt sich an wie eine Erlaubnis, eine Art Erleichterung, dass ich eine Mutter sein könnte, deren Kreativität nicht nur in die Bedürfnisse ihres Kindes fließt. Außerdem wird mir klar, dass meine eigene Erziehung ähnlich war. Ich erinnere mich an Sommerferien, in denen ich darauf wartete, dass die Farbe gemischt wurde, und daran, wie ich meine Mutter durch ihre Streichklamotten hindurch umarmte, während sie das Haus nach ihren Vorstellungen gestaltete und entschlossen die Wände strich. Caroline tunkt Teebeutel ein, entschuldigt sich für ihre Hafermilch. »Es ist wirklich wichtig«, sagt sie, öffnet den Kompostbehälter und wirft die ausgedrückten Beutel hinein, »dass Kinder verstehen, dass ihre Mutter ein Mensch mit eigenen Bedürfnissen ist.«

Ich kann nicht erklären, warum Caroline gegärtnert hat, denn das wäre so, als wollte ich erklären, warum sie irgendetwas in ihrem Leben getan hat; es war Teil einer umfassenderen Daseinsweise, die zu jenem Zeitpunkt Sinn ergab. Und doch gewährte sie mir unaufgefordert einen tiefen Einblick in das, was ihr Garten für sie bedeutet. Ich empfand ihn als eine Kulisse, eine aufgespannte Leinwand für ihr Leben. Der Garten war da, als sie mit ihrer jungen Familie einzog, er war da, als ihr Mann tödlich verunglückte, er war da, als sie sich neu verliebte. Bei unserem

Treffen deutete Caroline an, dass sie diesen Ort bald verlassen werde, aber ich hatte nicht das Gefühl, es könnte ihr das Herz brechen, das Haus und den Garten zurückzulassen, in dem so viel Leben stattgefunden hatte; sie würde weiterziehen und einen neuen Raum für sich schaffen.

Vanessa Bell ist als Künstlerin bekannt, als Matriarchin, aber sie hat auch Räume erschaffen. Roger Fry entwarf den Garten, Duncan Grant und ihr Sohn wirkten an dessen Gestaltung mit, aber sie war die Schöpferin dieses Orts. Der Garten in Charleston verwandelte sich von einem schlammigen Ackerland zu blühenden Beeten, während sie ihre Kinder großzog, an ihrer Kunst feilte und um ihren Sohn, ihre Schwester und die Männer in ihrem Leben trauerte. Ohne sie verfiel er in eine träge Wildnis.

Ich frage mich, wie es Kayla seit unserem letzten Treffen ergangen ist. Ich hoffe, sie hat ihren Platz gefunden, einen neuen Raum jenseits der Grenzen des Gefängnisses und seiner Gewächshäuser. Ich wünsche ihr, dass ihre Pflanzgefäße mit Blumen gefüllt sind, an einem Ort, der ausreichend abgegrenzt ist, damit sie sich sicher fühlt, und an dem sie genug Spielraum hat, um den nächsten Abschnitt ihres Lebens zu gestalten. Ich hoffe, sie hat einen Garten.

# 12

# *Ærø*

1975, Jahre bevor Diana in ihrem Garten in Clapham den ersten Spatenstich machte, hatte sie zusammen mit ihrer Schwester die Chelsea Flower Show besucht. Zu jenem Zeitpunkt gärtnerte Diana noch nicht, aber ihre Schwester besaß ein Stück Land. Als Diana einen Schaugarten bewunderte und sagte, sie hätte auch gern so ein hübsches kleines Beet, wies ihre Schwester ihre naive Vorstellung zurück. »Das ist keine Gartenarbeit«, erwiderte sie. »Gartenarbeit ist Krieg.«

»Und es stimmt«, sagte Diana fast fünfzig Jahre später zu mir, während wir in dem Garten standen, den sie endlich ergattert hatte. »Es ist ein richtiger Krieg. Heute gehe ich die Sache entspannter an. Ich bin irgendwie mehr mit mir im Reinen. Aber als ich anfing, war ich natürlich sehr kämpferisch und ehrgeizig.«

Im Laufe der Jahreszeiten sehe ich Diana öfter. Wir freunden uns an und schicken uns in der Morgendämmerung E-Mails, während der ruhigen Zeit, in der wir beide in unseren Gärten sitzen und sie betrachten. Ihr Garten verwandelt sich im Laufe des Jahres. Am ersten Morgen im August radle ich unter einem unheilvollen Himmel zu ihr. Das niedrige dunkle Laub des Spätwinters ist von einer wahren Wachstumsflut verschluckt worden. Eine kleine Wiese mit blassem Weißen Federmohn und scharlachroten Montbretien ist in dem Beet hinter dem Haus aufgetaucht. Winterharte Geranien wetteifern mit den vertrockneten Blütenkugeln des Zierlauchs. Die umliegenden Bäume haben sich mit Blättern aufgeplustert. Im hinteren Bereich blühen die riesigen perfekt fliederfarbenen Funkien, kein Schneckenbiss ist zu sehen. Sterndolden drängeln sich unter zartrosa Hortensien, *Alchemilla mollis* kriecht über den Rasen. Im Winter war Dianas Garten auf die gleiche Weise schön wie Sonnenschein, der durch eine Glasscheibe hereinfällt: rein und mathematisch. Jetzt ist er ein Ort der schieren Extravaganz, erfüllt vom Geruch feuchter Erde. »Im Moment besteht die meiste Arbeit im Garten darin, die Pflanzen beizuschneiden«, erzählt sie mir und tadelt damit milde das ungestüme Monster, das sie erschaffen hat. Doch der Garten hat zu jeder Jahreszeit und in jedem Zustand etwas Sanftes an sich: etwas Elementares und Maßvolles, fast schon Heiliges. Als wir die Stufen hinaufgehen, besprenkeln die feuchten grünvioletten Wedel der Schmuckfarne unsere Knöchel mit Regenwasser.

Auch an Diana macht sich die andere Saison bemerkbar. Sie ist nicht mehr in Mütze und Mantel eingemummelt und wirkt größer, als ich sie in Erinnerung hatte, ihr hellbraunes Haar ist am Hinterkopf fein gelockt, als hätte der Sommer auch sie wachsen und aufblühen lassen. Wir nehmen eine kleine Mahlzeit zu uns, sprechen in ihrem Wintergarten über das Gärtnern, das Schreiben und die Klimakatastrophe, während immer wieder Regenschauer auf ihren Garten prasseln, und sie weist mein Angebot, ihr mit den Getränken zu helfen, zurück, während ihr Kater Bellamy versucht, an die Butter auf der Seite des Tischs zu gelangen. Sie fragt mich, wie meine Gespräche bislang gelaufen seien und was ich herausgefunden habe. Ich antworte, dass vieles zur Sprache gekommen ist, aber dass unter der Oberfläche das Thema Kontrolle brodelt. »Ah, Kontrolle«, sagt Diana, »ja.«

Kontrolle hatte Dianas Garten eingeengt, als sie in einer unglücklichen Ehe steckte; die Gartenarbeit auf diesem Stück Land lehrte sie loszulassen. Sui hatte beschlossen, der Wildnis, die ihren Garten vereinnahmte, nicht »den Kampf anzusagen«, sondern sich stattdessen an dem zu erfreuen, was sich vor ihren Augen entfaltete. Megan hatte ein Ventil gefunden, um zu verarbeiten, was ihr passiert war, indem sie Sämlinge setzte. Auch meine eigene Beziehung zur Gartenarbeit war von Kontrolle beherrscht gewesen. Mit Mitte zwanzig hatten sich meine Lebensentwürfe zu etwas Unkenntlichem verbogen. Pflanzen zu betrachten und zu umsorgen, ergab Sinn – mehr, als zu trinken, mehr, als zu feiern –, weil ich dabei einen Blick für das große Ganze bekam. Ich hatte wenig Kontrolle darüber, wo ich wohnen oder wie mein Leben aussehen würde, aber ich konnte die Funktionsweise der Jahreszeiten verstehen und eine Bedeutung darin finden, wenn ein grüner Trieb aus der Erde kam.

Mich mit der Natur zu beschäftigen, mich ihrer anzunehmen und den Pflanzen beim Wachsen zu helfen, half mir, geduldig zu sein und das zu akzeptieren, was ich nicht ändern konnte, aber ich haderte immer noch regelmäßig mit den Einschränkungen des Frauseins. Vorher war Gartenarbeit eine Art Heilmittel gewesen. Jetzt bildete sie einen festen Bestandteil meines Lebens. Ich hatte sie in meine Tage integriert; sie beschäftigte meine Gedanken. Vieles von dem, was ich dort draußen tat, machte ich im Stillen und allein. In einer Zeit, in der ich mein Leben mit dem eines anderen verband, in der ich lernte, gemeinsam zu leben statt allein, und in der ich lebensverändernde Pläne für unsere Zukunft schmiedete, zog ich mich trotzdem in den Garten zurück, um ihn einer neuen Bestimmung zuzuführen, über die ich mir selbst erst noch klar werden musste.

Beim Wechsel von meinem eigenen Raum – meinem Baumhaus mit dem Balkon – zu einem gemeinsamen prallte ich auf Kompromisse und seltsame stillschweigende Vereinbarungen. Ich schlüpfte in eine Rolle, die ich nicht haben wollte, wurde zu einer Art Adressbuch und Terminkalender für Familiengeburtstage und Wochenendverpflichtungen und wusste, über welche Firma unsere Hausratversicherung lief. Unsere Beziehung ist ausgeglichen, aber ich erwischte mich trotzdem dabei, wie ich die »Frauenarbeit« übernahm, jene stillen, schleichenden häuslichen Tätigkeiten. Unter den Hunderten von Antworten auf den Fragebogen, den ich verschickt hatte, waren mir ein paar in Erinnerung geblieben, weil sie schonungslos ehrlich waren: Die Frauen erklärten, dass sie mit der Gartenarbeit angefangen hatten, weil ihnen keine andere Wahl geblieben sei: »Mein Mann hat kein Interesse daran, also blieb es an mir hängen. Im letzten Jahr ist er wegen beruflicher Verpflichtungen völlig vernachlässigt worden, aber ich bin fest entschlossen, ihn in den Griff zu bekommen, selbst wenn ich es allein tun muss.« So oft fällt die Gartenarbeit im Haus in den Zuständigkeitsbereich der Frauen, einfach weil sie sonst niemand macht.

In den letzten Jahren habe ich meine Wut immer stärker gespürt. Wut über die stillschweigende Ungerechtigkeit, als Frau zu existieren, weniger zu verdienen, weniger Zeit zu haben, um wahrgenommen zu werden, und meist schlicht unterschätzt zu werden. Sie brodelt ständig in mir. Manchmal, wenn ich müde bin oder es satthabe, dass man mir Fragen stellt, oder wenn ich frustriert darüber bin, mich zwischen all den Dingen zu zerreißen, von denen ich das Gefühl habe, dass wir sie sein müssen, wird diese Wut laut und stark. Ich verliere leicht die Beherrschung, scheinbar wegen Kleinigkeiten. In Wirklichkeit ist es ein Eisberg: Unter der Wasseroberfläche liegt eine Menge verborgen.

Schon immer war die Natur der Ort, an den ich mich zurückgezogen habe, um durchzuatmen und meinen Geist zur Ruhe kommen zu lassen. Auch der Garten ist dazu geworden. Er ist ein Platz, der durch meine Kontrolle entstanden ist. Ich allein bestimme, was und wo gepflanzt wird. Das, was aus den Beeten sprießt, steht im ständigen Widerstreit zu dem, was ich mir vorgestellt hatte. Matt hat kein Mitspracherecht, weil er nicht darum gebeten hat, und er ist gelassen genug, um es nicht zu bemerken oder sich nicht daran zu stören. So entstand in unserem Haus ein einzigartiger Ort: ein Bereich, der nur von einem von uns gestaltet und geprägt wird. Ich nehme an, der Garten ist der Hintergrund für eine Art Unabhängigkeit, ein Stück Land, das mir erlaubt, durch die neuen Veränderungen in meinem Leben zu navigieren.

*

Als die Fähre einläuft, blicke ich durch die salzverkrusteten Fenster, um zu sehen, wer draußen wartet. Ein paar ältere Frauen, die Jacken zum Schutz vor dem Wind bis obenhin zugeknöpft, und eine Frau in den Dreißigern. Sie könnte von den Wartenden am ehesten Camilla sein – eine Fotografin, die ich noch nie getroffen habe –, aber sie sieht zu hager aus. Ich bin den ganzen Tag mit Zügen und Bussen von Kopenhagen aus unterwegs gewesen, um hierherzureisen, auf eine der kleineren Inseln Dänemarks. Die Einheimischen steigen aus, gehen zielstrebig auf ihre Autos zu, auf ihre Leute, und für ein paar Augenblicke bin ich die Letzte, die wartet. Dann höre ich meinen Namen im Wind und sehe sie: groß, breit, ein langer Arm, der winkt. Camilla, in gelben Stiefeln, daneben ihre langgliedrige Tochter.

»Neuankömmlinge erkennt man immer sofort, sie wirken meist verloren«, erklärt Camilla, bevor sie mich fest umarmt. Wir sind zwei Fremde, die ein Wochenende miteinander verbringen werden, und ich suche Camillas Gesicht nach den Merkmalen ab, die mir auf den wenigen Fotos von ihr im Internet aufgefallen sind. Ihre Augen haben die Farbe des Horizonts über dem Meer, und darunter steigt die Röte ihrer Wangen empor; die längeren Haare, die ich erwartet hatte, sind kurz geschnitten wie bei einem Jungen. Ich verfolge ihre Arbeit schon seit einigen Jahren: Camilla dokumentiert das Leben auf ihrem kleinen Familienhof – Pferde, Hühner und vor allem den Garten. Ihre Fotos sind wunderschön, durchdrungen von Meeresnebel und den Jahreszeiten, aber ich schätze sie vor allem für die Geschichten, die sie damit erzählt. Dank Camillas Fotos habe ich etwas über die langen, dunklen Winter hier gelernt, über die Stille der Insel und darüber, wie sich das sanfte Licht im Laufe des Jahres verändert. Als sie und ihr Mann den kleinen Hof von dessen Eltern übernahmen, gaben sie ihm den Namen Sigridsminde. Übersetzt bedeutet er: »Zum Andenken an Sigrid«. Mir gefiel der Gedanke, dass eine Frau ein Stück Land zu Ehren einer anderen Frau bewirtschaftet. Vor einigen Monaten hatte ich gefragt, ob ich zu Besuch kommen könne.

Der Himmel ist flach und grau, der Wind beständig. Die vergangene Woche war der letzte Ausläufer des schönen Sommers, den Dänemark in diesem Jahr erlebt hat. Sogar mit einem Pullover, Stiefeln und Wachsjacke fühle ich mich exzentrisch und zu dünn angezogen – die Einheimischen tragen Gummistiefel und mehrere dicke Kleiderschichten, die Schals in den Kragen gesteckt: Man merkt mir an, dass ich das mildere Londoner Klima gewohnt bin. Nach der kurzen Fahrt zum Bauernhaus der Familie zeigt mir Camilla das bezaubernde Gästezimmer. Auf dem Nachttisch steht ein riesiger Krug mit Dahlien in feurigem Orange und zartem Rosa. »Ich dachte, du solltest ein paar Blumen haben«, sagt Camilla etwas schüchtern, und ich bin überwältigt davon, wie freundlich ich aufgenommen werde.

In den letzten Minuten vor Sonnenuntergang machen wir einen Rundgang durch den Garten, der von der süßen Fäulnis des Frühherbstes erfüllt ist. Falläpfel liegen zu unseren Füßen, die Äpfel, die noch am Stiel hängen, verrotten am Baum. Es ist eine berauschende Erinnerung an meine Lieblingsjahreszeit, mehrere Wochen bevor sie in London Einzug hält. Der Garten ist neuer, als er aussieht; die Hecken wirken schlank und jugendlich, Wolken aus Schmuckkörbchen und Dahlien täuschen über die Abwesenheit ausgewachsener Sträucher hinweg. Diesen Raum hat Camilla erst in den letzten paar Jahren für sich geschaffen. Davor haben die Kinder hier gespielt. Jetzt sind sie etwas älter und haben andere Ansprüche an den Platz – eine Pferdekoppel, zwei Fußballtore. Sie wird mir erzählen, dass sie teilweise das Gefühl hat, sie zu früh aus dem Garten vertrieben zu haben. »Als Mutter hätte ich vielleicht noch ein Jahr gewartet. Aber ich weiß, dass es nötig war, und letztlich ist es ihnen auch egal. Ich glaube, ich habe mich jahrelang so sehr in meinem persönlichen Raum bedrängt gefühlt, sowohl geistig als auch körperlich, dass ich gedacht habe: Nein, das ist schon in Ordnung.«

Für mich ist Camillas Garten der einer echten Gärtnerin. Alte Stahlgießkannen säumen die Wege, die Schubkarren sind voller *Echinops* mit welken Blütenkugeln, obendrauf ein einzelner Gartenhandschuh zum Zupacken und eine Gartenschere zum Schneiden. Farbenprächtige Dahlienköpfe, groß wie Teller, liegen in einer Reihe aus verrottendem Pflanzenmaterial ein paar Meter von den Beeten entfernt – eine pfiffige und bunte Schneckenbarriere. Stühle – die meisten aus Metall, einige aus Holz – stehen in verschiedenen Ecken verstreut: Zubehör für einen Garten, in dem man Platz nimmt, allein, und beobachtet. Die Pappeln rauschen fast durchgehend im Wind und übertönen jegliches Rascheln, das der Folientunnel erzeugen könnte. Ein paar Minuten zu Fuß führen zum Kiesstrand am Rande des Hofs. Hier legte Camilla als Mädchen mit ihrem Vater in ihrem Segelboot an, um die Ruhe zu genießen, ohne zu ahnen, dass sich ihr zukünftiger Mann – ihr zukünftiges Leben – auf dem Land dahinter befinden würden.

Schon seltsam, was für persönliche Dinge man einer fremden Person erzählen kann. Camilla und ich waren uns vorher noch nie begegnet, also wusste keine von uns, wie wir mit anderen Menschen umgehen würden, wobei sie unsere Gespräche ab und zu unterbrach, um mit ihren Kindern und ihrem Mann leise ein paar Worte auf Dänisch zu wechseln. Im Laufe der zwei Tage tauchen wir tief in die Dinge ein, die uns ausmachen: was es heißt, etwas zu schaffen, seine Arbeit ins Internet zu stellen und Entscheidungen zu treffen, die ein Leben formen. Wir stellen beide offene Fragen und geben ehrliche Antworten. Irgendwann, vielleicht während wir an einem Strand am stillen Wasser sitzen oder am Abend zuvor, während sich die Dämmerung leise über die Insel legte, schließen wir Freundschaft.

Bevor ich sie kennenlernte, hatte ich Camilla in einem Podcast über Sigridsminde sprechen hören. Sie berichtete über ihr Leben: das unberechenbare Verhalten ihrer Mutter, das Camillas Kindheit und Jugend durchzog, über ihre Arbeit als Jetset-Hochzeitsfotografin und über ihren psychischen Zusammenbruch, der sie auf die Insel zurückkehren und in Sigridsminde sesshaft werden ließ. In dem Podcast sprach Camilla über ihren Garten und ihre Interaktion mit der Natur als eine Möglichkeit, ihr verlorenes Gleichgewicht zurückzugewinnen. Bevor wir uns trafen, dachte ich, dass die Geschichte, die sie mir erzählen würde, davon handeln könnte: von einer Erkrankung, einem Rückzug und einer im Garten verwurzelten Tätigkeit.

Im Laufe des Wochenendes sprudelt einiges davon sanft hervor. Wir plaudern über die Verwirrung der späten Jugendphase; auf eine Unterhaltung über andere Orte folgt ihr Eingeständnis, dass ein Auslandsaufenthalt für ihre psychische Verfassung eine Belastung war. Über die Düsternis, die in ihrem Leben einen beständigen Rhythmus vorgegeben hat, spricht sie mit der Leichtigkeit einer Person, die damit sehr vertraut ist, und manchmal befindet sich diese Düsternis zwischen uns – im Auto, am Küchentisch – wie eine alte lederne Reisetasche. Aber ich bohre nie nach. Ich wüsste nicht, wozu, denn es gibt weitaus mehr an Camilla und ihrem Leben, das mich interessiert.

Sie nimmt mich mit auf eine Tour über die Insel – sie ist klein und irgendwie flacher, als ich sie mir vorgestellt hatte. Wir verbringen ein paar Stunden getrennt voneinander, und danach treffe ich sie im Garten an, wo sie die Überreste des spätsommerlichen Wachstums um die Tomaten herum beseitigt. Die Pappeln zittern im Wind; er ist frisch genug, dass eine Jacke angebracht ist. Dort, wo die Hecken eine Nische bilden, setzen wir uns auf Metallstühle, und ich schalte das Aufnahmegerät ein.

»Sigrid war die Frau, die hier lebte, als mein Schwiegervater geboren wurde«, beginnt Camilla. »Ihr Mann war ein sehr hässlicher Mensch – zumindest was seinen Charakter anging. Ich würde sagen, einen Teil ihrer Geschichte bildete der Kampf, auf einem kleinen Bauernhof zu überleben, wie man es zu jener Zeit musste – das Leben auf dem Land war nicht einfach damals –, und noch dazu mit einem lieblosen Menschen verheiratet zu sein.« Camilla erzählt Sigrids Geschichte im Ton eines Märchens. Das Grundstück, auf dem wir sitzen, befindet sich nur wenige Hundert Meter von dem Ort entfernt, an dem ihr Schwiegervater geboren wurde. Er war eines von vielen Kindern »überforderter Eltern, armer Eltern«. Sigrid und ihr Mann hatten jedoch keine Kinder. Ihr Schwiegervater fand bei ihnen eine Art Zuflucht und half Sigrid und ihrem Mann auf dem Hof, bevor er, als er alt genug war, dort einzog und das Grundstück bewirtschaftete.

Als der lieblose Ehemann starb, übernahm ihr Schwiegervater den Hof. »Wenn ich ihm zuhöre, wie er von ihr erzählt – und wie er von seiner leiblichen Mutter spricht –, wird deutlich, dass Familie vieles bedeuten kann und nicht immer eine Blutsverwandtschaft sein muss. Denn auch wenn er großen Respekt vor seiner Mutter hat, ist er emotional mit diesem Ort und mit Sigrid verbunden und nicht mit seiner leiblichen Mutter«, erklärt Camilla. Es gebe ein Foto von Sigrid im Alter von etwa achtzehn Jahren, sagt sie. »In ihren Augen liegt so viel Güte.« Als Sigrid als betagte Frau in einem Pflegeheim lebte, stahl sie sich nachts über das Feld, das zwischen dem Heim und dem Bauernhof lag, um die Hühner zu füttern, und kehrte danach zurück. »Niemand vom Pflegepersonal wusste davon«, erzählt Camilla lachend.

Camilla betrachtet Sigrid als eine Art Totem, das sie bewundert, sie aber gleichermaßen zur Vorsicht mahnt: Sigrid war eine Überlebenskünstlerin, allerdings blieb ihr auch keine andere Wahl. Die Tatsache, dass Camillas Kinder so mit diesem Ort verwachsen sind, lässt sie ebenfalls über Sigrid nachsinnen. »Mein Schwiegervater ist kein rührseliger Mann, aber jedes Mal, wenn er sieht, wie die Kinder hier leben, steigen ihm Tränen in die Augen. Es muss also ein großes Problem für Sigrid gewesen sein, dass sie keine eigenen Kinder bekommen konnte.«

In den letzten zwölf Jahren haben Camilla und ihr Mann den Kleinbauernhof umgestaltet. »Ich glaube, wenn Sigrid wieder lebendig über der Erde abgeworfen und hier mittendrin landen würde, würde sie den Ort nicht wiedererkennen«, sagt Camilla – aber Sigrids Name ist in ein Holzschild am Zaunpfahl geritzt. »Sie hat in so vielem hier ihre Spuren hinterlassen, sowohl außerhalb als auch innerhalb des Grundstücks.«

Doch auch Camillas Spuren sind hier überall zu finden. Vor meiner Begegnung mit ihr war mir nicht klar, dass sie auf die Insel gekommen war, als sie gerade das Teenageralter überschritten hatte; sie war also kaum älter als Sigrid damals. »Ich wusste, dass dieser Ort Teil der Abmachung war. Wenn [mein Mann] der Mensch wäre, mit dem ich mein Leben teilen wollte, dann wäre dies auch der Ort, an dem sich unser Leben abspielen würde«, erklärt sie. »Mein ursprünglicher Plan bestand darin, nach Brüssel zu ziehen, als Übersetzerin zu arbeiten und in einer schicken Wohnung zu leben«, erklärt sie lachend. Stattdessen verliebte sie sich in einen Jungen aus der Gegend und ließ sich in der Ansammlung von Häusern nieder, in der er und seine Familie aufgewachsen waren. »Du kannst nur *ein* Leben leben«, meint Camilla mit der Ehrlichkeit, die sie bei vielen Dingen an den Tag legt. »Und du kannst nicht wirklich wissen, wohin dich andere Wege geführt hätten.«

Die Umgestaltung des Hauses während der letzten zwölf Jahre war eine körperliche, finanzielle und geistige Herausforderung – aber auch eine emotionale. »Es war ein echter Kraftakt«, sagt Camilla und fügt hinzu, dass die Entscheidung, die Eingangstür zu versetzen, ein sechs Jahre langer Kampf war. Auch ohne große Erklärungen kann ich es nachvollziehen: Camillas Haus ist wunderschön, auf eine sehr durchdachte und behagliche Weise. Sie kam als junge Frau auf die Insel und wollte sich ein Zuhause an einem Ort schaffen, an dem die Geschichten der Familie ihres Mannes überall präsent waren. »Eine Zeit lang habe ich mich wirklich fehl am Platz gefühlt, und dann kam ich mit all meinen Ideen, meiner Kreativität, meiner Initiative und meinem Ehrgeiz daher, und ja, da sind einfach zwei Welten aufeinandergeprallt«, resümiert sie.

Anstatt ein Rückzugsort von ihrer glamourösen Jetsetkarriere zu sein – wie ich ursprünglich angenommen hatte –, vermittelte die Insel Camilla ein Gefühl der Isolation. Während wir an sanften Hügeln und Aussichten aufs Meer vorbei über die Insel fahren, spricht sie von Jütland, wo die Landschaft dramatischer ist. Wir passieren ein schickes modernes Haus mit Holzverkleidung – ein himmelweiter Unterschied zu den massiven Mauern und behaglich niedrigen Decken von Sigridsminde, das im 19. Jahrhundert erbaut wurde –, und sie zeigt auf dieses Haus und sagt, eines Tages wolle sie auch in so einem wohnen. »Ich hatte eine Phase von etwa vier oder fünf Jahren, in der ich mich wirklich geärgert habe, hier zu sein, und mich gefangen gefühlt habe«, erzählt sie mir später. »Ich hatte das Gefühl, einen Fehler begangen zu haben: Wir hatten nie ein Gespräch nach dem Motto: ›Wo auf dem Land würdest du gerne leben?‹ Der Ort stand fest. Und ja, ich glaube, der innere Konflikt hat mich zermürbt.« Mit der Zeit, sagt sie, »habe ich meinen Weg gefunden, hier kreativ zu sein. Jetzt fühlt es sich wie mein Zuhause an.«

Obwohl der Garten ein wichtiger Bestandteil des langsamen saisonbedingten Lebensrhythmus ihrer Familie ist – Eier von den Hühnern, Gemüse aus dem Garten, Fleisch von Tieren, die ihr Mann bei der Jagd erlegt (etwas, das in Dänemark weitaus üblicher ist) –, dient er Camilla eher als Muse denn als Rückzugsort. Ich frage sie, ob sie ins Freie gehen könne, wenn es ihr psychisch nicht gut gehe, und sie schüttelt den Kopf. »Ich wünschte wirklich, ich könnte das. Aber nein, ich muss mich sozusagen erst aus dem tiefen Loch ausbuddeln und spüren, dass es bergauf geht, bevor ich draußen sein kann«, antwortet sie. »Ich möchte hier nicht meine Aggressionen, meine Wut oder Traurigkeit rauslassen. Wenn es mir also richtig, richtig schlecht geht, bleibe ich normalerweise im Haus. Und wenn ich dann wieder ein bisschen freier atmen kann, gehe ich raus, und dann hilft es mir weiterzumachen.« Das bringt mich dazu, an meinen bisherigen Annahmen zu zweifeln. Camilla schreibt über ihre seelische Verfassung, aber ich war davon ausgegangen, dass ihr Garten, diese Insel für sie erholsame Rückzugsorte seien. Ich hatte mir vorschnell eine Geschichte zurechtgelegt, die ich aus Camillas Arbeit herauszulesen glaubte: die verträumten Sonnenaufgänge, die Abendessen mit Zutaten aus eigenem Anbau. Dabei hatte ich die Realität der Arbeit von Frauen beschönigt und die Schwierigkeiten außer Acht gelassen, die mit den Entscheidungen einhergehen, die wir als Frauen treffen.

Sie gärtnert, sagt Camilla, so wie sie früher »mit Papier und Stiften« gestaltet habe. In ihrer Kindheit hatte sie kein beständiges Zuhause; die Familie zog häufig um. Aber eine Konstante war der Garten ihres Großvaters, von dem sie immer noch aufgeregt erzählt. »Überall gab es Tunnel, die Baumkronen berührten sich alle, und es gab kleine Wege. Der Garten war wie geschaffen für Entdeckungen. Ich glaube, bei allem, was ich hier zu tun versuche, geht es nicht so sehr um die Pflanzen, sondern darum zu sehen, ob ich die Gefühle wiedererwecken kann, die ich im Garten meines Großvaters empfunden habe. Es geht weniger um die Dinge an sich, sondern mehr darum, was für ein Gefühl sie mir geben.« Plötzlich sehe ich die Erwartungen, die an die Bäume und Hecken um uns herum geknüpft sind, und erahne, welche Vorstellung Camilla von ihrem Garten hat. »Es werden noch etliche Jahre vergehen, bis diese Vision mehr oder weniger verwirklicht ist«, sagt sie. »Und es erfordert ständige Arbeit. Es ist nicht wie bei einem Foto oder einem Gemälde, bei dem man dies und das macht, und dann ist es fertig, und man kann tun, was man will. Die Arbeit daran hört nie auf. Es ist eine ganz andere Art des Schaffens – gleichzeitig anstrengend und aufregend auf andere Weise.« Ich frage sie, ob sie jemals fertig sein wird, ob sie merken wird, wann sie einen Punkt der Zufriedenheit erreicht hat. »Irgendwann werden die Hecken so hoch gewachsen sein, wie ich es mir vorgestellt hatte, und an diesem Punkt werde ich innehalten, nachdenken und auf die Arbeit zurückblicken, die ich hineingesteckt habe«, antwortet Camilla. »Das wird sozusagen die Ziellinie sein.«

Sigridsminde ist Camillas Zuhause, aber es ist auch ein Vermächtnis – und eines, das schwer wiegt. Sie erzählt, dass ihre Kinder, die noch nicht im Teenageralter sind, unbedingt für immer hier leben und den Hof übernehmen wollen, so wie ihr Mann damals von seinen Eltern. Sie seufzt bei diesem Gedanken. Camilla und ihr Mann haben ihnen eine weitaus glücklichere Kindheit beschert, als sie selbst sie hatte, aber das bedeutet auch, dass sie hierbleiben muss. Nur weil etwas hübsch aussieht, heißt das nicht, dass es einen nicht gleichzeitig einschränken kann. Während wir über die Insel fahren, erzählt sie ehrlich, wie sehr sie sich hier langweilt. Ihr nächster Garten würde noch weniger Ansprüche an sie stellen – ein Gemüsebeet, umgeben von der Wildnis. Mit jedem Jahr lässt sie die Kontrolle über den Garten in Sigridsminde ein bisschen mehr los. »Ich glaube, er ist einfach die Krönung des Ganzen«, antwortet sie auf meine Frage, ob ihr der Garten geholfen habe, sich selbst zu akzeptieren. »Gartenarbeit, Mutterschaft, die Beziehung zu einem Mann seit dem Teenageralter, erwachsen zu werden und immer noch herausfinden zu müssen, wie man mit einem anderen Menschen, der einem so nahe ist, durchs Leben navigiert«, zählt sie auf. »Der Garten hat mehrere Phasen durchlaufen, bevor er so wild und naturbelassen wurde, wie er jetzt ist. Jeder Schritt war weniger perfekt und weniger tadellos. So gesehen bemühe ich mich auch selbst immer weniger darum, perfekt zu sein.«

Ich war nach Ærø gekommen, weil ich einen Garten sehen wollte, der in gewisser Weise einer anderen Frau zu verdanken ist. Was ich vorfand, war ein Stück Land, das – in einer wunderschönen, fast unsichtbaren Stille – Geschichten voller Höhen und Tiefen birgt. Sigrids und Camillas Leben sind nicht identisch: Camilla führt eine gute und stabile Ehe, gemeinsam mit ihrem Mann hat sie ein Zuhause für ihre Kinder geschaffen, das ungezwungen und in die Natur eingebettet ist; sie genießen eine Kindheit, die, im Gegensatz zu Camillas eigener, Beständigkeit, Freiheit und Sicherheit bietet. Doch sowohl Sigrid als auch Camilla sind als junge Frauen an diesen Ort gekommen und haben sich entgegen allen Erwartungen ihr eigenes Leben aufgebaut. Mir wird klar, wie naiv meine Annahme war, Sigridsminde sei schlicht und einfach eine glückliche Rückkehr zur Natur. »Dieser Ort«, sagt Camilla, »war für mich eine Quelle von Stress und Konflikten, sowohl in meiner

Ehe als auch in mir selbst, und gleichzeitig hat er mich gerettet.«

Ich hatte nach geraden Linien gesucht, obwohl die Wahrheit viel verschlungener ist. Bei jedem Gespräch forschte ich nach einer Ursächlichkeit, nach einer Geschichte mit einem Anfang, einer Mitte und einem Ende: Etwas passierte, daraufhin fing sie an zu gärtnern, und daraufhin fühlte sie sich auf eine bestimmte Weise. Ich glaube, ich habe mich nach dieser Einfachheit gesehnt, weil ich dachte, dass sie mir Klarheit verschaffen würde. Eine Möglichkeit, um aufzuzeigen, dass ich gärtnere, weil es mir im Blut liegt, oder weil ich der Enge der Erwartungen entfliehen will, die an mich gestellt werden, oder weil es mir ein Gefühl der Kontrolle verleiht, wenn ich den Eindruck habe, dass sie mir entgleitet. Ich wusste, dass das grob vereinfachend war, aber ich erwartete es trotzdem von anderen. Gärten, wie auch das Leben, sind nicht so schlicht strukturiert. Ich hatte mir vorgenommen, Camillas Garten als idyllisch zu betrachten, aber als ich ihn außerhalb der flachen Oberfläche meines Handybildschirms sah, begriff ich, dass er das Produkt jahrelanger Arbeit war, eines andauernden Kampfes um Kraft und Kontrolle.

So ist wohl auch das Leben von Frauen: Wir werden dazu erzogen, alles mühelos erscheinen zu lassen, jede kleine Entscheidung, die wir treffen. Wir dürfen nicht mit unseren Ambitionen prahlen, mit unseren Erfolgen, mit der Schönheit, die wir schaffen, behüten und zum Fetisch erheben. Man hat uns beigebracht, dass Kontrolle zu verlieren bedeutet zu verlieren. Wenn wir also beschließen, im Garten die Zügel schleifen zu lassen – zuzulassen, dass das Unkraut sprießt, der Rasen in die Höhe schießt und sich die Schädlinge vermehren –, ist das eine viel mutigere Entscheidung, als es möglicherweise den Anschein hat. Wir zeigen damit, dass wir tun, was wir wollen, dass wir die Wildnis willkommen heißen und abwarten, was passiert. Wir erobern die Schönheit als etwas Unvorhersehbares und Unerwartetes zurück und nicht gemäß den starren, makellosen Maßstäben, mit denen wir aufgewachsen sind. Wir machen die Wildnis zu unserer eigenen.

*

Die Wetter-App sagt mir, dass in zehn Minuten die Sonne untergehen wird. Ich ziehe einen Pullover an, dicke Socken über meine Strumpfhose und darüber meine Latzhose. Die Blumenzwiebeln warten darauf, eingepflanzt zu werden, und ich bin unruhig. Wir sind mitten im Herbst, und er hängt schwer über uns. Vor ein paar Wochen wurden die Uhren umgestellt, und die dunklen Nachmittage haben sich in mich gekrallt oder vielleicht ich mich in sie. Obwohl mein Terminkalender vor Einladungen überquillt, fühle ich mich abgeschnitten – von den Menschen, von den Jahreszeiten und davon, wie unsere Leben jetzt aussehen.

Der Garten zeigt Spuren der Veränderung, die anderswo schwieriger nachzuverfolgen sind. Letztes Jahr um diese Zeit war der Boden kahl, die Beete waren frisch ausgehoben, eine Ecke des Rasens war ein sumpfiges Chaos. Der Garten, den ich angelegt habe, entpuppt sich als Spätsommergarten, angefüllt mit Malven, Dahlien, Knöterich und fluffigen Gräsern, während andere schon dahinschwinden, und ich rechne damit, dass er jetzt rasch verblühen wird. Doch trotz der stürmischen Windböen und des strömenden

Regens hält er sich. Fette Spinnenweibchen hinterlassen Netze, an denen der Tau haftet, und ich bin stolz darauf, dass sie hierhergekommen sind, kleine Symbole eines wertvollen Ökosystems und mütterlicher Nahrungsversorgung. An einem Freitagmorgen wappne ich mich mit Handschuhen, Gartenschere und Muskelkraft und säubere die Bodenfläche. Kapuzinerkresseranken, zottelige Kornblumen, die niemals erblühen, verwelkende, schneckenzermampfte Dahlien – sie alle wandern in die Schubkarre. Ich schneide den Beifuß zurück und entferne einige Schösslinge, um Ableger zu gewinnen. Mit den Händen reche ich Blätter zusammen. Ich häufe alles auf den Kompostbehälter hoch über meinem Kopf. Ich lasse aufragende Fruchtstände und verräterische Stümpfe zurück. Die kahle Erde, die mir bleibt, macht gleichzeitig einen traurigen und hoffnungsvollen Eindruck. Hier steche ich mit meinem Spaten zwischen die Stauden, um Mulden auszuheben. Im Korb meiner Großmutter warten Narzissen- und Tulpenzwiebeln. Ich fahre mit den Händen hindurch und vermische sie, dann nehme ich eine grobe Handvoll und drücke ihre büscheligen Knollen in die Erde.

Im Garten fließen und schweben die Dinge dahin: Langeweile, Einsamkeit. Beim Säen der Duftwicken, beim Entstauben des Frühbeetes und beim Einsetzen der Blumenzwiebeln denke ich an die Frau, die ich vor einem Jahr gewesen bin. Ich schaue mir den Garten an, den sie und ich angelegt haben. Ich bin hier draußen nicht unbedingt glücklicher – obwohl das oft der Fall ist –, sondern ich verstehe meine Bestimmung besser. Es wird immer To-do-Listen geben, aber ich ignoriere sie immer öfter. Letzten Herbst habe ich ungeduldig auf die kahle Erde gestarrt, wollte ihr Wachstum entlocken. Jetzt spähe ich in die Beete und recke mich darin vor, um die gezackten Ränder der Mohnblätter, den fedrigen Fenchel und die aufrechten Sämlinge der Duftwicke freizulegen. Unter dem rankenden Efeu liegt ein ganzes Blumenbeet, das darauf gewartet hat, zum Vorschein zu kommen. An einem regnerischen Samstagmorgen entferne ich Farne aus einer wasserdurchtränkten Mulde und siedle sie an einem trockeneren Platz an. Der Regen prasselt herab, aber ich nehme ihn gar nicht mehr wahr. Hier draußen, unter dem offenen Himmel und den Kondensstreifen, kann ich mich in ein Ganzes einfügen. Früher habe ich zum Garten gesprochen, jetzt höre ich ihm zu. Im Haus versuche ich manchmal immer noch zu sehr, mich in ein Frauenbild zu pressen, das mir fremd ist – die versierte Köchin, die stolze Hausfrau –, aber im Garten kann ich sein und tun, was mir mein Körper sagt, was mir mein Geist vorschlägt, bis zu den Handgelenken im Erdreich vergraben.

# 13

# *Cambridge*

An einem Abend treffe ich mich mit einer Künstlerin namens Elaine, die ein breites, offenes Gesicht und rotbraunes Haar hat und rasch eine Art Picknick aus ihrem Rucksack hervorzaubert: Chipstüten, Bierdosen und eine Flasche Wein – damit wir etwas zur Auswahl haben. Sie erzählt mir, sie werde am Wochenende »sechs- oder siebenundfünfzig, ich habe es vergessen«, und auf die zarte Art, mit der sie spricht, sie habe »ein ziemliches Leben« hinter sich. Während wir uns unterhalten, gibt sie mir eine Übersicht, blickt darauf zurück, von einer Frau erzogen worden zu sein, die immer »in diesen traditionellen Momenten die Kamera rausholte«. Aber sie schoss gute Fotos und weckte in Elaine die Leidenschaft für die Fotografie, die sie später zu ihrem Beruf machte. Ihre frühe Karriere als Fotojournalistin führte sie nach Afghanistan, Palästina und quer durch Afrika, und heute widmet sie sich einer »zutiefst feministischen« Arbeit, bei der Pflanzenmaterie im Mittelpunkt steht.

Nach Elaines Ansicht eignen sich alle möglichen Objekte als Musterstücke: alte Strümpfe und Drehbinder, Kieselsteine, die sie bei Ebbe an der Themse findet. Sie sagt: »Ich musste lernen, was es bedeutet, Künstlerin zu sein, und ich musste lernen, mich selbst als Künstlerin zu bezeichnen.

Mir diesen Titel zu eigen zu machen.« Elaine zog in das Haus ihres jetzigen Partners, mit dem sie seit zehn Jahren zusammen ist, nachdem beide langjährige Beziehungen beendet hatten. Zum Haus gehört ein Garten, etwas, wozu sie vorher keinen Zugang gehabt hatte. Und im Garten stand ein *Acanthus mollis* oder Wahrer Bärenklau, eine stattliche und wunderschöne Pflanze, die sich gern in einer schattigen Ecke des Gartens ansiedelt. Elaine wusste nicht, um welche Pflanze es sich handelte, war aber davon fasziniert. Täglich beobachtete sie, was mit ihr geschah, schnitt Pflanzenteile ab und scannte sie ein – ein wichtiger Teil ihrer Arbeit. »Irgendwann im Sommer saßen wir draußen, und ich sagte immer wieder, dass ich etwas hören würde, als ob etwas explodierte«, erzählt sie. »Erst nach Wochen haben wir herausgefunden, woher diese lauten Knallgeräusche kamen. Da begriff ich schließlich, dass die Kapselfrüchte aufplatzten und die Samen explosionsartig hinausschleuderten. Ich habe mir die Begriffe angesehen, die dafür verwendet werden, und diese verrückten Dinger werden ›Schleuderfrüchte‹ genannt, sie ejakulieren regelrecht! Mir ist klar geworden, dass in dieser Pflanze ein vollständiges Sexualleben steckt«, sagt sie. »Das war eine seltsame Offenbarung.«

Diese Erkenntnis traf auf viele andere Überlegungen zu, die Elaine im Zusammenhang mit ihrer Arbeit angestellt hat, – einer Arbeit, bei der es darum geht, ganz genau hinzuschauen, über Sprache nachzudenken und über das, was wir übersehen, selbst wenn wir es direkt vor Augen haben. »Als Frauen«, fährt sie fort, »sind wir schon immer mit Pflanzen und Blumen in Verbindung gebracht worden, und wir sind ausgebremst worden, weil uns die Religion mitunter als unschuldig oder erotisch definiert. Wir werden entjungfert oder ›defloriert‹, was von dem lateinischen Wort ›deflorare‹ abstammt und ›der Blüte berauben‹ bedeutet. Ist das nicht eindrücklich? Ich habe einfach nicht aufgehört, darüber nachzudenken und Arbeiten anzufertigen, die sich damit beschäftigen, wie Pflanzen und Blumen auf gewisse Weise beeinflusst haben, wie wir als Frauen gesehen und wahrgenommen wurden und nach wie vor werden.« So vieles davon ist tief verwurzelt, wird mir klar. Mary Delany baute bereits im 18. Jahrhundert sapphische Lust in ihre Gärten ein, aber seither halten wir unsere Blumenbeete züchtig, während wir die zur Schau gestellten Fortpflanzungsorgane der Blumen bewundern. Gartenarbeit ist schmutzige Arbeit – wir schwitzen, ziehen uns Schrammen zu, Dreck bleibt unter unseren Fingernägeln kleben –, aber von Frauen wird erwartet, sie artig zu verrichten und lieblich Blumen zu pflücken, während die Anstrengung, die in deren Anbau gesteckt wurde, ausgeblendet wird.

Die Bilder, die Künstlerinnen von Pflanzen erstellen, zeugen von einer fast unbemerkten Geschichte der Autorität und einer schöpferischen Aneignung. Wir unterhalten uns über Georgia O'Keeffe und Imogen Cunningham, eine verkannte Pionierin der Fotografie des 20. Jahrhunderts, die die Zuschauer schockierte, als sie bereits 1915 ihren Mann nackt inmitten von Naturszenen fotografierte. Cunningham war sehr vielseitig in ihrer Motivwahl – sie schuf Selbstporträts, auf Details reduzierte Aktaufnahmen und Straßenfotografie –, aber ähnlich wie Elaine begann sie Pflanzen und Blumen zu fotografieren, weil sie, um es mit ihren Worten zu sagen, »nicht über meinen eigenen Garten hinauskam, während meine Kinder noch klein waren«. Die Fotos aus Cunninghams Garten sind frei von jeglicher Sentimentalität in Verbindung mit der frühen Mutterschaft: Ihre Darstellung der Pflanzen ist kontrastreich und fast anatomisch. Cunninghams eindrucksvolle und harsche Bilder von Calla- und Magnolienblüten brachen mit dem herkömmlichen Verständnis von botanischer Fotografie. Ihre männlichen Zeitgenossen wie Edward Weston und selbst spätere Künstler wie Robert Mapplethorpe sind viel bekannter. Doch schon damals wehrte sich Cunningham dagegen, auf ihr Geschlecht reduziert zu werden, und betonte, sie sei »eine Fotografin, keine Frau«.

»Aber diese Bilder hatten etwas an sich, das die neue Frau definierte, die viel selbstbewusster war, die ihre Arbeiten ausstellte und somit etwas höhere Chancen hatte, als sie selbst wahrgenommen zu werden«, meint Elaine. »Ich glaube, diese Bilder sind viel wichtiger, als den Leuten klar ist, denn sie sind Ausdruck einer Art Unabhängigkeit und eines gewissen Vertrauens in ihre Arbeit.« Cunningham hatte es nicht leicht – sie war frustriert darüber, dass ihr Talent aufgrund ihres Geschlechts in den Hintergrund gedrängt wurde –, aber sie schuf ihr bekanntestes Werk, während sie als Mutter von drei kleinen Jungen im häuslichen Umfeld gefangen war.

Wie alle anderen Frauen, die ich um ein Gespräch gebeten hatte, wählte auch Elaine den Ort dafür aus: Red Cross Garden, ein kleiner Park, fast wie ein Bauerngarten, in der Nähe der London Bridge mit einem winzigen Musikpavillon und einem Teich. Wir sind in den letzten Stunden dort, bevor der Parkwächter die Tore schließt, und alles blüht noch träge vor sich hin. An einem der umliegenden ehemaligen Armenhäuser aus rotem Backstein befindet sich eine blaue Plakette, die Octavia Hill gewidmet ist. Die viktorianische Wohlfahrtsaktivistin hat den Park entworfen. »Sie ist eine faszinierende Frau; sie war eine Feministin, ohne sich dessen bewusst zu sein«, sagt Elaine. Hill war die einzige Frau in dem Trio, das den National Trust gründete; sie nahm ärmere Menschen auf naturkundliche Spaziergänge durch Londons öffentliche Grünflächen mit und setzte sich für die Verbesserung des sozialen Wohnungsbaus ein. Denn ihr war bewusst: »Wir alle wollen Ruhe. Wir alle wollen Schönheit … Wir alle brauchen Raum. Nur wenn wir darüber verfügen, können wir das Gefühl der Stille erlangen, in der uns das Flüstern erreicht, welches sanft von besseren Dingen kündet.«

Ich bin mir nicht sicher, ob Elaine und ich viel zur Stille im Red Cross Garden beitragen: Wir bringen uns gegenseitig zum Lachen, freuen uns über unerwartete Gemeinsamkeiten; sie besitzt eine sanfte Stimme, ich nicht, und ich bewundere die Art, mit der sie ihre Arbeit und ihr Leben schildert. Nach einer Weile schalten wir das Diktiergerät aus: Elaine möchte sich ungezwungener unterhalten, und ich lasse sie gewähren. Mit einer neuen Entschlossenheit vermittelt sie mir eine Art mütterliche Weisheit aus einem ungewöhnlichen Leben – vorher, während das Aufnahmegerät noch lief, hatte sie mir erzählt, dass sie im »Kult der katholischen Kirche« aufgewachsen sei, aber seitdem jede Religion abgelehnt habe. Mit dreißig Jahren wurde Elaine schwanger, als sie gerade eine »große berufliche Veränderung« plante. Sie sagt, es sei nicht einfach gewesen, aber »letztlich war es das Beste, was mir passieren konnte«. Wir unterhalten uns also über das Erschaffen von Dingen und Kindererziehung, und ich bewundere und schätze ihre Ehrlichkeit. Einen Teil meines kreativen Lebens, so finde ich heraus, werde ich auf Eis legen müssen, wenn ich Kinder bekomme, aber wenn es so weit ist, wird das in Ordnung sein.

All das prallte aufeinander – das aufmerksame Hinsehen, die Wärme, die Freundlichkeit und Erkenntnis einer Fremden, das verborgene Selbstvertrauen, das Frauen durch ihre Arbeit zum Ausdruck bringen –, vielleicht vergleichbar mit dem Knallen einer aufplatzenden Bärenklau-Kapselfrucht im Spätsommer. Ich zog Kraft aus einer wachsenden Gewissheit und dem Mut, ehrlich zu mir zu sein, indem ich erkannte, was ich mir vom Leben wünschen könnte. Innerhalb von Sekunden konnte sich das Leben verändern, aber es nahm mit der Zeit auch fast unmerklich Gestalt an. »Ich werde nicht versuchen, etwas Kluges darüber zu sagen, denn das kann ich nicht«, hatte Elaine erklärt. »Aber ich glaube, meine Erfahrung mit dem Garten hatte mit Zeit zu tun und mit der Veränderung, der täglichen Veränderung: dem Wunder oder dem Geheimnis der Dinge.« Auch das ist der Stoff, aus dem das Leben besteht.

Seit ich angefangen hatte, meine Fragen zu stellen, war ich neugierig auf die Gemeinschaft gewesen, die Frauen beim Gärtnern bilden. Ich suchte nach Frauen, die gemeinsam in einer Gruppe gärtnern, und las Bücher über ländliche Netzwerke von Frauen in Nordamerika, in denen sich – häufig queere – Frauen zusammentaten und ein Stück Land übernahmen, um in einer männerfreien Gesellschaft zu leben; ich stellte Recherchen an, um Höfe zu besuchen, die ausschließlich von Frauen geführt werden. Frauen haben jahrhundertelang gemeinsam gegärtnert, ebenso wie Frauen allein gegärtnert haben, aber beides blieb oft undokumentiert, wurde unter der Unsichtbarkeit der von Frauen geleisteten häuslichen Arbeit begraben. Ich wollte wissen, wie sich die kollektive Bewirtschaftung des Bodens auf die Beziehungen zwischen den Frauen auswirkte. Ich hatte allerdings nicht damit gerechnet, dass ich selbst einige neue Kontakte knüpfen würde. Elaine stellte Verbindungen her – zwischen Octavia Hill, Imogen Cunningham, zwischen der lautlosen Kühnheit eines Blumenbeets und ihrem eigenen schöpferischen Prozess –, und im Gespräch mit ihr wurde mir klar, dass ich das Gleiche getan hatte. Mit jeder Unterhaltung entwickelte ich ein tieferes Verständnis für meine eigene Beziehung zur Erde und für die verschiedenen Arten, auf die Frauen gärtnern.

Diese Frauen faszinierten mich, weil sie ein Leben gelebt hatten, das sich von meinem eigenen unterschied. Ich bekam einen Einblick in all die Erfahrungen, die ich noch nicht gemacht hatte, aber vielleicht noch machen würde – Scheidungen, eine zweite Ehe und ein Neuanfang, ins Ausland gehen oder vor Ort bleiben. Gärten geben den Menschen Halt und helfen ihnen, sich an einem neuen Ort zu erden. Ich versuchte mir vorzustellen, was passieren würde, wenn die Ehe, auf die ich zusteuerte, nicht funktionierte, oder ob ich mein vertrautes, stabiles Leben – feste Arbeitszeiten, Hypothek, eine Stadt, in der ich seit zehn Jahren lebe – für etwas weniger Vertrautes aufgeben könnte. All diese Frauen lieferten mir weniger eine Anleitung als vielmehr eine Gewissheit: Wenn es darauf ankäme, würde uns die Erde tragen.

*

In dem Garten, den Ali und ihre Partnerin Sarah pflegen, wächst aus dem Beton eine Rose namens »Compassion«. Sie hat weiche, korallenrote Blütenblätter und wurde von einer anderen Sarah gepflanzt: der Frau, der das Reihenendhaus gehörte, in dem sie jetzt wohnen, und die in dem angrenzenden geschützten Grundstück energisch Gartenarbeit betrieb. Ali und Sarah (Smith und Wood, die Romanautorin beziehungsweise Filmproduzentin) waren vor ihrem Einzug hier Sarahs Nachbarinnen gewesen: Um es zu bewahren, hatte Sarah ihnen im Falle ihres Ablebens das Vorkaufsrecht für das Haus erteilt. Während der letzten Lebensjahre der inzwischen verstorbenen Gärtnerin übernahmen die Frauen kleine Aufgaben für sie, säten beispielsweise in einem Graben neben dem Haus Samen aus, und Sarah brachte ihnen im Gegenzug Blumen. »Oft stand sie vor unserer Tür mit Rosen und kleinen Zetteln – einige davon habe ich aufbewahrt –, auf denen etwas stand wie: ›Ali, diese Sorte heißt *Compassion.*‹ Und ganz unten hatte sie in ihrer schönen Handschrift geschrieben: ›Danke fürs Gießen.‹«

»Obwohl sie schwer krank war, hat sie Pflanzen gesetzt, die ein ganzes Leben überdauern würden«, erklärt Sarah, »und eine große Symbolik besitzen.« Die Wohltäterin des Gartens taucht immer wieder in dem Gespräch auf, das ich an einem warmen Tag Ende Juni mit Ali und Sarah in ihrem Garten in Cambridge führe. Beide beteuern, dass die verstorbene Sarah eine großartige Gärtnerin war; ihre Entscheidungen, ihre Anpflanzungen und ihre Kreativität entfalten sich auch noch in ihrer Abwesenheit. Hinter dem Haus befindet sich ein schattiger Garten, fast undurchdringlich aufgrund der üppigen Blüte von »Bobbie« – kurz für »Bobbie James«, eine weiße Kletterrose, die als saisonale Wächterin fungiert. Dahinter liegt Sarahs Vermächtnis: eine tiefe, üppig bewachsene Ecke mit Farnwedeln und Laub, die eine grüne Höhle bilden, umrahmt von Jasmin und Geißblatt. Die kleine schattige Nische ist eine leicht zu übersehende Meisterleistung der Gartengestaltung bei geringem Lichteinfall und ein schöner Platz zum Sitzen. »Nach ihrem Tod war das ein Geschenk«, erklärt Sarah. »Sie fehlte uns, aber dann tauchte jeden Monat etwas anderes auf. Es hört nie auf, in irgendeiner Form zu blühen, selbst im Winter kommen wunderschöne Pflanzen zum Vorschein; es ist wie ein gärtnerischer Kalender. Das hier ist der Garten einer wahren Gärtnerin.«

Ich hatte Ali gefragt, ob wir über ihren Garten sprechen könnten, nachdem ich in der *New York Times* einen Bericht über ihren Komposthaufen gelesen hatte. Sie war als eine von fünfundsiebzig Kreativschaffenden gefragt worden, wie sie den Lockdown verbracht hatte. Sarahs und Alis Komposthaufen war die Antwort auf die Frage der Zeitung: »Haben Sie dieses Jahr irgendetwas erschaffen?« (Auf die Frage: »Hatten Sie eine besonders schlechte Idee?« lautete Alis Antwort: »Den Komposthaufen so nah am Küchenfenster anzulegen.«) Auch ihre Jahreszeitentetralogie hatte es mir angetan – sie besteht aus den Romanen *Herbst*, *Winter*, *Frühling* und *Sommer*, die sie zwischen 2016 und 2020 fast in Echtzeit geschrieben hatte. Für mich waren sie ebenso eine Reflexion über die natürlichen Veränderungen im Laufe eines Jahres wie über die zunehmend unbegreiflichen Ereignisse in den Nachrichten während der letzten Hälfte der 2010er-Jahre. Ali willigte ein, mit mir zu sprechen, bestritt aber, eine große

Gärtnerin zu sein, und schlug vor, dass wir auch Sarah in unser Gespräch einbeziehen sollten, was wir taten.

Ich entdecke Ali, bevor ich ihr Haus ausfindig mache: Sie sieht, wie ich in die versteckte schmale Straße einbiege, in der sie seit zwanzig Jahren mit Sarah lebt, winkt mit einer Hand, während sie in der anderen eine Astschere hält. Sie trägt eine gemusterte blaue Hose mit weit geschnittenen Beinen, die sie optisch streckt. Wir schlendern durch den Garten, und sofort wird klar, dass Ali mehr vom Gärtnern versteht, als sie zugibt: Sie weist mich auf die Rosen hin, ebenso auf die Äpfel. Für diese beiden Gewächse schlägt ihr Gärtnerinnenherz. Sie klappt die Astschere zu und legt sie auf den Boden. Wir bleiben vor einem niedrigen Bauwerk mit einem einzigen Raum stehen – einer sonnendurchfluteten Hütte, die während des Lockdowns entstanden ist –, und hier stößt Sarah zu uns. Nach dem Vorbild von Derek Jarmans Prospect Cottage haben sie die Hütte schwarz und die Fensterrahmen gelb gestrichen. »Es war nicht einfach, den Farbton zu treffen«, sagt Sarah.

Wir nehmen in der Hütte Platz. Die großen Türen sind geöffnet, und durch die Fenster sieht man die Bäume. Es fühlt sich an, als wären wir gleichzeitig im Garten und davon getrennt, als würden wir einen eigenen Bereich darin einnehmen. Sarah wirkt besonnen und ein wenig misstrauisch, hat große braune Augen und entstammt einem dichten Geflecht aus gärtnernden Frauen. Hinter ihrer Gartenarbeit stand weniger ein Entschluss, erzählt sie, als vielmehr die Annahme, dass sie eines Tages selbst gärtnern würde, um die Tätigkeiten nachzuahmen, die sie durch Beobachten gelernt hatte – wie ihre Großmutter mit einem Löffel und einer Tüte, die sie in ihrer Handtasche bei sich trug, Pflanzen aus den Gärten herrschaftlicher Häuser stibitzte; wie sie als kleines Kind hinter dem Gärtner stand, der mit einer Hacke arbeitete. »Es beruht alles auf Erinnerung«, erklärt sie. »Man weiß irgendwie, wie es geht, weil man jemand anderem dabei zugesehen hat.« Deshalb ist es schwer zu fassen. Sarahs Mutter war an der Renovierung der Gartenanlage von Whitehall beteiligt, einem historischen Haus in Cheam. Vor Kurzem setzte sich ein Historiker mit ihr in Verbindung, um etwas darüber in Erfahrung zu bringen, denn die Arbeit der Menschen, die das Anwesen gerettet hatten, wurde nie dokumentiert. »Meine Mutter hat dort einen Kräutergarten angelegt – von meiner Großmutter hatte sie viel darüber gelernt, was sie anpflanzen sollte«, erzählt Sarah. »Für sie und ihre Schwiegermutter war es ein neues Gesprächsthema. Es war eine kuriose Geschichte, wie eine vertrauliche Unterhaltung. Meine Großmutter hatte das Wissen der Leute übernommen, es war alles vorhanden. Man kann Dinge in Büchern recherchieren, aber es gab Menschen, die sie wirklich getan haben und sich dabei bloß auf Gewohnheiten oder Vermutungen gestützt und Erfahrungen ausgetauscht haben. Es ist fast wie eine Geheimsprache.«

Ali führt ihre Liebe zu Äpfeln auf ihren Vater zurück. »Als meine Mutter starb, verließ mein Vater die Stadt und zog in ein kleines Haus in einem winzigen Ort auf der Black Isle, gleich nördlich von Inverness. Etwa zur selben Zeit, als ich meine Apfelbäume pflanzte, füllte er seinen Garten damit an«, erzählt sie. Alis Vater zog seine Bäume am Spalier auf und ordnete sie in Reihen an. »Er liebte seine Apfelbäume. Ich hatte gar nicht gewusst, dass er Apfelbäume liebt, aber ich liebe Apfelbäume, und ich liebe

Äpfel«, erklärt Ali. »Ich liebe ihre Schlichtheit und die natürliche Großzügigkeit, die sie ausstrahlen.« Ihre Mutter hatte vor der Haustür Vogelbeerbäume gepflanzt – »Sie war nicht gewillt, in einem Haus zu leben, vor dem kein Vogelbeerbaum stand« –, und Ali erinnert sich an »das dichte Laub vor dem Fenster, das frische Grün, das ständig vor dem Schlafzimmerfenster wogte, von dem Vogelbeerbaum, den sie gepflanzt hatten, als ich noch sehr klein war, und der genauso hoch wurde wie das Haus«.

Wir reden von Vererbung, aber Ali und Sarah haben schon jahrelang gemeinsam Gärten angelegt – seit sie sich als Studentinnen kennengelernt hatten (»Wenigstens *eine* gute Sache an Cambridge«, scherzt Sarah). Da gab es das Haus, in dem sie als Absolventinnen gewohnt hatten, für das der gutmütige Vermieter nur so viel Miete verlangte, wie sie aufbringen konnten, mit einer Fuchsie und einem Pfingstrosenstrauch am Eingang. Dann gab es den Ort in Edinburgh, der weniger ein Garten war als vielmehr ein Aufbewahrungsort für die Pflanzen, die sie in einem Transporter hergebracht hatten; sie waren damit von der Polizei angehalten worden, weil er angeblich überladen war, kamen aber davon, weil er ganz knapp unter dem Gewichtslimit lag, nur um in York einen Achsenbruch zu erleiden. »Als wir den Lieferwagen zwei Wochen später abholten, stellten wir fest, dass der Automechaniker alle unsere Pflanzen gegossen hatte«, berichtet Ali.

Als Nächstes kam der Garten an die Reihe, in dem wir gerade sitzen. Auch er hat eine lange Geschichte und ist von einem Dachgarten zu dem großzügigen, mit Bäumen bepflanzten Grundstück angewachsen, durch das ich geführt wurde. In den letzten zwei Jahrzehnten haben die

Frauen den Garten behutsam betreut; sie haben das Land von einem Nachbarn gepachtet, der in den Achtzigern ist. »Wir haben ständig das Gefühl, dass dieser Garten nicht uns gehört«, erklärt Ali. »Aber die Tatsache, dass er uns nur bedingt zur Verfügung steht, macht es noch wundervoller, ihn zu haben. Stell dir vor, du pflanzt deine Apfelbäume und weißt, dass eines Tages jemand sagen wird: ›Ihr dürft euren Garten nicht behalten.‹ Dir ist die ganze Zeit bewusst, wie kostbar dieser Platz ist.«

Sarah erzählt mir, dass sie den Garten im Laufe der Jahre immer mehr zu schätzen gelernt haben. »Ich weiß nicht, ob ich immer der Meinung gewesen wäre, dass ein großer Außenbereich unverzichtbar ist«, sagt sie. »Aber jetzt würde ich lieber einen Garten haben als ein Haus.« Ich frage, was sie tun würden, wenn man ihnen den Garten wegnähme. »Wir würden eine Menschenkette darum bilden!«, sagt Sarah, nur halb im Scherz. »Falls sie beschließen, das Grundstück zu verkaufen, belasten wir alle unsere Besitztümer mit einer Hypothek und kaufen es«, antwortet Ali gleichzeitig. »Und wenn das nicht klappt, suchen wir uns einen anderen Garten. So würden wir es machen. Denn ohne das hier könnten wir nicht leben. Ausgeschlossen. Es ist etwas so Wunderbares.«

Ali stellt mir die Rosen mit ihren Namen vor – wie so oft bei Rosen herrlich kitschig, merke ich an. Im Laufe der Jahre haben sie und ein Nachbar, der den Garten mit ihnen teilt, sie füreinander gekauft: »›Grace Kelly‹ oder ›Judy Garland‹, ›Elizabeth Taylor‹«, ruft sie mit ihrem schottischen Akzent, der die Vokale dehnt. »Da drüben steht auch ein ›Ancient Mariner‹. Aber diese da, neben der Esche, heißt ›Shakespeare‹.« Die Shakespeare-Rose ist die außergewöhnlichste: eine historische Rose in tiefem, sattem Kirschrot mit intensivem Duft. Auch diese Sorte hat die Gärtnerei aus dem Sortiment genommen. »Man bekommt sie nicht mehr«, sagt Ali in ehrfürchtigem Flüsterton. Die Rose, die wir betrachten, ist zwanzig Jahre alt. »Sie hat monatelang mit nackten Wurzeln vor der Tür gelegen, bevor wir sie eingepflanzt haben, und schon im ersten Jahr ist sie aufgeblüht, gewachsen und wieder erblüht«, erzählt Ali, nach wie vor fasziniert davon. »Seitdem hat sie immer wieder die üppigsten, schönsten und ungezwungensten Rosen hervorgebracht.« Ich bemerke, dass ich Shakespeare nicht für eine so rote und duftige Blume gehalten hätte, und sie lacht. »Ja, kaum zu glauben! Aber weißt du, sie ist wie Shakespeare, weil sie entgegen allen Erwartungen unverwüstlich ist. Sie ist wie ein andauerndes Geschenk – man kann sie nicht mehr bekommen, aber da ist sie.«

Später wenden wir uns Worten zu: Gemeinsam versuchen wir uns an Frauen in der Literatur zu erinnern, die Gärtnerinnen waren, tun uns aber schwer damit. Ali erklärt, dass es im Garten eine weitere Rose gibt, die »Young Lycidas« heißt, nach Miltons Gedicht, in dem der Dichter um seinen Freund trauert und zu dem Schluss kommt, dass der Tod nicht das Ende, sondern ein Übergang ist. »Mit Rosen verbinde ich die Kürze unseres Lebens und die Entschlossenheit, auf irgendeine Weise über die Schwerkraft unseres Lebens hinaus zu bestehen«, sagt sie. Es sind Pflanzen, erklärt sie, die noch lange nach ihrer kurzen Blütezeit existieren. »Wenn ich an Rosen denke, habe ich immer die Rosen vor Augen, die im nächsten und übernächsten Jahr kommen werden. Rosen weisen immer in die Zukunft.« Das gilt auch für Gärten. Ich denke an Diana und ihre Bemerkung, dass alte Gärtner den Tod hinauszögern, indem sie an ihren Garten denken; ich denke an das, was wir an einem Ort zurücklassen. Dieser Garten wurde von einer anderen Frau angelegt und sorgsam bewahrt. Wenn wir einen Raum schaffen, tun wir das in dem Wissen, dass wir ihn unweigerlich verlassen werden.

Sarah sagt, dass sie keine Rosen mag. Sie hat sich Alis Leidenschaft dafür »gebeugt«. »Ich mag die Gartenarbeit mit ihnen nicht – es ist ein Albtraum, jedes Mal, wenn man sie zurückschneiden muss, von den Dornen gestochen zu werden.« Sie fallen in Alis Zuständigkeitsbereich, ebenso wie die Apfelbäume, die in Wellpappe gewickelt, gegen Motten behandelt und aufmerksam auf Blüten überprüft werden. »Sie ist eine echte Gärtnerin, eine echte Gärtnerin«, sagt Ali über Sarah. »Wieso – weil ich die Namen der Pflanzen kenne?«, erwidert Sarah skeptisch. »Nein, weil du dafür sorgst, dass die Pflanzen wirklich gedeihen und schön aussehen«, sagt Ali. »Du verwandelst alles, was du anfasst, in etwas Lebendiges, Ertragreiches, Fruchtbares. Du räumst eine Fläche frei, und auf einmal ist diese Fläche mit diesen wunderschönen Dingen gefüllt, als hättest du sie aus dem Nichts herbeigezaubert.«

Es ist schön, diese Wertschätzung zu erleben. Von den zahlreichen Frauen, mit denen ich bis zu meinem Treffen mit Ali und Sarah gesprochen habe, haben alle allein gegärtnert. Ich verstehe das: Auch ich gärtnere allein. Aber meine Suche – nach Frauen, nach Gesprächen, nach Verständnis – ist aus der Isolation heraus entstanden. Durch diese Suche habe ich eine Gemeinschaft gebildet.

Etwas wandelt sich. Die Gespräche werden ruhiger oder vielleicht auch nur anders. Ich verfolge meine Schritte zurück. Im Laufe der Monate hat sich meine Beziehung zu einigen der Frauen, die ich kennengelernt habe, auf ihre eigene Weise weiterentwickelt und vertieft. Wir tauschen uns übers Internet und per Kurznachrichten aus, begegnen uns zufällig auf Partys von gemeinsamen Freunden. Mit einem Blumenstrauß aus meinem Garten gehe ich zu Pauline, und sie zeigt mir ihre Fotoalben – viele haben einen selbst gemachten Stoffeinband – mit Bildern von den Häusern, in denen sie früher gewohnt hat, und von den wärmeren, sonnigeren Orten, an die sie mit einer Freundin zum Malen gefahren war. Ein spontaner Einblick in ein Leben: die Frisuren, die Kostümpartys, die Sofas und Bücherstapel. Als Marchelle gute Nachrichten erhält, rufe ich sie an, und wir plaudern angeregt, während ich im Garten umherlaufe. An einem kurzen Dezembertag radle ich zu Dianas Haus, und wir unterhalten uns vor dem Kaminfeuer über wichtige Lebensfragen und die Radierungen an ihren Wänden, während zwischen meinen Handflächen der Tee abkühlt. Ich lerne das Baby kennen, das seit meinem Gespräch mit seiner Mutter das Licht der Welt erblickt hat. Als Silvester naht, denke ich darüber nach, was ich in den letzten zwölf Monaten alles getan habe, und mir wird klar, dass ich besonders stolz auf meinen Kompost und die neu geschlossenen Freundschaften bin. Maya und ich beobachten, wie sich aus unserer Bekanntschaft etwas Beständiges, Gutes entwickelt; am Neujahrstag schicken wir uns gegenseitig Fotos von dem Ausblick der Hügel, die wir erklommen haben. Dieses wachsende Netzwerk aus Frauen, die ich andernfalls nie kennengelernt hätte, die mir ihre Gärten gezeigt und von ihrem Leben erzählt haben, hatte ich nicht erwartet, als ich das grüne Notizbuch aufgeschlagen und zu schreiben begonnen hatte. Ich hatte erwartet, etwas über Gärten zu lernen. Ich hatte nicht damit gerechnet, dass ich die Menschen, die ich traf, so ins Herz schließen würde.

*

Ich verbringe ein paar Tage mit Hazel, dieses Mal zusammen mit ihrer Schwester Susan, im Herzen von Mid Wales. Wir befinden uns auf einem Bauernhof in der Nähe von New Radnor, einem so abgelegenen walisischen Dorf, dass selbst der örtliche Taxifahrer es auf der Fahrt dorthin als »Wildnis« bezeichnete. Hinter uns erstrecken sich Felder und Hecken und jenseits davon das schwere graue Grollen der fernen Hügelkuppen. Vor uns ragt der Bache Hill, ein ordentlicher Brocken, aus dem Radnor Forest heraus.

Die wenigen robusten, weiß gestrichenen Bauernhäuser mit Schieferdächern sind die einzigen Anzeichen einer menschlichen Besiedlung in der Gegend. Sonst gibt es nur Schafe, Himmel und Stürme. Susan und ihr Mann betreiben auf diesen Hügeln Weinanbau mit minimalem Eingriff in die Natur; sie möchte mit Hazel zusammenarbeiten, um hier auch Blumen zu kultivieren. Ich war neugierig auf gärtnernde Schwestern, und sie haben eingewilligt, mich zu treffen. Ich folge ihnen, während sie von ihren großen Plänen auf den leeren Parzellen berichten. Hazel wurde von ihrer Mutter, die von Grenada nach England gezogen war, um ihren Vater zu heiraten, durch Gartencenter geschleppt und liebt bis heute »das Konzept des typisch englischen Gartens«. Susan wurde wiederum, nachdem ihre älteren Geschwister das Haus verlassen hatten, in die vom

National Trust betreuten Naturschutzgebiete mitgenommen. Ich beobachte, wie sie die Verbindung zwischen dem, was man ihnen gezeigt hat, und dem, was aus ihnen geworden ist, nachverfolgen. Die Schwestern sind sich einig, dass die Liebe ihrer Mutter zur Gartenarbeit »nicht direkt an uns weitergegeben wurde – es war ihre Domäne«, aber beide haben in der Erde Halt gefunden. »Komisch«, sagt Hazel, an ihre Schwester gewandt, »wir haben bisher noch nie richtig darüber gesprochen, oder?«

Nachdem wir die Felder verlassen haben, fährt uns Susans Schwiegervater auf den Hügel, der über uns aufragt. Der Geländewagen schlängelt sich die schmale Straße hinauf; flauschige Nadelbäume befinden sich nur wenige Handbreit vor den Fenstern des Autos. Es ist ein spontanes Abenteuer, das eine gewisse Aufregung mit sich bringt. Susan und ihr Mann sind oft hier hochgekommen, als sie noch jünger waren; sie haben ihren Weinberg nach einer Felsformation an der Flanke des Hügels benannt. Ich bleibe zurück und mache Fotos, während die Schwestern die Aussicht bewundern. Von hier oben kann man kilometerweit blicken, weit genug, um zu sehen, wie sich die Wolken in zwei Schichten aufteilen: Dunkelheit über Licht und darunter ein endloses Wogen aus blauen Hügeln bis zum Horizont. In dem Gespinst aus Hecken unter uns kann man die Gebäude an zwei Händen abzählen.

Vor mir schlingen Hazel und Susan die Arme umeinander, bekommen den Windstoß an ihren ineinander verschränkten Körpern zu spüren. Ihre Haare, Jacken und Schals schweben empor. Ich denke an mein Aufnahmegerät und daran, welche Form dieses Interview angenommen hat. Alles hatte mit Hazel begonnen – mit einer Neugier, die in die Erde gebracht wurde, um zu sehen, was daraus erwächst –, und jetzt spüre ich, dass es auf eine Art Ende zusteuert. Ich habe diese Gespräche wie eine wachsende Pflanze gehegt: Ich habe nach Frauen gesucht, ich habe den Mut aufgebracht, sie zu bitten, sich Zeit für mich zu nehmen, und bin Hunderte von Kilometern gereist, um sie zu treffen, ich habe mir Geschichten aus ihrem Leben angehört, um mein eigenes besser zu verstehen, und ich habe ihre Worte im Kopf behalten. In den letzten Jahren fühlte ich mich von der Frage umgetrieben: Was bedeutet es, eine Frau zu sein, eine Ehefrau, eine Mutter? Wie kann ich das, was ich will, mit dem vereinbaren, was ich sein soll? Die Abschnitte meines Lebens sind wie tektonische Platten aufeinandergeprallt und auseinandergedriftet, und es hat eine Weile gedauert, bis ich einen Weg hinüber gefunden habe. Mein Garten hat mir ein Stück des Wegs aufgezeigt, aber Mut habe ich daraus geschöpft, dass ich in den Gärten gesessen habe, die anderen Frauen am Herzen liegen. Auf dem Gipfel eines Hügels im ländlichen Wales lasse ich den Blick schweifen, sehe zwei Schwestern, die im Wind lachen, und spüre, dass ich gereift bin, dass mich diese Suche nach Großherzigkeit und Weisheit gestärkt hat. Ich habe daraus das Vertrauen und die innere Erlaubnis gewonnen, allein weiterzumachen.

*

Es ist erst kurz nach Mittagszeit in Edinburgh, aber das Tageslicht ist fast verschwunden. Ich bin im »Botanics«, wie die Kenner des Royal Botanic Garden Edinburgh ihn nennen, und treffe mich mit Cynthia, einer Molekularbiologin, die hier ihre Doktorarbeit schreibt. Das Victorian Temperate Palm House, ein majestätisches Pflanzenausstellungsgebäude mit hohen Fenstern und riesigen tropischen Bäumen, wird seit sieben Jahren renoviert und steht leer. Wir sind zwischen den Dingen gefangen: in einem Moment des Stillstands und der Veränderung.

Cynthia ist Akademikerin und Wissenschaftlerin, aber sie ist auch Floristin. Ihre Arbeit verleiht den Pflanzen ein fremdartiges Aussehen: Schwarzkohlblätter werden zu einem dramatischen Chiffonschleier; eine gewundene Gurke zu einem barocken Element; eine Frauenschuh-Orchidee entsteigt einem Porling wie ein mittelalterlicher Drache. Manchmal befinden sich die Pflanzen in sorgsam gefertigten Keramikgefäßen, manchmal in Blechdosen, manchmal erheben sie sich geisterhaft aus Spalten in der Landschaft. Im Spannungsfeld zwischen den scheinbar getrennten Welten der Wissenschaft und der Kunst, der Botanik und der Floristik stellt Cynthia diese Grenzen infrage und schafft dabei etwas ganz Eigenes. So oft bekommen wir gesagt, dass wir uns für eine Sache entscheiden müssten, aber sie zeigt, was passiert, wenn man es nicht tut.

Botaniker, erzählt sie mir, haben ihr gesagt, dass es eine Schande sei, Blumen abzuschneiden: Wenn man eine Pflanze am Stiel abtrennt, tötet man sie. Ihre Forschung führt sie tatsächlich kaum in das dunstige Labyrinth der aktiven Gewächshäuser: »Die Mengen, mit denen wir im Labor arbeiten, sind winzig – es fühlt sich an, als würde man ein Lufttröpfchen mit einem anderen vermischen. Es hat kaum noch etwas mit einer Pflanze zu tun.« Aber sie kommt trotzdem fast jeden Tag hierher: »Ich brauche einfach die Nähe der Pflanzen.«

Cynthia ist schwarz gekleidet, ihr dunkles Haar fällt ihr in einem langen Zopf über die Schulter. Wir gehen durch die Gewächshäuser, in jedem herrscht eine leicht andere Temperatur und Luftfeuchtigkeit, und stoßen verzückte Laute angesichts der gesprenkelten Blätter und dicken Moosbüschel aus, die sich in den Ecken der Edelstahltische festgesetzt haben. Während wir durch die Gärten gehen, spricht Cynthia über ihre Arbeit, mehr über die Floristik als über die Wissenschaft, wahrscheinlich weil ich Letzteres nicht unbedingt verstehen würde. Beides kann sich gegenseitig befruchten: »Es ist ein paarmal vorgekommen, dass ich im Garten Pflanzen abschneiden und verwenden durfte, was buchstäblich ein wahr gewordener Traum ist«, erklärt sie. Aber es gibt auch Gegensätze: die oberflächliche Faszination der Ästhetik und die fast unsichtbare Erforschung dessen, was sich darunter verbirgt. Sie weiß nicht, in welchem Bereich sie arbeiten möchte, wenn sie ihre Doktorarbeit abgeschlossen hat. »Ich überlege oft hin und her, ob [Floristik] das ist, was ich machen möchte, ob es mir als Beschäftigung reichen würde.« Eine akademische Laufbahn, sagt sie, »ist zu wenig kreativ, zu wenig handfest. Aber wenn ich als Floristin arbeite, ärgere ich mich darüber, dass ich nur riesige Hochzeiten mit Unmengen von Blumen versorge, die am nächsten Tag weggeschmissen werden.«

Wir sprechen über ihre Kurse in Ikebana – die japanische Kunst des Blumenbindens – in Südafrika, wo sie aufgewachsen ist und ihre Karriere als Floristin begann. »Wenn ich zum Unterricht gehe, sagen meine Lehrer: ›Heute machen wir dieses Arrangement. Und zwar nach diesen Maßen, in diesen Proportionen, mit diesen Bestandteilen.‹ Manchmal möchte ich das aber gar nicht verwenden. Oft möchte ich etwas ganz anderes machen.«

Die größte Freude an all dem bereite ihr das Wachstum der Pflanzen, wie sie mir erzählt. »Wenn wir Menschen einer Gefahr ausgesetzt sind, können wir weglaufen, uns verstecken oder etwas tun«, erklärt Cynthia. »Pflanzen können sich nicht bewegen. Also müssen sie in dieser Position verharren und sich an das anpassen, was ihnen dort widerfährt. Durch die Kombination aus Umwelteinflüssen und ihrer genetischen Veranlagung erhalten sie das Aussehen, das sie haben. Diese Pflanze ist zum Beispiel so gewachsen, weil der Wind aus dieser Richtung kommt, und die Blätter sind auf einer Seite kräftig rot, weil die Sonne darauf scheint. Aber genetisch ist sie gleichzeitig darauf programmiert, ein anderes Erscheinungsbild zu entwickeln. Ich finde das nicht nur aus wissenschaftlicher Sicht interessant, sondern auch aus einer ästhetischen Perspektive. Mir gefällt wirklich, wie ein schräger Ast aussieht oder ein moosbewachsener Baumstumpf. Ich glaube, diese Doktorarbeit hat mich gereizt, weil ich dabei erforsche, was diese Blätter dazu bringt, auf eine bestimmte Weise zu wachsen. Und ich glaube, bei Ikebana ist es das Gleiche: Ich mag es sehr, dass Ikebana die Pflanzen so schätzt, wie sie natürlich wachsen.« Cynthia hält inne. »Denn für mich geht es einfach darum zu genießen, wie etwas wächst, ohne dass ich es anders haben will.«

Eines der zentralen Konzepte des Ikebana ist *ma*, die japanische Vorstellung von Leere oder einer Unterbrechung der Zeit, die für das Wachstum entscheidend ist. Ohne Zeit oder Raum können wir nicht wachsen. Beim Ikebana ist der Bereich um die Blumen herum ebenso wichtig für das Arrangement wie die Blumen selbst. Cynthia hat die Floristik für eine akademische Ausbildung hinter sich gelassen und umgekehrt ihr Studium durch eine kreative Tätigkeit zur Herstellung von Blumenarrangements ergänzt. Ich denke, dass die Pflanzen – Cynthias Art, sie zu beobachten, zu verstehen, zu arrangieren und wertzuschätzen – ihr auch die Möglichkeit gegeben haben, etwas zu finden, was ihrer Neugierde entspricht. »Für mich steht eine ganz andere Denkweise dahinter«, sagt sie. »Ich weiß sie verdammt zu schätzen, wenn ich eine Pflanze abschneide und in eine Vase stelle. Es ist nicht so, dass sie mir nichts bedeutet, sondern sie bedeutet mir umso mehr.«

Cynthia stellt in der Natur kunstvolle Arrangements her und holt die Dinge von draußen – Moos, Zweige, Blumen – nach drinnen. Wenn sie diese Grenzen verwischt, nimmt das Pflanzenmaterial, mit dem sie arbeitet, einen veränderten, höheren Zustand an. Wir treffen uns im Winter, in einer Zeit, in der ich mich von meinem Garten distanziert habe. In den kürzeren Tagen ist es schwierig, noch bei Tageslicht dort rauszukommen, und es gibt weniger für mich zu erledigen. Im letzten Winter wurde meine Zeit im Garten von einer Liste mit Aufgaben bestimmt: Zäune mussten gestrichen, Beete abgesteckt und gemulcht werden, Spalierdrähte mussten an Pfosten hochgezogen, darumgewickelt und gespannt werden. Aber mein Augenmerk hat sich verschoben, von einem entschlossenen zu einem neugierigeren Blick. Meist betrachte ich ihn vom Fenster aus, diesen Garten, den es vor wenigen Monaten noch nicht gab. In manchen Wochen gehe ich kaum hinaus. An manchen Tagen ist es zu düster, zu trostlos dafür. Ich lasse den Großteil der Staudengewächse stehen, zugunsten der Insekten und der Schattenmuster an der Wand. Die rasanten Veränderungen, die mich vor sechs Monaten so fasziniert hatten, gehen jetzt langsamer vonstatten. Im Internet stoße ich auf Fotos von gepflegten Wintergärten, deren Beete mit dunklem Mulch abgedeckt sind, die Rasenflächen von Frost überzogen, aber so sieht meiner nicht aus. Überwältigt von der riesigen Komposttonne öffne ich den unteren Teil und wühle heraus, was darin verrottet ist; innerhalb weniger Minuten landet eine Lawine aus krümeliger, hochwertiger Komposterde in meinem Schoß. Während ich sie in die Schubkarre und dann auf die Beete schaufle, erfüllt mich Stolz auf das, was ich geschaffen habe.

Manchmal mache ich mir Sorgen, dass mein erlahmendes Interesse am Garten in diesem Winter ein Zeichen dafür ist, dass etwas nicht stimmt. Ich frage mich, wo der Drang geblieben ist, der mich so oft nach draußen getrieben hat. Ich merke, dass sich meine Neugierde tiefer nach innen verlagert hat, zu den Geheimnissen meines eigenen Körpers. Nachdem ich fünfzehn Jahre lang jeden Morgen eine kleine weiße Pille geschluckt habe, setze ich sie ab, plötzlich von Kummer geplagt und sehnsüchtig nach einem Zyklus, den ich seit meiner Mädchenzeit nicht mehr erlebt habe. Ich gehe nicht davon aus, dass sich viel ändern wird; ich glaube nicht, dass ein Körper, der so mit Chemikalien vollgestopft worden ist, schnell wieder zu einer natürlichen Funktionsweise zurückfindet. Doch ein paar Tage nach Jahresbeginn überrascht mich meine Monatsblutung, und es kommt mir vor wie Hexerei. Ich verbringe eine nasskalte Stunde im Freien. Ich säubere und schärfe meine Gartenschere und schneide die verwelkten Pflanzen bis auf den Boden zurück. Ich staune über den kämpferischen roten Knubbel einer Pfingstrose, der sich durch die Erde schiebt.

Im Sommer in Alis und Sarahs Garten hatte ich Ali zu den Jahreszeiten befragt. Der Garten habe ihr geholfen, sie zu begreifen, hatte sie mir erzählt, weil er ihr die Jahreszeiten in Aktion vor Augen geführt hatte. Sie hatte gesehen, wie der Winter »sich von der Herbstfäule säuberte, als hätte er sie wie ein nasser Hund abgeschüttelt, und dann entsteht Reinheit, die winterliche Reinigung«. Ich hatte vieles mit dem Winter verbunden – Dunkelheit, Ruhe, einen tiefen, notwendigen Schlaf –, ihn aber nie als Reinigungsprozess angesehen. Doch im intensiven Licht eines neuen Jahres ergibt es Sinn. Im Haus gehe ich meinem Drang nach, mich irgendwie vorzubereiten auf etwas, das ich nicht benennen kann, indem ich die Schränke ausmiste. Ich betrachte den schrittweisen Verfall des Gartens als etwas Ähnliches, als einen Vorgang, den ich nicht beschleunigen und nicht einmal richtig verfolgen kann. Wir beide machen Raum für das, was Ali »das Pochen des Frühlings« nennt.

Das angespannte, ängstliche Gefühl in Bezug auf meine nächste Lebensphase, das mich an diesen Ort begleitet hat, ist im Laufe der Jahreszeiten abgeklungen. Inzwischen stehe ich nicht mehr im Garten und mache mir Sorgen, dass ich den Anforderungen nicht gewachsen bin, die er an mich stellt. Wenn ich ihn betrachte, von Nahem und aus der Ferne, dann eher mit Vorfreude als in Erwartungshaltung. Ich bemerke, dass ich mich eher frage, was dort wachsen wird, nicht, wann oder wie. Ich weiß, dass ich seine Schönheit nicht vorhersagen kann und trotzdem etwas Vertrautes und Erdendes sehen werde. Matt und ich haben uns hier ein Zuhause gestaltet. Wir haben über die Zukunft gesprochen und den Augenblick ausgekostet. Wir haben in der Küche getanzt und uns über den Abwasch gestritten. Wir haben viele Stunden geschlafen und sind mitten in der Nacht aufgewacht. Wir haben uns Seite an Seite die Zähne geputzt und gemeinsam die Einkaufstüten getragen. Wir haben unsere Liebsten bekocht und bis in die frühen Morgenstunden gelacht. Ich habe vor der Haustür gestanden, nur mit Socken an den Füßen, und zum Mond aufgeblickt.

Hier im Garten fallen mir Cynthias Worte wieder ein: »Ich weiß sie verdammt zu schätzen« – Monate nachdem sie sie ausgesprochen hat. Eine ausgeblichene Amaryllis harrt in der Nähe der Hintertür aus – ich wollte mich eigentlich um die Zwiebel kümmern, sie düngen und verwahren, um sie später im Jahr wieder aus der Dunkelheit hervorzuholen, aber sie stand einfach draußen und ersoff im Regenwasser. Ihre ehemals prallen rosaroten Blütenblätter sind zu silbrigen papierartigen Hülsen verschrumpelt. Sie schmücken das nasse Gras des sich selbst überlassenen Rasens. Ich betrachte sie, dann kompostiere ich sie und lasse die Zwiebel zurück.

Manchmal verliere ich mich so in der Vorstellung davon, wie das Leben sein könnte, dass ich das Wesentliche vergesse – das, was um uns herum stattfindet: die beiläufigen Gespräche, das diffuse Licht der Sonne zwischen den Wolken, das durch die Fensterscheibe gebrochen wird. Und in diesen Zeiten verwurzelt mich der Garten: Beim Anblick einer Blüte, die nur wenige Tage existieren wird, fällt es schwer, an das zu denken, was kommen mag. Ich gärtnere aus vielen Gründen: zum Trost, aus Freude, zur Entspannung, um Verbundenheit zu spüren. Ich gärtnere, um mich dazu zu zwingen, den Augenblick wahrzunehmen, das tägliche Wunder zu erleben, Probleme zu lösen und etwas gutzumachen. Ich gärtnere, um mir bewusst zu machen, dass ich unbedeutend bin, und ich gärtnere, um mir bewusst zu machen, dass ich wichtig bin. Vielleicht werde ich ein Kind bekommen, vielleicht auch nicht. Vielleicht werde ich mich scheiden lassen, vielleicht auch nicht.

Vielleicht werde ich allein leben, vielleicht auch nicht. Was immer auch geschieht, ich werde immer zur Erde zurückkehren.

An einem trüben, milden Morgen Ende Januar öffne ich die Hintertür und gehe nach draußen. Während ich durch den Garten laufe und mir die Beete, die unebenen Rasenkanten und die kleinen Abfälle ansehe, die ihren Weg aus der Stadt hierher gefunden haben, spüre ich ein Ziehen in mir. Ich bin zu lange weg gewesen.

Am nächsten Tag werfe ich mich nach dem Aufstehen in meine Gartenklamotten. Ich beschneide die letzten Stauden, die knorrigen Stängel, die einmal grün waren. Ich schneide den Fenchel bis auf den Boden zurück, um Platz für das eifrige frische Fenchelgrün an der Spitze zu machen. Ich fahre mit den Fingern über die neuen Triebe, die jetzt auftauchen, und bewundere das knospende Wachstum. Behutsam harke ich über die Erde und häufe kleine Teile Unrat auf dem Tisch an. Ich durchwühle die Komposttonne nach der dunklen krümeligen Pracht und verteile sie auf den Beeten, bevor ich alles andere hineinwerfe, damit es zu etwas Wunderbarem verrottet. Ich greife zum Rasenkantenstecher und ziehe ihn zwischen dem flachen, sich regenerierenden Braun des Rasens und den Beeten entlang. Ich schwitze unter meinen Schichten, Dreck klebt auf meiner Haut. Es ist die winterliche Reinigung. Es ist eine Wiedervereinigung. Es ist ein neuer Anfang.

# *Epilog*

Das Taxi hält vor dem Eingangstor, und Matt steigt aus, um die Koffer hinauszuwuchten. Der Honiglauch im Pflanzgefäß ist verbogen und verblasst, die Zwiebeln lugen trunken aus der bröckeligen Erde hervor. Es scheint hier ein weiterer trockener April gewesen zu sein.

Wir waren fast einen Monat lang weg, sind mit vor Staunen offenen Mündern über Highways an der Küste entlang und durch die Wüste gefahren. Die Sterne haben sich für uns gezeigt und die Wale auch. Vor unserer Abreise hatten wir an einem sengenden Frühlingstag geheiratet. Die Erinnerung daran kehrt immer wieder in Bruchstücken zu mir zurück: die Spatzen, die zwischen den Blüten der Kirchenruine umherhüpften, in der wir unser Gelübde ablegten; wie es sich anfühlte, alle unsere Lieblingsmenschen in einem Raum zusammengepuzzelt zu sehen; der Duft nach Narzissen. Wir stützen uns schon seit einiger Zeit auf starke, solide Endorphine.

Die Koffer werden hineingerollt, und ich gehe die Treppe hinunter in den Garten. Ich hatte ihn zum fieberhaften Auftakt der Wachstumssaison verlassen.

Wir haben den Höhepunkt der Tulpen und die Endphase der Narzissen verpasst. An ihrer Stelle herrscht eine wahre Fülle vor: Rosenknospen, die an der Mauer emporklettern, eineinhalb Meter hohe Duftwickenstängel, ein fedriger Schwall aus Fenchel. Die Beete quellen über vor Grün.

Blattwerk prallt aufeinander: die Zacken der *Echinops*, die seerosenartigen Blätter der Stockrosen, die geschwungenen der Pfingstrosen. Dazwischen die Überreste der verblühten Tulpen, ölgesprenkelt von ihren letzten verblassenden Farben.

Seit zwei Jahren beschäftige ich mich mit der Frage, warum Frauen gärtnern. Mein anfängliches Vorgehen bestand darin, Antworten zu suchen; Namen zusammenzutragen, Umfragen zu verschicken und den Informationen darin nachzuspüren. Diese Frage brachte mich dazu, das Land in meinem Auto zu durchqueren, mit dem Zug in die äußersten Zipfel vorzudringen, auf Fähren zu sitzen, Fremde zu treffen und zuzuhören, wie sie von ihrem Leben erzählten. Als sich die Jahreszeiten ineinanderschoben, sammelte ich meine Erkenntnisse wie Samen ein: Sorgfältig löste ich die harten kleinen Perlen der Verheißung aus ihren schützenden Hüllen und verstaute sie sicher in beschrifteten Umschlägen. Ich erkannte Verbindungen zwischen Sehnsucht und Widerstandsfähigkeit, Ausdauer und Kraft, Neugier und Mutterschaft. Oft fühlte ich mich von der Wucht dieser Geschichten überwältigt. Es war schwierig, sie anzuhören, sie mitzunehmen, ohne mich in irgendeiner Weise verpflichtet zu fühlen.

Frauen gärtnern, um Leben, Nahrung und Schönheit zu schöpfen. Frauen gärtnern, um einem verwahrlosten Stück Land Wachstum zu entlocken. Frauen gärtnern, weil sie in den harten kugeligen Tonklumpen Potenzial erkennen und eine Verheißung unter dem Gewirr alter Sträucher.

Frauen gärtnern, weil sie damit etwas aus dem Nichts erschaffen, weil sie erkennen, dass aus den Veränderungen, die sie in dem kleinen Beet unter ihren Füßen vornehmen, ein größerer Wandel erwachsen kann. Frauen gärtnern, weil Traurigkeit, Einsamkeit oder Kummer auf ihnen lasten. Frauen gärtnern, weil es ihnen im Blut liegt. Frauen gärtnern, weil das Anlegen eines Gartens ein Bindeglied zu etwas Verlorenem herstellen kann. Frauen gärtnern, um Macht weiterzugeben, um den Wissensschatz zu ehren, den ihre Vorfahrinnen über Jahrhunderte angesammelt haben. Frauen gärtnern, weil die Erde Gefühle aufnehmen kann, für die in der Luft kein Platz ist. Frauen gärtnern, weil sich ihre Wut manchmal nur besänftigen lässt, indem sie graben, bis ihnen der Schweiß den Rücken runterrinnt. Frauen gärtnern, weil sie sich damit – manchmal still und heimlich – einen Raum schaffen können, von dem niemand erwartet, dass sie ihn einnehmen. Frauen gärtnern, weil es ihnen Kontrolle verleiht in einer Welt, die sie ihr um jeden Preis entreißen will. Frauen gärtnern, weil sie wissbegierig und einfallsreich sind, und weil sie den Drang dazu verspüren.

Ich habe einige Zeit gebraucht, um zu erkennen, dass ich bei meinen Treffen mit diesen Frauen nach Orientierung suchte. Dass ich anfangs nicht wusste, wie ich sein oder leben sollte, dass ich mich unwohl damit fühlte, in einen neuen Lebensabschnitt hineinzuwachsen, dass ich mich danach sehnte, mich erklären zu dürfen. Ich denke an die Geschichten zurück, die ich zu hören bekommen habe, und an das, was ich daraus gelernt habe, an all die Schicksale, die auf eine Tasse Tee und einen Spaziergang durch den Garten konzentriert worden waren. Ich werde sie bewahren, sie in Ehren halten, aber ich weiß jetzt, dass ich diese Arbeit selbst erledigen muss. Sie steckt in mir, diese kämpferische Fraulichkeit, dieser Zustand des Seins. Es ist an der Zeit, darauf zu vertrauen.

Es gibt verschiedene Arten, einen Garten zurückzulassen. Man kann sich wochenlang darauf vorbereiten, indem man schon lange im Voraus die Bepflanzung für die kommende Saison plant und die Jungpflanzen vertrauenswürdigen Freunden überlässt. Du kannst arrangieren, dass jemand vorbeikommt, um die Pflanzen zu pflegen, zu gießen, um die welken Blüten zu entfernen und zu mähen, damit bei deiner Rückkehr alles ordentlich ist. Oder du genießt einfach, wie der Garten aussieht, bevor du gehst, schließt die Hintertür ab und lässt zu, dass er sich ohne dein Zutun entfaltet.

Zum ersten Mal – seit jenem ersten Balkon, seit meinem Baumhaus, seit dem ersten richtigen Sommer im Garten – hatte ich ihn allein und in Ruhe gelassen. Inmitten von Arizonas weitläufigen, hitzeflirrenden Horizonten war es unmöglich, daran zu denken, was auf unserem kleinen Grundstück im Süden Londons wachsen würde oder auch nicht. Außer den wuchernden Pflanzen gibt es noch weitere Anzeichen von Leben: Ein Fuchs hat unter der Rose gebuddelt und die Zwiebeln in der sonnigsten Ecke ausgegraben, Zaunkönige sausen aus dem Nest, das sie in der Klematis gebaut haben, heraus und wieder hinein, Schnecken verkriechen sich unter welkendem Laub. Ich habe den Garten in Gang gesetzt, und jetzt entwickelt er seine eigene Persönlichkeit.

Ich schaue mir den Garten an und spüre Verbundenheit. Ich höre Şifa sagen, wie sehr sie die Farbe Grün liebt. Ich höre Charlestons Flüstern im hochgewachsenen Fenchel. Ich höre Dianas ironisches Lachen, während sie mir Geschichten von ihrer »vandalischen Phase« erzählt. Ich denke an Sui und an das Ökosystem, das sie erschuf, indem sie sich einfach zurücklehnte und zuschaute. Ich denke an Anne unter ihrer prächtigen Engelwurz – »Man braucht Kraft im Alter« – und an Hannah, die Sonnenblumen sät. Ich frage mich, ob Alis und Sarahs Rosen schon Knospen haben. Mels Aussage, dass sie sich draußen weniger einsam fühlt, schallt mit ganz neuem Klang durch die Luft.

Die strenge Kontrolle, die ich früher vielleicht einmal über den Garten hatte – die manische Aussaat im Frühling, die Grübelei über den Kompost und die Hast, Pflanzen zu bestellen –, hat sich verflüchtigt. Indem ich ihn wachsen lasse, erkenne ich darin mein eigenes Spiegelbild. Dieser Garten passt sich nicht an, hat keine ordentlichen Kanten. Darin gibt es Unkraut, Fuchsbauten und Blattläuse. Die winterharten Geranien und Nieswurzen meiner Kindheit bringen ihn zum Leuchten, aber dort wachsen noch viel mehr Pflanzen, die ich für mich entdeckt habe.

Zwei Jahre sind vergangen, seit ich wissen wollte, warum Frauen gärtnern. Zwei Jahre, seit wir auf dieses Grundstück gezogen sind. Ich habe in diesem Garten Veränderungen vorgenommen, aber er hat mich noch viel mehr verändert. Ich hatte mir klare Antworten erhofft, ohne zu begreifen, dass ich meinen eigenen Wachstumsprozess durchlaufen muss, um sie zu finden. Ich musste lernen, dass das Frausein einsam ist, weil es hart ist, aber dass diese Einsamkeit der Grund dafür ist, dass wir uns gegenseitig unterstützen. Dass Wut berechtigt ist und machtvoll sein kann und dass Macht Wandel bewirkt. Dass wir unsere eigene Vorstellung von Schönheit entwickeln können und dass es keine Rolle spielt, ob sie nur in unseren Augen schön ist. Ich wollte so viel aus dem Garten machen, aber erst als ich ihn sich selbst überließ, wurde er zu dem, was er immer sein sollte: ein Raum, in dem ich mein Frausein selbst definieren kann.

Dieser Garten wird wachsen. Die Blumen werden aufblühen, Samen herausbilden und verwelken. Lieb gewonnene Stauden werden von Unkraut verdrängt, teure Blumenzwiebeln von anderen Lebewesen ausgebuddelt werden. Weitaus mehr wird überleben, überraschen und überdauern. Ich werde weniger gärtnern und mehr zuschauen. Ich werde ihn sich entfalten lassen und zuhören. Ich werde von meinem Garten genauso lernen wie von den Frauen, die ich getroffen habe.

Ich greife nach der Küchenschere und schneide einen Strauß Blumen für den Esstisch ab. Die schönsten Tulpen, die letzten Narzissen und die ersten Duftwicken. Es werden noch weitere wachsen.

# *Danksagung*

Ich stehe in der Schuld der Frauen, die mir ihre Zeit, ihre Gastfreundschaft und ihre Geschichten geschenkt haben, damit ich sie anhören und bewahren kann. Eine Fremde in sein Zuhause, seinen Garten oder in einen bedeutsamen Raum zu lassen, ist sehr großzügig; ihr von seinem Leben zu erzählen, ist sehr mutig. An diejenigen, die Ja gesagt haben: Ihr habt dieses Buch möglich gemacht, ihr habt mir geholfen, besser zu verstehen, was es heißt, eine Frau zu sein, und ihr habt bewiesen, dass unsere Geschichten es wert sind, erzählt zu werden. Ich danke euch.

Ich danke Rachel Mills für ihren Enthusiasmus und ihre Tüchtigkeit – sie hat an dieses Buch geglaubt, lange bevor ich es selbst tat. Ich danke Jo Dingley dafür, sich des Buchs angenommen, ihm Leben eingehaucht und mir das nötige Selbstvertrauen verliehen zu haben, um es schreiben zu können. Jo, ich habe das Buch mit dem Gedanken an dich geschrieben; vielen Dank. Für Helena Gonda, die *Vom Wachsen und Aufblühen* übernommen hat, als wäre sie von Anfang an dabei gewesen; deine Leidenschaft, Entschlossenheit und dein scharfsichtiges Lektorat haben dieses Buch zu dem gemacht, was es ist. Ich schätze mich sehr glücklich, dass zwei äußerst talentierte Lektorinnen an diesem Buch mitgewirkt haben.

Claire Reiderman, danke für deine engagierte Arbeit, um alle Fäden zusammenzuführen. Gabbie Chant, danke für dein gewissenhaftes und wohlwollendes Lektorat. An den Rest des Canongate-Teams: Die Rückkehr mit *Vom Wachsen und Aufblühen* nach eurer sorgsamen Betreuung von *Großstadtgewächs* war wie eine Heimkehr für mich. Ich danke Simon Thorogood, Lucy Zhou, Jamie Norman und Rafi Romaya.

Mein Dank gilt allen, die mich und mein Vorhaben von Anfang an unterstützt haben. Claire Ratinon, Maya Thomas, Hazel Gardiner, Hannah Murphy, Andrew O'Brien, Jess Bailey und Diana Ross danke ich für ihre Fragen, ihre Sorgfalt und ihren Zuspruch. Meinen Kollegen Sam Parker, Sarah McKenna und Stephen Carlick danke ich, dass sie mir die Möglichkeit gegeben haben, dieses Projekt unterzubringen. Matt Trueman, danke für deine stete Geduld und Ermutigung.